kurz & knapp: Quantenmechanik

Christoph Hanhart

kurz & knapp: Quantenmechanik

Das Wichtigste auf unter 150 Seiten

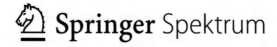 Springer Spektrum

Prof. Dr. Christoph Hanhart
Institut für Advanced Simulation und
Institut für Kernphysik
Forschungszentrum Jülich
Jülich, Nordrhein-Westfalen, Deutschland

ISBN 978-3-662-60701-5   ISBN 978-3-662-60702-2   (eBook)
https://doi.org/10.1007/978-3-662-60702-2

Die Deutsche Nationalbibliothek verzeichnet diese Publikation in der Deutschen Nationalbibliografie;
detaillierte bibliografische Daten sind im Internet über http://dnb.d-nb.de abrufbar.

Einbandabbildung: © gubgib/stock.adobe.com

Planung/Lektorat: Lisa Edelhäuser
Springer Spektrum ist ein Imprint der eingetragenen Gesellschaft Springer-Verlag GmbH, DE und ist
ein Teil von Springer Nature.
Die Anschrift der Gesellschaft ist: Heidelberger Platz 3, 14197 Berlin, Germany

Für Birte, Joseline, Linnea und Malin

Vorwort

Die Quantenmechanik ist zentral für nahezu alle Bereiche der modernen Physik. Diese Bedeutung spiegelt sich in der Tatsache wider, dass es schon sehr viele, sehr gute Bücher zu dem Thema gibt. Warum also ein weiteres? Dieses Buch präsentiert die Inhalte kurz und knapp – der Hauptteil hat weniger als 150 Seiten. Um dies zu erreichen, habe ich größtenteils auf eine Beschreibung des historischen Kontexts und auf mathematische Vollständigkeit verzichtet. Des Weiteren sind, um die Lesbarkeit zu erhöhen und um die Zusammenhänge sowie den roten Faden nicht zu verschleiern, viele Zwischenrechnungen in die Aufgaben verschoben, deren Lösungen sich im Anhang befinden – der natürlich nicht zum Hauptteil zählt.

Dieses Buch hat den Anspruch, für alle diejenigen ein nützliches Nachschlagewerk zu sein, die sich auf eine Prüfung vorbereiten und sich fragen: „Wie war das noch?" oder einmal, ohne viel Mathematik, ein Gefühl dafür bekommen wollen, was Quantenmechanik ist. Es bietet aber darüber hinaus die Möglichkeit, sich die Inhalte auch im Selbststudium zu erarbeiten, und soll auch zu einer selbständigen Weiterbeschäftigung anregen.

Des Weiteren ist mir wichtig, dem Leser in diesem Buch eine Denkhaltung zu vermitteln, die sich als Problemlösungsstrategie in vielen Anwendungen als nützlich erweisen sollte. Es wird verdeutlicht, dass es sehr hilfreich sein kann, bevor man eine Rechnung angeht, die relevanten Skalen zu verstehen: Wie groß erwartet man einen gegebenen Effekt? Lohnt sich der Aufwand der Rechnung? Dies ist nicht nur wichtig, um in der täglichen Arbeit eventuell unnötige Arbeit zu vermeiden, sondern auch als Diagnoseinstrument: Wenn Ergebnisse drastisch von der Abschätzung abweichen, dann muss das einen physikalischen Grund haben oder die Rechnung hat einen Fehler.

In Kap. 1 wird ein Satz an Postulaten vorgestellt und kurz diskutiert, auf die die Quantenmechanik aufgebaut werden kann. In Kap. 2 werden, ausgehend von den Postulaten, einige Grundlagen abgeleitet, die für den Rest des Buches von Bedeutung sind. Hier wird auch die Quantenmechanik zur klassischen Physik abgegrenzt. In Kap. 3 werden eindimensionale und in Kap. 4 dreidimensionale Probleme vorgestellt und gelöst. Einige formale Betrachtungen werden dann in Kap. 5 nachgereicht; insbesondere wird hier die Bra-Ket-Notation eingeführt, die sich im Folgenden als sehr praktisch erweisen wird. Kap. 6 dreht sich um den quantenmechanischen Umgang mit Drehimpulsen. Daran schließt sich eine

Diskussion für die Ankopplung geladener Teilchen an elektromagnetische Felder an. Kap. 8 befasst sich mit verschiedenen Symmetrien und den Einfluss, den diese auf die Eigenschaften quantenmechanischer Systeme haben. Kap. 9 erweitert den Formalismus auf Mehrteilchensysteme. Hier wird auch das Konzept der quantenmechanischen Ununterscheidbarkeit vorgestellt und mit den Postulaten aus Kap. 1 in Beziehung gesetzt; außerdem werden die Konsequenzen hieraus diskutiert. Das Buch schließt mit der Störungstheorie. Da diese eine sehr zentrale Rolle in der modernen Physik spielt, wird der Diskussion verschiedener Aspekte der Störungstheorie in diesem Buch auch viel Raum eingeräumt.

Um den Zielen dieses Buches nahezukommen, ist jedes Kapitel gleich aufgebaut: Es beginnt mit einem kurzen Abriss des Themas sowie einer Liste von Fragen. Im Hauptteil jedes Kapitels werden diese Fragen im Detail beantwortet. Den Kapitelabschluss bildet dann eine Zusammenfassung, in der die Fragen wieder aufgegriffen und in knapper Form beantwortet werden. Dieser Aufbau soll den Lesern ermöglichen, sehr einfach die Teilgebiete der Quantenmechanik identifizieren zu können, in denen sie noch Nachholbedarf haben.

Über Rückmeldungen zu diesem Buch würde ich mich sehr freuen – und vielleicht auch Ihre Kollegen, die von den eventuell daraus erwachsenden Verbesserungen profitieren. Sie können sich gerne per E-Mail direkt an mich wenden oder auch an den Verlag.

Jülich   Christoph Hanhart
im Oktober 2019

Danksagung

Ich danke Martin Hoferichter, Siegfried Krewald, Bernard Metsch, Andreas Nogga und Andreas Wirzba für die zahlreichen konstruktiven Kommentare zu verschiedenen Kapiteln dieses Buches, die mir geholfen haben, das Manuskript deutlich zu verbessern. Andreas Wirzba danke ich außerdem für die Zeichnungen aus Abb. 9.2, die ich schon häufig einsetzen durfte. Des Weiteren möchte ich mich beim Team von Springer, insbesondere bei Lisa Edelhäuser und Bianca Alton, für die angenehme und professionelle Betreuung bedanken. Schließlich möchte ich die Gelegenheit nutzen, meiner Familie zu danken – für alles.

Verwendete Parameter und Naturkonstanten

Die hier aufgeführten Zahlen sind auf dem Stand von 2018. Für die aktuellen Zahlen verweisen wir auf die Listen der Particle Data Group (http://pdg.lbl.gov).

Lichtgeschwindigkeit	c	299792458 m/s[1]
Planck'sches Wirkungsquantum	h	$6{,}626070040(81) \times 10^{-34}$ Js
Reduziertes Planck'sches Wirkungsquantum	$\hbar = h/(2\pi)$	$1{,}054571800(13) \times 10^{-34}$ Js
Betrag der Elektronenladung	e	$1{,}6021766208(98) \times 10^{-19}$ C
Umrechnungsfaktor	$\hbar c$	197,3269788(12) MeV fm
Masse des Elektrons	m_e	$0{,}5109989461(31)$ MeV/c^2 $= 9{,}10938356(11) \times 10^{-31}$ kg
Masse des Protons	M_p	$938{,}2720813(58)$ MeV/c^2 $= 1{,}672621898(21) \times 10^{-27}$ kg $= 1836{,}15267389(17)$ m$_e$
Masse des Neutrons	M_n	$939{,}565413(6)$ MeV/c^2
Feinstrukturkonstante	$\alpha = e^2/(4\pi\epsilon_0 \hbar c)$	1/137,035999139(31)
Bohr-Radius	$a_1 = \hbar/(\alpha m_e)$	$0{,}52917721067(12) \times 10^{-10}$ m
Grundzustandsenergie des Wasserstoffs	$|E_1^H| = (\alpha^2/2)m_e c^2$	13,605693009(84) eV
Bohr'sches Magneton	$\mu = e\hbar/(2m_e)$	$5{,}7883818012(26) \times 10^{-11}$ MeV T^{-1}

1 Å $= 10^{-10}$ m, 1 fm $= 10^{-15}$ m, 1 eV $= 1{,}602176565(30) \times 10^{-19}$ J,
1 eV/c$^2 = 1{,}782661845(39) \times 10^{-36}$ kg
[1]Der Wert ist exakt, da mit ihr der Meter definiert wird.

Inhaltsverzeichnis

Liste der Beispiele

Postulate der Quantenmechanik

1

Zusammenfassung

In diesem Kapitel wird knapp ein möglicher Satz an Postulaten vorgestellt, aus denen die Quantenmechanik abgeleitet werden kann. Das vorliegende Kapitel gibt die Antworten auf folgende Fragen:

- Auf welchen Postulaten fußt die Quantenmechanik?
- Wie berechnet sich bei gegebener Wellenfunktion die Wahrscheinlichkeit, ein Teilchen in einem Volumenelement zu finden?
- Wie berechnet man Erwartungswerte von Messgrößen?
- Unter welcher Voraussetzung sind zwei Messgrößen gleichzeitig messbar und wann nicht?
- Was passiert bei der Messung einer Observablen mit der Wellenfunktion?
- Wie berechnet man die räumliche und zeitliche Ausbreitung einer Wellenfunktion?
- Was sind stationäre Zustände?

Die Geschichte der Entstehung der Quantenmechanik liest sich wie ein spannender Roman und ist gleichzeitig auch ein Lehrstück für den wissenschaftlichen Erkenntnisprozess. Getreu der Idee dieses Buches soll hier jedoch auf deren Darstellung verzichtet werden. Stattdessen soll in diesem Kapitel heuristisch mit Hilfe weniger Postulate die Grundlage für die folgenden Kapitel gelegt werden. Nicht jeder Autor oder Dozent wählt die gleichen Postulate aus – natürlich ist die resultierende Quantenmechanik jeweils dieselbe.

© Springer-Verlag GmbH Deutschland, ein Teil von Springer Nature 2020
C. Hanhart, *kurz & knapp: Quantenmechanik*,
https://doi.org/10.1007/978-3-662-60702-2_1

1.1   Die Planck'sche Relation

Postulat 1 der Quantenmechanik
Die Energie eines Feldes mit gegebener Frequenz v bzw. Kreisfrequenz $\omega = 2\pi v$ kann nur ganzzahlige Vielfache des Energiequantums

$$E = hv = \hbar\omega \qquad (1.1)$$

annehmen. Hiebei bezeichnet

$$h = 6{,}626070040(81) \cdot 10^{-34}\,\text{Js}$$

die Naturkonstante **Planck'sches Wirkungsquantum** und $\hbar = h/(2\pi)$ das **reduzierte Planck'sche Wirkungsquantum.** Des Weiteren gilt die De-Broglie-Beziehung zwischen Impuls **p**, Wellenvektor **k** und Wellenlänge λ:

$$\mathbf{p} = \hbar\mathbf{k} \quad \text{mit} \quad |\mathbf{k}| = 2\pi/\lambda$$

Entsprechend erlaubt es Gl. (1.1), jedem Teilchen mit gegebener Energie eine Frequenz zuzuordnen.

Der Wert für h ist der aktuelle Wert 2018, wobei die Notation bedeutet, dass die letzten beiden Stellen des angegebenen Wertes eine Unsicherheit von ± 81 haben. Die aktuellen Werte der Naturkonstanten (und vieles mehr) sind auf den Seiten der Particle Data Group (http://pdg.lbl.gov/) zu finden. In diesem Buch arbeiten wir statt mit h mit $\hbar$, da sich dadurch einige Ausdrücke kompakter schreiben lassen.

Da Photonen keine Masse tragen, steckt ihre gesamte Energie in der Bewegung und es gilt in diesem Falle

$$\hbar\omega(p) = c|\mathbf{p}|.$$

Für freie, nichtrelativistische Teilchen mit Masse M gilt hingegen

$$\hbar\omega(p) = \mathbf{p}^2/(2\,M).$$

Diese Zuordnungen bezeichnet man auch als **Dispersionsrelationen.**

Die Relationen aus Postulat 1 gelten also sowohl für Materieteilchen, also z. B. für Elektronen, wie für die Felder, die die Wechselwirkungen zwischen den Materieteilchen vermitteln. Also sind Felder quantisiert – das Energiequantum des elektromagnetischen Feldes wird Photon genannt und verhält sich wie ein Teilchen.

Andererseits haben Teilchen durch die zugeordneten Größen Wellenlänge und Frequenz einen Wellencharakter. Somit wird die formale Unterscheidung zwischen den Bausteinen der Materie und Feldern, die Kräfte zwischen diesen vermitteln, aufgehoben. Zwar ist eine Konsequenz von Gl. (1.1), dass für eine gegebene Frequenz die Energie nur in Quanten von $h\nu$ zunehmen kann, allerdings impliziert diese noch keine Quantisierung der Energiewerte, da ja z. B. ein elektromagnetisches Feld im Allgemeinen beliebige Frequenzen annehmen kann. Eine Energiequantisierung wird uns erst bei gebundenen Systemen begegnen.

1.2 Wahrscheinlichkeitsinterpretation

Postulat 2 der Quantenmechanik
Auf mikroskopischer Ebene wird der Zustand eines **physikalischen Systems** zu einem gegebenen Zeitpunkt durch eine **Wellenfunktion,** $\Psi(\mathbf{x}, t)$, und die zugehörige **Wahrscheinlichkeitsdichte,** $|\Psi(\mathbf{x}, t)|^2$, beschrieben.

Nach Postulat 2 ist die Wahrscheinlichkeit, ein Teilchen zu einer gegebenen Zeit t in einem infinitesimalen Volumenelement d^3x zu finden,

$$dP = |\Psi(\mathbf{x}, t)|^2 \, d^3x. \tag{1.2}$$

Da die Wahrscheinlichkeit, das Teilchen irgendwo zu finden, 1 sein sollte, erhalten wir die Normierungsbedingung

$$||\psi||^2 = \int d^3x \ |\Psi(\mathbf{x}, t)|^2 = 1, \tag{1.3}$$

wodurch die Bezeichnung $||.||$ für die Norm eingeführt wurde. Diese Überlegungen sind in [4] ausgeführt und werden danach als **Born'sche Regel** bezeichnet.

In der Quantenmechanik kann also nicht mehr von Teilchenbahnen gesprochen werden, die für alle Zeiten festliegen, wenn man nur Anfangsort und Geschwindigkeit eines Teilchen exakt kennt: Die Frage „Wann erreicht das Teilchen Position A?" ist durch die Frage „Mit welcher Wahrscheinlichkeit befindet sich das Teilchen zu einem gegebenen Zeitpunkt bei Position A?" zu ersetzen. Es zeigt sich jedoch (Abschnitt 2.3), dass die Bewegungsgleichungen der klassischen Mechanik für gewisse Erwartungswerte gelten.

1.3   Messgrößen

Was diese Erwartungswerte sind, ist im dritten Postulat definiert:

Postulat 3 der Quantenmechanik
Messbaren physikalischen Größen können **lineare Operatoren mit reellen Eigenwerten** zugeordnet werden. Der **Erwartungswert** für diese Observablen in einem gegebenen physikalischen System, beschrieben durch die Wellenfunktion Ψ, $\langle \hat{A} \rangle_\Psi$, berechnet sich als das gewichtete Mittel des Operators über den ganzen Raum mit dem Quadrat der Wellenfunktion als Gewichtungsfunktion.

Aus diesem Postulat lässt sich die explizite Form der Operatoren ableiten. Zum Beispiel ist aus der Elektrodynamik bekannt, dass sich die Zeitabhängigkeit einer Welle mit fester Frequenz $\nu = \omega/(2\pi)$ mit

$$\phi(t) = N \exp(-i\omega t) \tag{1.4}$$

beschreiben lässt. Damit erhalten wir aus den ersten drei Postulaten als Ausdruck für den Energieoperator

$$\hat{E} = i\hbar \frac{\partial}{\partial t}. \tag{1.5}$$

Ebenso ist aus der Elektrodynamik bekannt, dass man Wellen entweder im Ortsraum (als Funktion der dreidimensionalen Ortskoordinaten) oder im Raum der Wellenvektoren (als Funktion von $\mathbf{k}$) betrachten kann, wobei die beiden Räume durch eine Fourier-Transformation miteinander verbunden sind. Unter Verwendung von Postulat 1 können wir also schreiben[1]

$$\Psi(\mathbf{x}, t) = \int \frac{d^3 p}{(2\pi\hbar)^3} \tilde{\psi}(\mathbf{p}) e^{i(\mathbf{p}\cdot\mathbf{x} - E(p)t)/\hbar} \tag{1.6}$$

$$\tilde{\psi}(\mathbf{p}) = \int d^3 x \ \Psi(\mathbf{x}, t) e^{-i(\mathbf{p}\cdot\mathbf{x} - E(p)t)/\hbar} \tag{1.7}$$

Dabei bezeichnet $\Psi(\mathbf{x}, t)$ ($\tilde{\psi}(\mathbf{p})$) die Ortsraum-(Impulsraum-)Wellenfunktion. Die Äquivalenz der beiden Definitionen lässt sich mit Hilfe der fundamentalen Relationen

$$\int \frac{d^3 q}{(2\pi\hbar)^3} e^{i\mathbf{q}\cdot(\mathbf{x}-\mathbf{x}')/\hbar} = \delta^{(3)}(\mathbf{x}-\mathbf{x}') \quad \text{und} \quad \int d^3 x \ e^{i(\mathbf{q}-\mathbf{q}')\cdot\mathbf{x}/\hbar} = (2\pi\hbar)^3 \delta^{(3)}(\mathbf{q}-\mathbf{q}') \tag{1.8}$$

---

[1]Verschiedene Autoren verbuchen den Faktor $(2\pi\hbar)^3$ an unterschiedlichen Stellen. Eine häufig anzutreffende Alternative zu unserer Wahl ist es, den Faktor in den Wellenfunktionen zu absorbieren. Wegen seiner fundamentalen Bedeutung als Grundbaustein des Phasenraumes war es uns jedoch wichtig, diesen Faktor immer explizit aufzuführen.

beweisen, wobei auf der rechten Seite die dreidimensionale δ-**Distribution** eingeführt wurde. Diese kann z. B. indirekt auf dem Raum geeigneter Testfunktionen,
$f(\mathbf{x})$, folgendermaßen definiert werden:

$$\int_V d^3x\ f(\mathbf{x})\ \delta^{(3)}(\mathbf{x} - \mathbf{y}) = \begin{cases} f(\mathbf{y}) & \text{für } \mathbf{y} \text{ in } V \\ 0 & \text{sonst} \end{cases} \tag{1.9}$$

Nach dem zweiten Postulat wird ein gegebenes System durch die Wellenfunktion
$\Psi(\mathbf{x}, t)$ beschrieben. Dann folgt aus dem dritten Postulat für den Erwartungswert
des Ortes des Teilchens zu einer gegebenen Zeit t

$$\langle \hat{\mathbf{x}} \rangle_\psi = \int d^3x\ \Psi(\mathbf{x}, t)^* \mathbf{x}\ \Psi(\mathbf{x}, t). \tag{1.10}$$

Die Wirkung des Ortsoperators $\hat{\mathbf{x}}$ auf die Wellenfunktion im Ortsraum entspricht also
lediglich der Multiplikation mit $\mathbf{x}$. In Analogie hierzu gilt für den Erwartungswert
des Impulses, ausgewertet im Impulsraum,

$$\langle \hat{\mathbf{p}} \rangle_\psi = \int \frac{d^3p}{(2\pi\hbar)^3} \tilde{\psi}(\mathbf{p})^* \mathbf{p}\ \tilde{\psi}(\mathbf{p}). \tag{1.11}$$

Nun gilt

$$\int \frac{d^3p}{(2\pi\hbar)^3} \mathbf{p} f(\mathbf{y}) e^{-\frac{i}{\hbar}(\mathbf{p}\cdot\mathbf{y})} = \int \frac{d^3p}{(2\pi\hbar)^3} f(\mathbf{y}) i\hbar\nabla e^{-\frac{i}{\hbar}(\mathbf{p}\cdot\mathbf{y})} = \int \frac{d^3p}{(2\pi\hbar)^3} \left(\frac{\hbar}{i}\nabla f(\mathbf{y})\right) e^{-\frac{i}{\hbar}(\mathbf{p}\cdot\mathbf{y})},$$

wobei berücksichtigt wurde, dass der Oberflächenterm für normierbare Wellenfunktionen verschwindet. Damit erhalten wir den

---

Impulsoperator im Ortsraum

$$\hat{\mathbf{p}} = \frac{\hbar}{i}\nabla \tag{1.12}$$

Dabei gilt in kartesischen Koordinaten $\nabla = (\partial/\partial x, \partial/\partial y, \partial/\partial z)$. Ganz analog können Sie den Ortsoperator im Impulsraum berechnen (▶ *Aufgabe 1.1*).

Sowohl im Ortsraum wie im Impulsraum erhalten wir

$$\langle [\hat{x}_i, \hat{p}_j] \rangle_\psi := \langle \hat{x}_i \hat{p}_j - \hat{p}_j \hat{x}_i \rangle_\psi = i\hbar\delta_{ij}, \tag{1.13}$$

wobei benutzt wurde, dass gemäß Gl. (1.3) $\langle 1 \rangle_\psi = 1$ gilt. Die Operation [. , .], allgemein definiert durch

$$\left[\hat{A}, \hat{B}\right] = \hat{A}\hat{B} - \hat{B}\hat{A} \tag{1.14}$$

bezeichnet man als **Kommutator.** Wie man sieht, ist der Erwartungswert des Kommutators aus Ort und Impuls unabhängig von der Wellenfunktion. Man spricht von nicht vertauschenden Operatoren, wenn deren Kommutator nicht verschwindet. Wie wir sehen werden, spielen Kommutatoren von Operatoren eine ganz zentrale Rolle in der Quantenmechanik.

Gl. (1.13) bedeutet, dass es auf quantenmechanischem Niveau einen Unterschied macht, ob man zuerst den Impuls und dann den Ort oder umgekehrt misst, was im ersten Moment absurd klingt. Die physikalische Bedeutung wird aber klar, wenn man sich verdeutlicht, wie man z. B. den Ort eines Elektrons messen könnte (für eine ausführliche Diskussion verweisen wir auf [13]): Die Auflösung der benutzten Sonde ist durch ihre Wellenlänge λ gegeben, die wiederum dem Impuls der Sonde umgekehrt proportional ist (Postulat 1). Das bedeutet aber, dass sich bei der Messung des Ortes mit einer Genauigkeit von λ der Impuls des Systems um h/λ ändern kann. In anderen Worten: Je genauer man den Ort misst, desto weniger weiß man über den Impuls. Insbesondere kann man Impuls und Ort nicht gleichzeitig beliebig genau messen.

Der Zusammenhang gilt allgemein: Wann immer zwei Operatoren nicht vertauschen, sind die zugehörigen Observablen nicht gleichzeitig beliebig genau messbar. Wie wir in Abschnitt 4.2 sehen werden, ist dies z. B. auch für die Komponenten des Drehimpulses der Fall. Aus der Statistik ist bekannt, dass die Varianz einer statistischen Größe angibt, wie genau diese bestimmt ist. Gemäß Definition ist die Varianz ΔA des oben angegebenen Erwartungswertes

$$\Delta A = \sqrt{\langle(\hat{A} - \langle\hat{A}\rangle)^2\rangle_\psi} = \sqrt{\langle\hat{A}^2\rangle_\psi - \langle\hat{A}\rangle_\psi^2}. \tag{1.15}$$

Damit ist die theoretische Untergrenze der gleichzeitigen Bestimmbarkeit zweier observabler Größen A und B durch das Produkt ihrer Varianzen ΔA und ΔB gegeben (diese theoretische Grenze ist nicht mit der experimentellen Auflösung zu verwechseln). Damit lässt sich der Zusammenhang zwischen dem Kommutator zweier Operatoren und deren Varianzen kompakt ausdrücken:

Heisenberg'sche Unschärferelation

$$(\Delta A)^2 (\Delta B)^2 \geqslant \frac{1}{4}\left(i\langle[\hat{A}, \hat{B}]\rangle_\psi\right)^2 \tag{1.16}$$

Zur Herleitung der Relation (1.16) berechnet man z. B. das Minimum von

$$I(\lambda) = \left\langle |\hat{A} - \langle \hat{A} \rangle_\psi + i\lambda(\hat{B} - \langle \hat{B} \rangle_\psi)|^2 \right\rangle_\psi$$

und benutzt, dass $I(\lambda) \geqslant 0$ ist [19]. Damit erhalten wir z. B. die **Orts- und Impulsunschärferelation**

$$\Delta x_i \Delta p_j \geqslant \frac{\hbar}{2}\delta_{ij},$$

wobei die Indizes i und j die Komponenten des Ortes und des Impulses bezeichnen. Die entsprechende Relation für die Drehimpulse wird in Abschnitt 4.2 diskutiert.

Um besser zu verstehen, welche Operatoren zu physikalischen Messgrößen gehören können, betrachten wir einen allgemeinen Erwartungswert gemäß Postulat 3:

$$\langle \hat{A} \rangle_\psi = \int d^3x \ \Psi(\mathbf{x}, t)^* \left(\hat{A} \Psi(\mathbf{x}, t) \right) \tag{1.17}$$

Die Klammer gibt an, dass der Operator, der auch Ableitungen enthalten kann, nach rechts wirkt. Davon ausgehend können wir den adjungierten Operator $\hat{A}^\dagger$ definieren durch

$$\langle \hat{A} \rangle_\psi = \int d^3x \Psi(\mathbf{x}, t)^* \left(\hat{A}\Psi(\mathbf{x}, t) \right) = \int d^3x \left(\hat{A}^\dagger \Psi(\mathbf{x}, t) \right)^* \Psi(\mathbf{x}, t). \tag{1.18}$$

Ein Operator heißt **selbstadjungiert** oder **hermitesch**[2], wenn

$$\hat{A}^\dagger = \hat{A}. \tag{1.19}$$

Hermitesche Operatoren haben reelle Erwartungswerte, denn aus Gl. (1.18) folgt $\langle \hat{A} \rangle_\psi^* = \langle \hat{A}^\dagger \rangle_\psi$. Insbesondere sind damit natürlich auch alle Eigenwerte hermitescher Operatoren reell. Nach Postulat 3 entsprechen messbare Größen in der Quantenwelt geeignet gewählten Operatoren mit reellen Eigenwerten. Also gehören zu physikalischen Observablen hermitesche Operatoren.

Ist ein System in einem Eigenzustand eines gegebenen Operators, gilt also

$$\hat{A}\Psi(\mathbf{x}, t) = a\Psi(\mathbf{x}, t),$$

dann folgt $\Delta A = 0$. Es ist instruktiv, dies nachzurechnen ($\blacktriangleright$ *Aufgabe 1.2*). Demnach gilt:

---

[2]Mathematisch sind die beiden Begriffe nicht synonym, da die Wertebereiche von $\hat{A}$ und $\hat{A}^\dagger$ nicht notwendigerweise übereinstimmen – bei physikalischen „sinnvollen" Systemen können wir die beiden Begriffe jedoch als synonym betrachten.

Mögliche **Messwerte der Observablen** zum Operator $\hat{A}$ sind bei jeder einzelnen Messung dessen Eigenwerte a – nach dieser Messung befindet sich das System in dem entsprechenden Eigenzustand.

Damit wird deutlich, dass jede Messung ein quantenmechanisches System notwendigerweise beeinflusst, da nach der Messung das System auf einen Eigenzustand des betrachteten Operators reduziert ist. In der Regel ist also ein unbeteiligter äußerer Beobachter, wie wir ihn aus der klassischen Physik kennen, in der Quantenmechanik nicht möglich.

1.4   Die Schrödinger-Gleichung

Das letzte Postulat legt nun fest, wie sich die Wellenfunktionen in Zeit und Raum ausbreiten bzw. wie man sie berechnen kann. Zunächst wollen wir dazu einen Weg beschreiten, dem in vielen Vorlesungen und Büchern gefolgt wird. Gegen Ende dieses Kapitels wird ein alternatives Postulat präsentiert und kurz diskutiert.

Für zeitunabhängige, konservative Systeme lässt sich die Hamilton-Funktion eines Teilchens der Masse M klassisch schreiben als

$$H(\mathbf{p}, \mathbf{x}) = T(\mathbf{p}^2) + V(\mathbf{x}) = \frac{\mathbf{p}^2}{2M} + V(\mathbf{x}). \tag{1.20}$$

Der Wert der Hamilton-Funktion ist eine messbare Größe. In der Quantenmechanik ist diesem nun der Hamilton-Operator, $\hat{H}$, zuzuordnen. Im Ortsraum wird, wie oben erwähnt, $\mathbf{x}$ als Variable behandelt. Im Sinne einer Wellenbeschreibung muss dann $\mathbf{p}$ durch den in Gl. (1.12) gegebenen Operator ersetzt werden. Außerdem entspricht unter den oben genannten Voraussetzungen die Hamilton-Funktion der Gesamtenergie, deren assoziierter Operator in Gl. (1.5) angegeben ist. Wir erhalten also folgende Korrespondenz:

$$E = H \quad \Longrightarrow \quad \left\langle \hat{E} \right\rangle_\Psi = \left\langle \hat{H} \right\rangle_\Psi$$

Damit haben wir aus dem **Korrenspondenzprinzip**[3] die erste Variante des letzten Postulats zumindest plausibel gemacht:

---

[3]Dieser Begriff wird in der Literatur nicht eindeutig verwendet. Alternative wird er für die Beobachtung genutzt, dass hoch angeregte Zustände sich wie klassische Systeme verhalten, was weiter unten in diesem Abschnitt begründet wird.

Postulat 4 der Quantenmechanik (Variante I)
Die **zeitabhängige Schrödinger-Gleichung**

$$\hat{E}\Psi(\mathbf{x}, t) = \hat{H}\Psi(\mathbf{x}, t) \quad \text{mit} \quad \hat{E} = i\hbar\frac{\partial}{\partial t} \quad \text{und} \quad \hat{H} = \left(-\frac{\hbar^2}{2M}\nabla^2 + V(\mathbf{x}, t)\right)$$

$$(1.21)$$

kontrolliert die zeitliche und räumliche Entwicklung von Wellenfunktionen. Es sei darauf hingewiesen, dass aus dem zuvor Gesagten höchstens eine Schrödinger-Gleichung mit zeitunabhängigen Potential begründet werden kann. Im Folgenden werden wir jedoch sehen, dass in der Tat die allgemeinere Form von Gl. (1.21) gilt.

Die Schrödinger-Gleichung ist eine partielle Differentialgleichung, da in ihr partielle Ableitungen nach verschiedenen Variablen auftreten. Es gibt kein generell gültiges Lösungsverfahren für Gleichungen dieses Typs, allerdings werden im Laufe dieses Buches ein paar nützliche Lösungsstrategien vorgestellt. Die erste, der **Separationsansatz,** ist immer dann anwendbar, wenn die verschiedenen Variablen in der Differentialgleichung in getrennten Termen auftreten. Hier ist z. B. für zeitunabhängige Potentiale die Zeitableitung getrennt von den ortsabhängigen Teilen, was den Ansatz $\Psi(\mathbf{x}, t) = \psi(\mathbf{x})\phi(t)$ nahelegt, wobei $\phi(t)$ in Gl. (1.4) definiert wurde. Hieraus folgt, unter Verwendung von Gl. (1.4), einerseits $\hat{E}\phi(t) = E\phi(t)$ und andererseits die **zeitunabhängige Schrödinger-Gleichung**

$$\hat{H}\psi(\mathbf{x}) = E\psi(\mathbf{x}). \qquad (1.22)$$

Wir empfehlen dies nachzurechnen (▶ *Aufgabe 1.3.*).

Wir finden also, dass die Eigenzustände zur Energie eine triviale Zeitabhängigkeit haben. Insbesondere ist die zugehörige Wahrscheinlichkeitsdichte $|\Psi(\mathbf{x}, t)|^2$ (die Zeitabhängigkeit von $|\Psi(\mathbf{x}, t)|^2$ im allgemeinen Fall werden wir in Abschnitt 2.2 diskutieren) unabhängig von der Zeit. Daher werden diese Zustände auch **stationäre Zustände** genannt.

1.5 Alternative Herleitung der Schrödinger-Gleichung

Im Folgenden möchte ich noch eine Alternative für das vierte Postulat vorstellen, die sich enger an dem Wellencharakter der Quantenmechanik orientiert, auch zeitabhängige Potentiale zulässt und erlaubt, das **Hamilton'sche Prinzip der klassischen Mechanik** aus der Quantenmechanik herzuleiten. Damit wird gleichzeitig deutlich, wann Systeme quantenmechanisch behandelt werden müssen und wann nicht.

Postulat 4 der Quantenmechanik (Variante II)
Aus der Wellenfunktion zur Zeit t lässt sich die Wellenfunktion zur Zeit $t' > t$
nach dem **Huygens'schen Superpositionsprinzip** gemäß

$$\Psi(\mathbf{x}, t') = \int d^3 y \; K(\mathbf{x}, t'; \mathbf{y}, t) \; \Psi(\mathbf{y}, t) \qquad (1.23)$$

berechnen, wobei der Kern K durch das **Pfadintegral**

$$K(\mathbf{x}, t'; \mathbf{y}, t) = \int_{\mathbf{x}}^{\mathbf{y}} \mathcal{D}\mathbf{x}(t) \; \exp\left\{ \frac{i}{\hbar} S(t', t) \right\} \qquad (1.24)$$

gegeben ist. Hierbei bezeichnet $\int_{\mathbf{x}}^{\mathbf{y}} \mathcal{D}\mathbf{x}(t)$ die Integration über alle Wege, die
$\mathbf{x}$ mit $\mathbf{y}$ verbindet, und S ist die Wirkung

$$S(t_2, t_1) = \int_{t_1}^{t_2} dt \; L(\mathbf{x}(t), \dot{\mathbf{x}}(t), t), \qquad (1.25)$$

mit Lagrange-Funktion

$$L(\mathbf{x}(t), \dot{\mathbf{x}}(t), t) = T(\dot{\mathbf{x}}(t)) - V(\mathbf{x}(t), \dot{\mathbf{x}}(t), t).$$

Was sich genau hinter dem Pfadintegral verbirgt, wird in dem hervorragenden Buch von R.P. Feynman und A.R. Hibbs [8] im Detail dargestellt. Für die Argumentation hier genügt es zu verstehen, dass K alle Wege, die die Raumzeitpunkte $(\mathbf{x}, t)$ und $(\mathbf{y}, t')$ miteinander verbinden, berücksichtigt, wobei jeder mit einem durch die Wirkung bestimmten Gewicht zu versehen ist.

Der **klassische Grenzfall** liegt vor, wenn S sehr viel größer als $\hbar$ ist (dies wird am Ende von Abschnitt 3.4 quantitativ diskutiert). Für klassische Werte von S sind daher selbst relativ kleine Änderungen in S sehr viel größer als $\hbar$ und führen zu großen Änderungen in der Phase, so dass sich die Beiträge von benachbarten Wegen typischerweise gegenseitig wegheben. Eine Ausnahme bildet hierbei die unmittelbare Umgebung des Weges $\bar{x}$, der die Wirkung stationär werden lässt, da sich in der direkten Umgebung von $\bar{x}$ (zumindest in erster Ordnung in der Variation von S um diesen Weg) die Wirkung nicht ändert. Somit sind alle Wege in dieser Umgebung fast in Phase und nur diese können einen signifikanten Beitrag zu K liefern und damit zur räumlichen und zeitlichen Entwicklung der Wellenfunktion. Somit führt Gl. (1.23) auf das aus der klassischen Physik bekannte Hamilton'sche Prinzip. Des Weiteren zeigt der Ausdruck (1.24), dass $\hbar$ die Skala dafür angibt, wie groß Schwankungen um die klassischen Größen sein dürfen, um noch einen merklichen Beitrag zu leisten.

Im Prinzip kann man direkt mit dem sogenannten Pfadintegral aus Gl. (1.24) quantenmechanische Systeme untersuchen. Diesen Weg, der eine sehr wichtige Rolle in der modernen Physik spielt, werden wir in diesem einführenden Buch nicht beschreiten. Stattdessen sei zum Abschluss dieses Abschnitts darauf hingewiesen, dass sich aus Gl. (1.24) die Schrödinger-Gleichung (Gl. (1.21)) ergibt. Die Rechnung dazu ist in [8] zu finden (▶ *Aufgabe 1.4*).

1.6   Zusammenfassung und Antworten

In diesem Kapitel wurde ein möglicher Satz an Postulaten vorgestellt, aus denen die Quantenmechanik abgeleitet werden kann, und er wurden bereits einige fundamentale Eigenschaften quantenmechanischer Systeme diskutiert. Insbesondere wurden folgende Antworten auf die einleitenden Fragen gefunden:

- *Auf welchen Postulaten fußt die Quantenmechanik?*
  Der Satz an Postulaten ist nicht eindeutig. Diesem Buch wurde die Planck'sche Beziehung, die Wahrscheinlichkeitsinterpretation der Wellenfunktionen, die Zuordnung von Observablen und Operatoren sowie die Schrödinger-Gleichung, als fundamentale Besitummungsgleichung der Wellenfunktionen, zu Grunde gelegt.
- *Wie berechnet sich bei gegebener Wellenfunktion die Wahrscheinlichkeit, ein Teilchen in einem Volumenelement zu finden?*
  In der Quantenmechanik werden Systeme durch Wellenfunktionen beschrieben. Deren Betragsquadrat gibt zu jedem Zeitpunkt die Wahrscheinlichkeit dafür an, ein Teilchen in einem bestimmten Volumenelement zu finden.
- *Wie berechnet man Erwartungswerte von Messgrößen?*
  Damit ist das Betragsquadrat der Wellenfunktion auch die Wahrscheinlichkeitsdichte, mit deren Hilfe die Erwartungswerte von Messgrößen, die nun als hermitesche Operatoren dargestellt werden müssen, berechnet werden können.
- *Was passiert bei der Messung einer Observablen mit der Wellenfunktion?*
  Führt man die Messung einer Observablen aus, so geht das System in einen Eigenzustand des entsprechenden Operators über – gleichzeitig verschwindet die Varianz. Somit nimmt auf Quantenniveau eine Messung immer Einfluss auf das System. Einen unbeteiligten Beobachter gibt es nicht.
- *Unter welcher Voraussetzung sind zwei Messgrößen gleichzeitig messbar und wann nicht?*
  Nur Messgrößen, die miteinander kommutieren bzw. vertauschen, sind gleichzeitig beliebig genau messbar. Wenn jedoch ein Paar von Observablen nicht vertauscht, dann muss das Produkt der zugehörigen Varianzen nach der Heisenberg'schen Unschärferelation einen Mindestwert übersteigen. Dieser Mindestwert wird im Allgemeinen quantitativ durch die fundamentale Quantisierungsgröße, das Planck'sche Wirkungsquantum $\hbar$, kontrolliert.

- *Wie berechnet man die räumliche und zeitliche Ausbreitung einer Wellenfunktion?*
  Die zeitliche Entwicklung der Wellenfunktionen $\Psi(\mathbf{x}, t)$ sowie ihre räumliche
  Verteilung werden bei gegebenem Potential durch die Schrödinger-Gleichung
  $\hat{H}\Psi = \hat{E}\Psi$ bestimmt, die Sie erhalten, indem Sie die Größen der klassischen
  Hamilton-Funktion sowie die Energie durch die zugehörigen Operatoren ersetzen.
- *Was sind stationäre Zustände?*
  Eigenzustände des Hamilton-Operators haben eine wohlbestimmte Energie E und
  mit $\exp(-iEt/\hbar)$ eine triviale Zeitabhängigkeit. Da deren Wahrscheinlichkeits-
  dichte zeitunabhängig ist, bezeichnet man diese Zustände als stationär.

1.7   Aufgaben

1.1 Zeigen Sie, dass der Ortsoperator im Impulsraum folgende Form hat: $\hat{x} = i\hbar\nabla_p$,
    wobei in kartesischen Koordinaten $\nabla_p = (\partial/\partial p_x, \partial/\partial p_y, \partial/\partial p_z)$ ist.
1.2 Zeigen Sie, dass die Varianz eines Operators verschwindet, wenn sich das System
    in einem Eigenzustand des Operators befindet.
    Hinweis: Berechnen Sie die Erwartungswerte aus Gl. (1.15) explizit für $\hat{A}\Psi = a\Psi$.
1.3 Leiten Sie aus der zeitabhängigen Schrödinger-Gleichung für zeitunabhängige
    Potentiale die zeitunabhängige her und berechnen Sie die Zeitabhängigkeit der
    resultierenden Wellenfunktion.
    Hinweis: Wenden Sie auf den Ansatz $\Psi(\mathbf{x}, t) = \psi(\mathbf{x})\phi(t)$ die Schrödinger-
    Gleichung an und teilen Sie die sich ergebende Gleichung durch $\Psi(\mathbf{x}, t)$.
1.4 Leiten Sie aus Gl. (1.24) die Schrödinger-Gleichung ab. Überzeugen Sie
    sich dazu zunächst davon, dass für einen infinitesimalen Zeitschritt,
    $t - t' = \delta t$, K geschrieben werden kann als $K(\mathbf{x}, t + \delta t; \mathbf{y}, t) = \exp\{i\delta t\, L$
    $(\frac{\mathbf{x}+\mathbf{y}}{2}, \frac{\mathbf{x}-\mathbf{y}}{\delta t}, t)/\hbar\}/A$, wobei A eine Konstante ist und damit

$$\psi(\mathbf{x}, t + \delta t) = \frac{1}{A} \int d^3\eta \, e^{iM\eta^2/(2\hbar\delta t)} e^{-(i\delta t/\hbar)V(\mathbf{x}+\eta/2,t)} \psi(\mathbf{x} + \boldsymbol{\eta}, t).$$

Zeigen Sie anschließend durch eine Entwicklung der Elemente zur Ordnung
δt und explizite Auswertung der Integrale, dass aus dieser Gleichung die
Schrödinger-Gleichung für die Wellenfunktion folgt.
Hinweis: Überzeugen Sie sich zunächst, dass $|\eta|$ wie $\sqrt{\delta t}$ skaliert, so dass der
Integrand bis zur zweiten Ordnung in η entwickelt werden muss. Benutzen Sie
dann kartesische Koordinaten für η und

$$\int dx \, e^{i\kappa x^2} = \sqrt{i\pi/\kappa}, \quad \int dx \, x \, e^{i\kappa x^2} = 0, \quad \int dx \, x^2 \, e^{i\kappa x^2} = \sqrt{i\pi/(4\kappa^3)}.$$

Grundlagen

2

Zusammenfassung

In diesem Kapitel werden einige fundamentale Eigenschaften quantenmechanischer Systeme aus den zuvor gelisteten Postulaten abgeleitet, die die Leser kennen sollten, um die Quantenmechanik zu benutzen. Weitere formale Aspekte sind in Kap. 5 zu finden. Das vorliegende Kapitel gibt die Antworten auf folgende Fragen:

- Wie ist die Kontinuitätsgleichung zu interpretieren?
- Wie ist der Zusammenhang zwischen den klassischen Trajektorien und den zugehörigen, quantenmechanischen Größen?
- Wie berechnet man die Wahrscheinlichkeit, bei einer Messung der zum Operator $\hat{A}$ gehörenden Observablen an einem durch die Wellenfunktion $\psi(\mathbf{x})$ beschriebenen System, den Eigenwert a_n zu erhalten?
- Woher weiß man, dass die Wahrscheinlichkeiten der Quantenmechanik nicht lediglich unser Unwissen über die detaillierten Abläufe auf mikroskopischer Ebene parametrisieren, ähnlich wie es in der statistischen Physik der Fall ist?

2.1 Eigenschaften der Wellenfunktionen

Eine Eigenschaft von Wellenfunktionen haben wir bereits in Gl. (1.3) kennen gelernt, nämlich ihre Normierbarkeit. Dementsprechend müssen Wellenfunktionen im Grenzwert $|\mathbf{x}| \to \infty$ hinreichend schnell gegen null gehen.

Die Schrödinger-Gleichung ist eine partielle Diffentialgleichung zweiter Ordnung im Ort. Daraus lassen sich aus den Eigenschaften des Potentials Eigenschaften der Wellenfunktion ableiten. Der Einfachheit halber beschränken wir uns in diesem Abschnitt auf die zeitunabhängige, eindimensionale Schrödinger-Gleichung.

© Springer-Verlag GmbH Deutschland, ein Teil von Springer Nature 2020
C. Hanhart, *kurz & knapp: Quantenmechanik*,
https://doi.org/10.1007/978-3-662-60702-2_2

Ist das Potential stetig, so muss die Wellenfunktion zweimal stetig differenzierbar sein, damit

$$\frac{\partial^2}{\partial x^2}\psi(x) \propto (E - V(x))\psi(x) \tag{2.1}$$

erfüllt sein kann, denn enthielte ψ einen Sprung, so enthielte ψ'' die Ableitung einer δ-Distribution, vgl. Gl. (1.9), im Widerspruch zu Gl. (2.1). Analog würde ein Sprung in ψ' eine δ-Distribution in ψ'' erzeugen, was ebenso im Widerspruch zu Gl. (2.1) stünde. Des Weiteren darf für stetige Potentiale ψ' auch keinen Knick haben, da sonst ψ'' einen Sprung hat.

Enthält das Potential einen Sprung, so muss nach gleicher Logik die Wellenfunktion lediglich stetig differenzierbar sein, da der Sprung in V dann durch einen Sprung in ψ'' aufgefangen wird. Enthält das Potential ein $\delta(x-x_0)$, dann muss die Wellenfunktion immer noch stetig sein, aber nicht mehr in x_0 differenzierbar, da damit ψ' einen Knick haben darf, dessen Ableitung wiederum eine δ-Distribution generiert. Natürlich kommen in der Natur keine Sprünge oder gar δ-Distributionen in Potentialen vor, allerdings kann es durchaus Situationen geben, in denen die Realität gut durch Potentiale dieses Typs angenähert werden kann. Am Ende von Abschnitt 3.1 werden wir sehen, wie man durch geeignete Grenzwertbildung aus einem Potential endlicher Ausdehnung und Tiefe ein Potential ohne Ausdehnung unendlicher Tiefe, dessen Wellenfunktion dann die beschriebenen Eigenschaften hat, bekommt.

Eine weitere wichtige Eigenschaft von Wellenfunktionen kann man aus der **Wronski-Determinante,** definiert durch

$$W(\phi, \psi) = \det\begin{pmatrix} \phi & \psi \\ \phi' & \psi' \end{pmatrix} = \phi\psi' - \psi\phi', \tag{2.2}$$

ableiten. Es gelte nun $\hat{H}\phi = E_\phi\phi$ und $\hat{H}\psi = E_\psi\psi$ mit $\Delta E = E_\phi - E_\psi > 0$. Dann erhalten wir unter Verwendung der Schrödinger-Gleichung

$$\frac{d}{dx}W(\phi, \psi) = \phi\psi'' - \phi''\psi = \frac{2M}{\hbar^2}\Delta E\phi\psi.$$

Es seien nun x_1 und x_2 zwei benachbarte Nullstellen (in der Physik der Wellen häufig auch als **Knoten** bezeichnet) von ψ. Dann erhalten wir durch Integration obiger Gleichung im Intervall x_1 bis x_2

$$W(\phi, \psi)|_{x_1}^{x_2} = (\phi\psi' - \psi\phi')|_{x_1}^{x_2} = \phi(x_2)\psi'(x_2) - \phi(x_1)\psi'(x_1) = \frac{2M}{\hbar^2}\Delta E\int_{x_1}^{x_2} dx\, \phi\psi. \tag{2.3}$$

Es sei nun ohne Beschränkung der Allgemeinheit $\psi > 0$ zwischen x_1 und x_2. Dann muss $\psi'(x_1) > 0$ und $\psi'(x_2) < 0$ sein. Der Fall $\psi'(x_i) = 0$ bei $\psi(x_i) = 0$ ist nicht relevant, da für diese Anfangsbedingungen $\psi \equiv 0$ ist, was offensichtlich keinen physikalischen Zustand beschreibt.[1] Hätte nun ϕ in dem Intervall durchgehend das

---

[1]Für gegebene Anfangsbedingungen ist die Lösung der Schrödinger-Gleichung eindeutig sein und $\psi \equiv 0$ erfüllt die Anfangsbedingungen und löst die Differentialgleichung.

gleiche Vorzeichen, so wären die Vorzeichen der beiden Ausdrücke links und rechts des letzten Gleichheitszeichens in Gl. (2.3) unterschiedlich. Also muss ϕ in dem Intervall sein Vorzeichen mindestens einmal wechseln. Also hat ϕ zwischen zwei Nullstellen von ψ mindestens eine Nullstelle.

Für Bindungszustände existiert das Integral in Gl. (2.3) (siehe z. B. die Asymptotiken der Wellenfunktionen in Kap. 3). Damit können wir auch einen der beiden Intervallränder gegen unendlich schieben, wo die Wellenfunktionen notwendigerweise verschwinden. Damit ist klar, dass die Zahl der Nullstellen einer Wellenfunktion mit wachsender Energie zunehmen muss.

Die Argumentation lässt sich einfach auf mehrdimensionale Probleme übertragen: Hält man z. B. in kugelsymmetrischen Problemen (Kap. 4) alle Quantenzahlen fest, ausser der, die die Energie in dem radialen Anteil der Wellenfunktion bestimmt, dann nimmt auch hier die Zahl der Knoten mit wachsender Energie zu.

2.2 Wahrscheinlichkeitsstrom

In diesen Abschnitt werden wir zeigen, dass Postulat 2 (Abschnitt 1.2), nach dem $|\Psi(\mathbf{x}, t)|^2$ als Wahrscheinlichkeitsdichte zu interpretieren ist, mit Postulat 4 (Abschnitt 1.4) konsistent ist, da die Schrödinger-Gleichung sicherstellt, dass die zeitliche Änderung der Aufenthaltswahrscheinlichkeit in einem Volumen genau dem Abfluss der Wahrscheinlichkeit aus diesem Volumen entspricht. Um den zugehörigen **Wahrscheinlichkeitsstrom** zu konstruieren, berechnen wir unter Verwendung der zeitabhängigen Schrödinger-Gleichung für ein rein ortsabhängiges Potential

$$
\frac{\partial}{\partial t} |\Psi(\mathbf{x}, t)|^2 = \frac{i}{\hbar} \left((\hat{H}^\dagger \Psi(\mathbf{x}, t)^*) \Psi(\mathbf{x}, t) - \Psi(\mathbf{x}, t)^* (\hat{H} \Psi(\mathbf{x}, t)) \right) \tag{2.4}
$$

$$
= \frac{i}{\hbar} \left(\left(\frac{\hat{\mathbf{p}}^2}{2M} \Psi(\mathbf{x}, t)^* \right) \Psi(\mathbf{x}, t) - \Psi(\mathbf{x}, t)^* \left(\frac{\hat{\mathbf{p}}^2}{2M} \Psi(\mathbf{x}, t) \right) \right.
$$

$$
\left. + (V^*(\mathbf{x}) \Psi(\mathbf{x}, t)^*) \Psi(\mathbf{x}, t) - \Psi(\mathbf{x}, t)^* (V(\mathbf{x}) \Psi(\mathbf{x}, t)) \right).
$$

Eine wichtige Ausnahme hierzu bildet die Ankopplung an das elektromagnetische Feld, da hier der Impulsoperator in der Wechselwirkung auftritt. In diesem Falle ist die Rechnung entsprechend zu erweitern (Kap. 7). Da $\hat{H}$ nur dann hermitesch ist, wenn $V(\mathbf{x})$ reell ist, verschwindet die letzte Zeile und wir erhalten:

Die **Kontinuitätsgleichung**

$$
\frac{\partial}{\partial t} \rho(\mathbf{x}, t) + \nabla \cdot \mathbf{j}(\mathbf{x}, t) = 0 \tag{2.5}
$$

mit $\rho(\mathbf{x}, t) = |\Psi(\mathbf{x}, t)|^2$ für die **Wahrscheinlichkeitsdichte** und

$$\mathbf{j}(\mathbf{x}, t) = \frac{\hbar}{2Mi} \left(\Psi(\mathbf{x}, t)^* \nabla \Psi(\mathbf{x}, t) - (\nabla \Psi(\mathbf{x}, t)^*) \Psi(\mathbf{x}, t) \right) \tag{2.6}$$

für den **Wahrscheinlichkeitsstrom.**

Betrachten wir ein beliebiges Volumen V, dann folgt aus Gl. (2.5) mit Hilfe des Gauß'schen Satzes

$$\frac{d}{dt} \int_V d^3x \, \rho(\mathbf{x}, t) = - \int_{\partial V} d\mathbf{F} \cdot \mathbf{j}(\mathbf{x}, t), \tag{2.7}$$

wobei $d\mathbf{F}$ ein gerichtetes Oberflächenelement auf dem Rand von V, ∂V, bezeichnet. Demnach ändert sich die Aufenthaltswahrscheinlichkeit im Volumen V entsprechend dem Wahrscheinlichkeitsfluss durch die Oberfläche von V. Nimmt man nun den Grenzwert, dass V dem ganzen Raum entspricht, so verschwindet das Oberflächenintegral (da wir nun lokalisierte Objekte betrachten wollen) und damit auch die zeitliche Änderung der Wahrscheinlichkeitsdichte. Erst dadurch wird es möglich Zustände zu normieren.

Für stationäre Zustände gilt offensichtlich $\nabla \cdot \mathbf{j}(\mathbf{x}, t) \equiv 0$, was man auch schon direkt aus der ersten Zeile von Gl. (2.4) hätte ablesen können, da stationäre Zustände Eigenzustände des Hamilton-Operators mit reellen Eigenwerten sind.

2.3   Verbindung zu klassischen Observablen: Das Ehrenfest'sche Theorem

Die klassischen Bewegungsgleichungen beschreiben den Zusammenhang zwischen Kräften und der zeitlichen Änderung von Observablen. Es ist daher interessant, die zeitliche Entwicklung einer quantenmechanischen Observablen zu betrachten. Es gilt

$$\begin{aligned}
\frac{d}{dt} \langle \hat{A} \rangle_\Psi &= \int d^3x \left(\frac{\partial}{\partial t} \Psi(\mathbf{x}, t)^* \right) \hat{A} \Psi(\mathbf{x}, t) \\
&+ \int d^3x \, \Psi(\mathbf{x}, t)^* \left(\frac{\partial}{\partial t} \hat{A} \right) \Psi(\mathbf{x}, t) \\
&+ \int d^3x \, \Psi(\mathbf{x}, t)^* \hat{A} \left(\frac{\partial}{\partial t} \Psi(\mathbf{x}, t) \right)
\end{aligned}$$

und damit, unter Verwendung der zeitabhängigen Schrödinger Gleichung

$$\frac{d}{dt} \langle \hat{A} \rangle_\Psi = \frac{i}{\hbar} \langle [\hat{H}, \hat{A}] \rangle_\Psi + \left\langle \left(\frac{\partial}{\partial t} \hat{A} \right) \right\rangle_\Psi . \tag{2.8}$$

Man erhält also z. B. für $\hat{A} = \hat{p} = -i\hbar\nabla$, da $\hat{H} = \hat{T} + \hat{V}$ und $[\hat{p}, \hat{T}] = 0$

das **Ehrenfest'sche Theorem**

$$\frac{d}{dt}\langle\hat{p}\rangle_\Psi = -\langle\nabla\hat{V}\rangle_\Psi = \langle\hat{\mathbf{F}}\rangle_\Psi \tag{2.9}$$

Es entspricht fast den klassischen Bewegungsgleichungen – nur dass auf der rechten Seite nicht die Kraft am Erwartungswert des Ortes steht, sondern der Erwartungswert der Kraft. Wenn sich jedoch das Potential auf sehr viel größeren Längenskalen ändert als die Wellenfunktion, wie man das für makroskopische Systeme erwartet, dann sind die beiden in sehr guter Näherung gleich – man könnte diese Gleichheit als Definition des Begriffs „makroskopisch" nehmen. In diesem Sinne zeigt Gl. (2.9) den Zusammenhang zwischen klassischer und quantenmechanischer Bewegung auf.

2.4 Energie-Zeit-Unschärfe

Im Gegensatz zu den in Abschnitt 1.3 diskutierten Größen, wie Ort und Impuls, ist die Zeit t keine Observable, sondern ein externer Parameter. Daher kann man die oben gegebene Herleitung nicht eins zu eins für den Zusammenhang zwischen Zeit und Energie übernehmen. Allerdings legt die Form des Energieoperators schon nahe, dass auch Energie und Zeit nicht gleichzeitig beliebig genau messbar sind. Die folgende Herleitung ist aus [23] adaptiert. Eine ausführlichere Diskussion aus einem anderen Blickwinkel findet sich auch in [19].

Als Zeitunschärfe, Δt_A, wird hier das Zeitintervall verstanden, das für die Änderung einer (fast) beliebigen, nicht explizit zeitabhängigen Observablen $\hat{A}$ charakteristisch ist, also

$$\frac{\Delta A}{\Delta t_A} := \left|\frac{d}{dt}\langle\hat{A}\rangle_\Psi\right| = \frac{1}{\hbar}\left|\langle[\hat{H}, \hat{A}]\rangle_\Psi\right|, \tag{2.10}$$

wobei znächst die Varianz ΔA aus Gl. (1.15) und dann Gl. (2.8) angewendet wurden. Klarerweise sind nur solche Operatoren für das Argument geeignet, die nicht mit $\hat{H}$ kommutieren, da ansonsten die zugehörigen Observablen Erhaltungsgrößen sind und somit keine typische Zeitskala definieren können. Andererseits gilt nach Gl. (1.16)

$$\Delta E \,\Delta A \geqslant \frac{1}{2}\left|\langle[\hat{H}, \hat{A}]\rangle_\Psi\right| \tag{2.11}$$

und damit

$$\Delta E \,\Delta t_A \geqslant \frac{\hbar}{2}. \tag{2.12}$$

Wie aus der Ableitung des Ehrenfest'schen Theorems in Abschnitt 2.3 deutlich wurde, ist die charakteristische Zeit für die Änderung des Erwartungswertes eines Operators bestimmt durch die charakteristische Zeit der Änderung der Wellenfunktion des Systems. Daher kann die Operatorabhängigkeit in Gl. (2.12) sicherlich vernachlässigt werden, und man kann den Index A an Δt_A auch weglassen.

Die Energie-Zeit-Unschärfe zeigt sich auch an den stationären Zuständen (Abschnitt 1.4): Da für Eigenzustände der Energie $\Delta E = 0$ ist (Abschnitt 1.3), kann für diese keine typische Zeit angegeben werden. Dementsprechend ist die Wahrscheinlichkeitsdichte $|\Psi(\mathbf{x}, t)|^2$ zeitunabhängig.

2.5   Vollständige Sätze kommutierender Operatoren

Im Umkehrschluss zu den Ergebnissen in Abschnitt 1.2 sind natürlich die Observablen, die zu Operatoren gehören, die untereinander kommutieren, gleichzeitig messbar. Wir bezeichnen einen Satz kommutierender Operatoren dann als vollständig, wenn alle weiteren mit diesen Operatoren kommutierende Operatoren als Funktion der Mitglieder dieses Satzes geschrieben werden können. Liegt ein vollständiger Satz an Operatoren $\hat{A}_i$ mit $i = 1 \cdots N$ vor, so gehört zu jedem Vektor aus Eigenwerten dieser Operatoren genau ein Eigenzustand. Die Elemente dieses Vektors sind die Quantenzahlen des Systems. Anders gesagt: Gibt es noch mehrere Zustände, die in allen identifizierten Quantenzahlen übereinstimmen, so hat man mindestens einen unabhängigen Operator übersehen.

Klarerweise ist ein solcher vollständiger Satz kommutierender Operatoren nicht eindeutig. Wir werden z. B. in Abschnitt 4.3 sehen, dass man die Zustände des dreidimensionalen harmonischen Oszillators entweder über die Anregung der drei harmonischen Oszillatoren, aus denen er sich zusammensetzt klassifizieren kann (hier ist der vollständige Satz der kommutierenden Operatoren $\hat{H}_x$, $\hat{H}_y$ und $\hat{H}_z$) oder über die radiale Anregungsquantenzahl, den Gesamtdrehimpuls und dessen Projektion auf die z-Achse mit den Operatoren $\hat{H}$, $\hat{L}^2$ und $\hat{L}_z$. Allerdings spannen die Eigenfunktionen, $\Phi_n(\mathbf{x}, t)$, wobei der Multiindex n die Eigenwerte zusammenfasst, zu jedem vollständigen Satz kommutierender Operatoren den gesamten Lösungsraum zu dem gegebenen Problem auf – sie bilden ein **vollständiges Funktionensystem.** Das heißt, jede Lösung $\Psi(\mathbf{x}, t)$ kann als

$$\Psi(\mathbf{x}, t) = \sum_n c_n \Phi_n(\mathbf{x}, t)$$

geschrieben werden. Dies soll hier ohne Beweis angenommen werden, doch ist diese Eigenschaft physikalisch offensichtlich notwendig: Zu jedem möglichen Messwert muss auch eine Wellenfunktion gehören. Die komplexwertigen Entwicklungskoeffizienten c_n werden dann durch die Anfangsbedingungen festgelegt. Beispiele hierzu werden wir in Abschnitt 3.4 und in Beispiel 10.12 kennen lernen. Da für normierte Zustände (Kap. 5)

$$\int d^3x \ \Phi_n(\mathbf{x}, t)^* \Phi_m(\mathbf{x}, t) = \delta_{nm}$$

gilt, ist die Zerlegung eindeutig, und die Wahrscheinlichkeit, das durch $\Psi(\mathbf{x}, t)$ beschriebene System im Zustand $\Phi_n(\mathbf{x}, t)$ zu finden, ist

$$P_n = \left| \int d^3x \, \Phi_n(\mathbf{x}, t)^* \Psi(\mathbf{x}, t) \right|^2 = |c_n|^2. \tag{2.13}$$

Dementsprechend gilt, dass, falls $\hat{A}\Phi_n = a_n\Phi_n$ ist, $|c_n|^2$ die Wahrscheinlichkeit angibt in einer Einzelmessung der zu $\hat{A}$ gehörenden Observablen den Wert a_n zu messen. Dies ist also eine direkte Konsequenz der Born'schen Regel.

Ein wichtiger Spezialfall der gerade beschriebenen allgemeinen Situation liegt vor, wenn eine betrachtete Lösung der Schrödinger-Gleichung kein Eigenzustand des Hamilton-Operators ist. Auch dann gilt natürlich:

Jede Lösung der zeitabhängigen Schrödinger-Gleichung lässt sich nach stationären Lösungen entwickeln. So gilt für ein System mit diskretem Spektrum (wie dem harmonischen Oszillator)

$$\Psi(\mathbf{x}, t) = \sum_{n=0}^{\infty} c_n \psi_n(\mathbf{x}) e^{-i E_n t/\hbar}, \tag{2.14}$$

wobei $\hat{H}\psi_n(\mathbf{x}) = E_n \psi_n(\mathbf{x})$ ist.

2.6 Anmerkungen zum Messprozess

Schwer fassbar ist in der Quantenmechank die Rolle des Messprozesses, da jede Messung ein System notwendigerweise beeinflusst. So führt eine beliebig genaue Ortsmessung unweigerlich dazu, dass der Impuls des Systems unbestimmt wird (Abschnitt 1.2). Des Weiteren kollabiert die Wellenfunktion im Moment der Messung aus einer kohärenten Überlagerung verschiedener Quantenzustände (den sogenannten verschränkten Zuständen) zu einem definitiven Zustand (eben dem, der der Eigenfunktion zum Messwert entspricht). In der Literatur wir diese Sichtweise auf die Quantenmechanik als **Kopenhagener Interpretation** bezeichnet. Damit scheint aber die Messapparatur außerhalb von dem, was mit Hilfe der Quantenmechanik erfasst werden kann, zu stehen, und es schließt sich sofort die Frage an, was denn als Messprozess bezeichnet werden kann. Befindet sich ein Messgerät so lange in einem „Zwischenzustand"[2], bis es abgelesen wird? In den letzten Jahrzehnten ist

---

[2]Die Absurdität, die ein solcher quantenmechanischer Zwischenzustand für ein makroskopisches System darstellt, wird an Schrödingers berühmtem Gedankenexperiment mit der nach ihm

es gelungen, mit Hilfe von ausgefeilten Experimenten der Quantenoptik den Übergang von der Quantenwelt zur klassischen Welt durch Dekohärenz besser zu verstehen – für eine pädagogische Darstellung des Themenkomplexes empfehlen wir die Nobelpreis-Vorlesung von S. Haroche [12]. Hierbei hat sich gezeigt, dass durch die Ankopplung eines Quantensystems an ein Strahlungsfeld, wie der Wärmestrahlung in einem Raum mit endlicher Temperatur, nach und nach die Phasenbeziehung zwischen den Zuständen aufgelöst wird und schließlich nur noch die inkohärente Überlagerung der möglichen Messergebnisse vorliegt[3]; in anderen Worten geht also die Wahrscheinlichkeitsdichte vom Betragsquardrat der Summe verschiedener Wellenfunktionen über in die Summe von deren Betragsquadraten. Diese Betragsquadrate geben dann an, mit welcher Wahrscheinlichkeit der entsprechende Zustand angenommen wird. Die Experimente zeigen, dass dieser Prozess umso schneller geht, je größer (also je makroskopischer) das betrachtete System ist. Natürlich ist immer noch nicht vorhersagbar, welchen Wert die Messung ergibt – das ist ja ein zentrales Element der Quantenmechanik. Aber die Dekohärenz führt dazu, dass sich ein markroskopisches System typischerweise nicht in einem Zwischenzustand befindet (siehe hierzu auch die entsprechende Diskussion aus Theoretikersicht in [22]).

2.7   Das ERP-Paradoxon und die Bell'sche Ungleichung

Berühmte Physiker wie Albert Einstein hielten die probabilistische Natur der Quantenmechanik für nicht fundamental, sondern vielmehr für einen Ausdruck unserer Ignoranz über die wahren Vorgänge auf mikroskopischer Ebene (ähnlich der statistischen Größen, die in der Thermodynamik auftreten), da sie gegen die Existenz einer „objektiven Realität" verstießen. So argumentieren die Autoren in [6] (es ist übrigens sehr lohnend, diesen Artikel zu lesen, da er sehr deutlich vor Augen führt, wie weit die Quantenmechnik von unserem klassischen Denken entfernt ist), dass es nicht sein dürfe, dass die Wellenfunktion von Objekt a dadurch beeinflusst wird, dass eine Messung an Objekt b durchgeführt wird, mit dem es zwar zuvor in Wechselwirkung stand, zum Zeitpunkt der Messung jedoch nicht mehr. Diese Beobachtung ist unter dem Namen **Einstein-Rosen-Podolsky-Paradoxon** (ERP-Paradoxon), benannt nach den Autoren von [6], bekannt. Genau dies ist jedoch nach den Gesetzen der Quantenmechanik möglich und es kann experimentell nachgewiesen werden, dass diese Art „Beeinflussung" tatsächlich stattfindet. Dieser Nachweis erfolgt mit Hilfe der **Bell'schen Ungleichungen** [2]. Hier folgen wir der Präsentation deren Beweises, wie er in [16], basierend auf einer Formulierung der Ungleichung nach [17], gegeben ist. Ausgangspunkt ist ein klassisches System aus zwei identischen Objekten, die getrennt voneinander aufbewahrt sind und zu Beginn des Experiments durch je drei Eigenschaften, A, B und C, gekennzeichnet sind, die jeweils die Werte 1 und 0 annehmen können. Wir wissen also vor der Messung nicht, welche

---

benannten Katze in der Hauptrolle besonders deutlich, da es nur schwer fassbar ist, dass sich ein Tier in einem Zwischenzustand zwischen Leben und Tod befinden kann.
[3]Damit wäre dann Schrödingers Katze entweder tot oder lebendig, aber eben nichts dazwischen.

Abb. 2.1 Visualisierung zur Bell'schen Ungleichung nach Ref. [16]

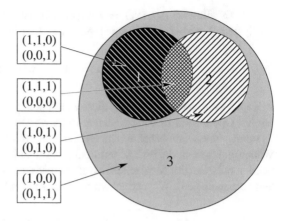

(1,1,0)
(0,0,1)

(1,1,1)
(0,0,0)

(1,0,1)
(0,1,0)

(1,0,0)
(0,1,1)

Eigenschaften die Objekte haben, wir wissen lediglich, dass $A^1 = A^2$, $B^1 = B^2$ und $C^1 = C^2$ ist. Die beiden Objekte sind so getrennt, dass Messungen an dem einen das andere klassisch nicht beeinflussen können.[4] Damit unterscheidet sich das Ganze deutlich von quantenmechanischen Systemen, da in diesen die Eigenschaften eben nicht von vornherein festliegen, sondern erst durch die Messung definitive Werte annehmen. Die Essenz der Bell'schen Überlegungen ist es, unter der Annahme, dass die klassischen Gesetze gelten, eine überprüfbare Ungleichung abzuleiten, die aber von geeignet präparierten quantenmechanischen Systemen verletzt wird.

Zum Beweis der Ungleichung betrachten wir Abb. 2.1. Die Fläche des großen Kreises definiert den kompletten Lösungsraum und damit die Wahrscheinlichkeit 1. Region 1 und 2 enthalten die Wahrscheinlichkeiten, dass $A = B$ ($P[A = B]$) bzw. $A = C$ ($P[A = C]$) ist. Region 3 (der große Kreis ohne Region 1 und 2) enthält $P[A \neq B \& C] = 1 - P[A = B] - P[A = C]$. Die linke Spalte zeigt, geordnet, die möglichen Zuordnungen von A, B und C. Damit gilt $P[B = C] \geqslant P[A \neq B \& C]$, da der linke Ausdruck zusätzlich zu Region 3 noch den Überlapp von Region 1 und Region 2 enthält. Damit folgt, dass:

$$P[A=B] + P[A=C] + P[B=C] \geqslant 1 \tag{2.15}$$

Diese Vorhersage sollte für alle Systeme gelten, in denen die Eigenschaften der beiden Objekte, die nicht miteinander in Wechselwirkung treten können, bereits vor der Messung festliegen.

Um ein quantenmechanisches System zu definieren, das Gl. (2.15) widerspricht, betrachten wir zwei Zweiniveausysteme, also zwei Systeme, die jeweils zwei Zustände annehmen können, die jedoch nicht miteinander in Wechselwirkung

---

[4]Diese Formulierung soll uns hier genügen. Für den interessierten Leser sind die Voraussetzungen in [16] sehr sorgfältig ausgeführt.

stehen. Es gilt also $\hat{A}\phi_n(x_1) = n\,\phi_n(x_1)$ für System 1 und $\hat{A}\psi_n(x_2) = n\,\psi_n(x_2)$ für System 2, wobei jeweils $n = 0$ oder $n = 1$ ist und

$$\int dx\phi_n(x)^*\phi_m(x) = \int dx\psi_n(x)^*\psi_m(x) = \delta_{nm}.$$

In Kap. 5 werden wir sehen, dass diese Relation natürlich für Eigenfunktionen hermitescher Operatoren zu verschiedenen Eigenwerten ist. Wellenfunktionen, die beide Systeme gemeinsam beschreiben, erhält man durch Multiplikation der individuellen Wellenfunktionen, da Wahrscheinlichkeiten unabhängiger Ereignisse multipliziert werden müssen (mit Mehrteilchensystemen werden wir uns in Kap. 9 noch tiefergehend beschäftigen). Wir betrachten nun den Zustand

$$\Phi(x_1, x_2) = \frac{1}{\sqrt{2}}\left(\phi_0(x_1)\psi_0(x_2) + \phi_1(x_1)\psi_1(x_2)\right). \tag{2.16}$$

Dieser wird als **verschränkter Zustand** bezeichnet, da er die Wellenfunktionen der beiden Systeme kohärent überlagert. Im Folgenden werden die Argumente zumeist weggelassen, um die Notation zu vereinfachen. Wir definieren nun drei verschiedene Zustände für System 1,

$$A^1 : \begin{cases} a_0^1 \equiv \phi_0 \\ a_1^1 \equiv \phi_1 \end{cases}, \quad B^1 : \begin{cases} b_0^1 \equiv \frac{1}{2}\phi_0 + \frac{\sqrt{3}}{2}\phi_1 \\ b_1^1 \equiv \frac{\sqrt{3}}{2}\phi_0 - \frac{1}{2}\phi_1 \end{cases}, \quad C^1 : \begin{cases} c_0^1 \equiv \frac{1}{2}\phi_0 - \frac{\sqrt{3}}{2}\phi_1 \\ c_1^1 \equiv \frac{\sqrt{3}}{2}\phi_0 + \frac{1}{2}\phi_1 \end{cases}, \tag{2.17}$$

und für System 2,

$$A^2 : \begin{cases} a_0^2 \equiv \psi_0 \\ a_1^2 \equiv \psi_1 \end{cases}, \quad B^2 : \begin{cases} b_0^2 \equiv \frac{1}{2}\psi_0 + \frac{\sqrt{3}}{2}\psi_1 \\ b_1^2 \equiv \frac{\sqrt{3}}{2}\psi_0 - \frac{1}{2}\psi_1 \end{cases}, \quad C^2 : \begin{cases} c_0^2 \equiv \frac{1}{2}\psi_0 - \frac{\sqrt{3}}{2}\psi_1 \\ c_1^2 \equiv \frac{\sqrt{3}}{2}\psi_0 + \frac{1}{2}\psi_1 \end{cases}, \tag{2.18}$$

so dass z. B. $\phi_0 = a_0^1 = \left(b_0^1 + \sqrt{3}b_1^1\right)/2 = \left(c_0^1 + \sqrt{3}c_1^1\right)/2$ und Entsprechendes für ϕ_1, ψ_0 und ψ_1 gilt. Ausgehend von der Wellenfunktion aus Gl. (2.16) ist die Wahrscheinlichkeit, dass z. B. System 1 im Zustand a_n^1 und System 2 im Zustand b_m^2 ist, nach Gl. (2.13)

$$P[A^1{=}n, B^2{=}m] = \left|\int dx_1 dx_2\, a_n^1(x_1)^* b_m^2(x_2)^* \Phi(x_1, x_2)\right|^2. \tag{2.19}$$

Damit gilt $P[A^1{=}n, A^2{=}m] = P[B^1{=}n, B^2{=}m] = P[C^1{=}n, C^2{=}m] = 1$ für $n = m$ und 0 sonst – demnach nehmen wie gefordert beide Systeme bezüglich aller drei Zustände bzw. „Eigenschaften" den gleichen Wert an. Mit Hilfe von Gl. (2.19) findet man jedoch

$$P[A{=}B] = P[A^1{=}1, B^2{=}1] + P[A^1{=}0, B^2{=}0] = \frac{1}{4} = P[A{=}C] = P[B{=}C]$$

und damit

$$P[A=B] + P[A=C] + P[B=C] = \frac{3}{4}.$$

Es ist instruktiv, dies nachzurechnen (▶ *Aufgabe 2.1*). Also verletzt das durch den verschränkten Zustand aus Gl. (2.16) beschriebene Quantensystem die Ungleichung (2.15), obwohl diese aber gelten müsste, wenn auch das Quantensystem nach den Gesetzen der klassischen Physik funktionierte.

In verschiedenen Experimenten wurde inzwischen demonstriert (ein aktuelles Experiment wird in [11] beschrieben, in der auch ältere Messungen aufgelistet sind), dass auch in der Natur die Bell'sche Ungleichung (bzw. Varianten davon) verletzt ist, und zwar genau so, wie die Quantenmechanik es beschreibt. Dies zwingt uns also, das, was Einstein als objektive Realität bezeichnete, auf dem Quantenniveau aufzugeben.

2.8   Zur zeitlichen Entwicklung quantenmechanischer Systeme

Die zeitabhängige Schrödinger-Gleichung

$$i\hbar\frac{\partial}{\partial t}\Psi(\mathbf{x},t) = \left(-\frac{\hbar^2}{2M}\nabla^2 + V(\mathbf{x},t)\right)\Psi(\mathbf{x},t) = \hat{H}\Psi(\mathbf{x},t)$$

kontrolliert die zeitliche Entwicklung der Wellenfunktion, wobei die Operatoren lediglich die ihnen eigene Zeitabhängigkeit (z. B. für periodische externe Anregungen) haben. Alternativ kann man die Wellenfunktionen zeitunabhängig wählen und die sich aus der Dynamik ergebende Zeitabhängigkeit vollständig in die Operatoren schieben. Dazu definiert man den **Zeitentwicklungsoperator**

$$\Psi(\mathbf{x},t) = \hat{U}(t,t_0)\Psi(\mathbf{x},t_0)$$

mit $\hat{U}(t_0,t_0) = 1$. Sukzessives Einsetzen dieses Ansatzes in die Schrödinger-Gleichung liefert

$$\hat{U}(t,t_0) = 1 - \frac{i}{\hbar}\int_{t_0}^{t}dt'\,\hat{H}(t')\hat{U}(t',t_0)$$

$$= 1 + \sum_{n=1}^{\infty}\left(-\frac{i}{\hbar}\right)^n\int_{t_0}^{t}dt^{(1)}\cdots\int_{t_0}^{t^{(n-1)}}dt^{(n)}\,\hat{H}\left(t^{(1)}\right)\cdots\hat{H}\left(t^{(n)}\right).$$

Für zeitunabhängige Potentiale erhalten wir

$$\hat{U}(t,t_0) = \exp\left(-\frac{i}{\hbar}(t-t_0)\hat{H}\right),$$

wobei die Exponentialfunktion über ihre **Taylor-Reihe** definiert ist. Auf zeitabhängige Potentiale kommen wir erst in Abschnitt 10.5 zurück. Da $\hat{H}$ hermitesch ist, ist der Operator $\hat{U}$ unitär. Betrachten wir nun das Matrixelement des Operators $\hat{A}$, dann können wir schreiben:

$$\left\langle \Psi_f(t) \left| \hat{A} \right| \Psi_i(t) \right\rangle = \left\langle \Psi_f(t_0) \left| \hat{U}(t, t_0)^\dagger \hat{A} \hat{U}(t, t_0) \right| \Psi_i(t_0) \right\rangle = \left\langle \Psi_f(t_0) \left| \hat{A}(t) \right| \Psi_i(t_0) \right\rangle$$

Im **Schrödinger-Bild** werden die Wellenfunktionen als zeitabhängig und die Operatoren als zeitunabhängig behandelt. Betrachten wir die Zeitabhängigkeit jedoch als Teil des Operators bei zeitunabhängigen Wellenfunktionen, dann befinden wir uns im **Heisenberg-Bild.** Der Unterschied zwischen den beiden Bildern ist offensichtlich lediglich eine Frage der Buchhaltung – kein Matrixelement und damit keine Observable ändert sich. Im Folgenden werden wir zumeist mit zeitunabhängigen Operatoren, also dem Schrödinger-Bild, arbeiten.

Es ist auch häufig zweckmäßig, den Hamilton-Operator selbst in zwei Teile zu zerlegen: ein $\hat{H}_0$, das benutzt wird, um die zeitliche Entwicklung der Zustände zu kontrollieren, und ein $\hat{H}_I$, das gesondert behandelt wird (eine solche Aufspaltung wird in Kap. 10 motiviert werden). In diesem Falle wird das $\hat{H}_I$ mit der ihm eigenen (z. B. bei externen Anregungen) sowie der durch $\hat{H}_0$ vermittelten Zeitabhängigkeit ausgewertet und man spricht vom **Wechselwirkungs-Bild** (Abschnitt 10.5).

Aus dem Gesagten folgt auch, dass man eine gewisse Freiheit in Wahl der Methode zur Berechnung spezieller beobachtbarer Größen hat. Zum Beispiel wird in diesem Buch die Rate für den spontanen Übergang eines angeregten atomaren Zustands in ein Photon und einen niedriger liegenden Zustand im Rahmen der zeitunabhängigen Störungstheorie extrahiert (Abschnitt 10.1), wohingegen die entsprechende Rechnung auch im Rahmen der zeitabhängigen Störungstheorie durchgeführt werden kann [20].

2.9   Eine Anmerkung zu den Einheiten

Es ist manchmal schwierig, in der Quantenmechanik mit den Faktoren c, $\hbar$, Energien und Massen den Überblick zu behalten. Deshalb werden in der Teilchenphysik häufig die sogenannten „natürlichen Einheiten" verwendet, bei denen $\hbar$, c, ϵ_0 alle auf 1 gesetzt werden. Das vereinfacht zwar die Notationen dramatisch, doch könnte ein Einsteiger in das Feld leicht den Überblick verlieren. Daher wurden in diesem Buch alle dimensionalen Faktoren explizit beibehalten.

Will man sich jedoch davon überzeugen, dass ein bestimmter Term die gewünschte Einheit hat, so kann man sich der folgenden Tricks bedienen. Wir definieren den **Umrechnungsfaktor**

$$\hbar c = 197{,}326968(17) \text{ MeV fm}$$

bzw. $\hbar c \approx 197{,}3 \times 10^{-9}$ eV m $= 1973$ eV Å, wobei fm$=10^{-15}$ m (Å$=10^{-10}$ m) die in der Kern- und Teilchenphysik (Atom- und Molekülphysik) übliche Längeneinheit bezeichnet. Also hat diese Kombination die Einheit einer Länge mal einer Energie. Des Weiteren hat eine Masse mal c^2 die Einheit einer Energie. Um also die Einheit eines bestimmten Terms zu testen, hat es sich bewährt, diesen mit der

Anzahl von Potenzen von c zu erweitern, die notwendig ist, um alle Faktoren $\hbar$ als $\hbar c$ schreiben zu können. Dann lässt sich die Einheit direkt ablesen. So hat z.B. der Term $-\hat{\mathbf{p}}^4/(8m_e^3 c^2)$, der in den relativistischen Korrekturen zum Wasserstoffspektrum auftritt (Gl. (10.17)), die Einheit einer Energie, da $[p] \sim \hbar/m$ ist (vgl. Gl. (1.12))[5] und somit

$$
\left[-\frac{\hat{\mathbf{p}}^4}{8m_e^3 c^2} \right] \sim \frac{\hbar^4}{\text{m}^4\text{kg}^3 c^2} \sim \frac{(\hbar c)^4}{\text{m}^4\text{kg}^3 c^6} \sim \frac{\text{m}^4\text{eV}^4}{\text{m}^4\text{eV}^3} \sim \text{eV}.
$$

Es ist sinnvoll, diese Methode an einem anderen Beispiel zu vertiefen (▶ *Aufgabe 2.2*).

2.10 Zusammenfassung und Antworten

- *Wie ist die Kontinuitätsgleichung zu interpretieren?*
  Die Kontinuitätsgleichung stellt sicher, dass die Änderung der Aufenthaltswahrscheinlichkeit eines Teilchens in einem gegebenen Volumen genau dem Abfluss der Wahrscheinlichkeit aus diesem Volumen entspricht. Die Existenz der Kontinuitätsgleichung ist die Voraussetzung dafür, dass eine Wahrscheinlichkeitsinterpretation der Quantenmechanik überhaupt möglich ist.
- *Wie ist der Zusammenhang zwischen den klassischen Trajektorien und den zugehörigen, quantenmechanischen Größen?*
  Die Bewegungsgleichungen der klassischen Mechanik werden nach dem Ehrenfest-Theorem abgelöst durch die entsprechenden Gleichungen für die Erwartungswerte der den dynamischen Größen zugeordneten Operatoren.
- *Wie berechnet man P_n, die Wahrscheinlichkeit, bei einer Messung der zum Operator $\hat{A}$ gehörenden Observablen an einem durch die Wellenfunktion $\Psi(\mathbf{x}, t)$ beschriebenen System, den Eigenwert a_n zu erhalten?*
  Für $\hat{A}\Phi_n = a_n\Phi_n$ gilt $P_n = \left| \int d^3x\, \Phi_n(\mathbf{x}, t)^* \Psi(\mathbf{x}, t) \right|^2$, wobei sowohl Ψ als auch die Φ_n als normiert angenommen wurden. Hat man eine Entwicklung der Wellenfunktion nach den Eigenfunktionen durchgeführt, $\Psi(\mathbf{x}, t) = \sum_n c_n \Phi_n(\mathbf{x}, t)$ so gilt $P_n = |c_n|^2$.
- *Woher weiß man, dass die Wahrscheinlichkeiten der Quantenmechanik nicht lediglich unser Unwissen über die detaillierten Abläufe auf mikroskopischer Ebene parametrisieren, ähnlich wie es in der statistischen Physik der Fall ist?*
  Der Wahrscheinlichkeitscharakter der Quantenmechanik ist fundamental und widerspricht dem klassischen Denken: So kann die Messung an einem Objekt die Quantenzahlen eines anderen beeinflussen, auch wenn diese räumlich so getrennt

---

[5]Die Notation [...] bedeutet „Einheit von ...". Bei den Einheiten werden SI-Einheiten benutzt, also steht z.B. m für Meter.

sind, dass es keine Wechselwirkung zwischen ihnen geben kann. Dies wird durch die Bell'sche Ungleichung, die bereits mehrfach experimentell bestätigt wurde, eindrucksvoll belegt.

2.11   Aufgaben

2.1 Zeigen Sie, dass für das in Gl. (2.19) definierte System $P[A{=}B] + P[A{=}C] = P[B{=}C] = 3/4$ ist, im Widerspruch zur Bell'schen Ungleichung (Gl. (2.15)).

2.2 Benutzen Sie die Methode aus Abschnitt 2.9, um zu zeigen, dass auch der Term $(Z\alpha\hbar/(2m_e^2cr^3))\mathbf{S}\cdot\mathbf{L}$ die Einheit einer Energie hat (er stellt eine weitere relativistische Korrektur zum Hamilton-Operator des Wasserstoffatoms dar; vgl. Gl. (10.18)).

Hinweis: Drehimpulse $\mathbf{L}$ und $\mathbf{S}$ haben die Einheit einer Wirkung, also hier $\hbar$, da $[\mathbf{p}] = \hbar/m$ und $\mathbf{L} = \mathbf{x} \times \mathbf{p}$ ist.

Eindimensionale Probleme

3

Zusammenfassung

In diesem Kapitel werden wir an Beispielen in einer räumlichen Dimension (Potentialtopf, Potentialbarriere, harmonischer Oszillator) den Umgang mit der Schrödinger-Gleichung demonstrieren. Dieses Kapitel gibt Antworten auf folgende Fragen:

- Welche Eigenschaften muss eine Lösung der Schrödinger-Gleichung haben?
- Wodurch wird das Verhalten der Wellenfunktion von Bindungszuständen bei großen Abständen bestimmt?
- Wodurch kommt die Quantisierung der Energie von Bindungszuständen zustande?
- Was bezeichnet man als Tunneleffekt?
- Welche Lösungsstrategien gibt es für den harmonischen Oszillator?
- Warum muss der Potenzreihenansatz für die Lösung der Schrödinger-Gleichung für Bindungszustände, die auch im Bereich großer Abstände gelten soll, nach Abseparation der asymptotischen Ausdrücke nach endlich vielen Termen abbrechen?
- Was bedeutet die Nullpunktenergie des harmonischen Oszillators?
- Was versteht man unter kohärenten Zuständen?

3.1 Potentialtopf

Das Potential ist in diesem Fall $V(x) = -V_0\theta(|x| < a)$ (Abb. 3.1). Für den Außenbereich ($|x| > a$) lautet demnach die Schrödinger-Gleichung

$$-E_b\psi_A(x) = -\frac{\hbar^2}{2M}\frac{\partial^2}{\partial x^2}\psi_A(x) \quad \Longleftrightarrow \quad \psi_A(x) = C_A\exp(-\gamma|x|/\hbar)\,, \quad (3.1)$$

© Springer-Verlag GmbH Deutschland, ein Teil von Springer Nature 2020
C. Hanhart, *kurz & knapp: Quantenmechanik*,
https://doi.org/10.1007/978-3-662-60702-2_3

Abb. 3.1 Der endliche
Potentialtopf, $V(x) = -V_0$
für $|x| < a$ und 0 sonst,
zusammen mit einer Skizze
der beiden niedrigsten
Wellenfunktionen

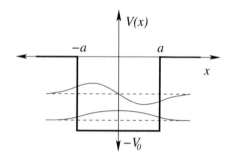

wobei $E_b = -E > 0$ ist, da wir gebundene Systeme betrachten wollen (Zustände
mit $E > 0$ sind Streuzustände) und

$$\gamma = \sqrt{2ME_b}. \tag{3.2}$$

Die Exponentialfunktion mit positivem Exponenten ist ebenfalls eine Lösung der
Gleichung. Diese muss aber verworfen werden, da sie auf nicht normierbare Zustände
führt. Für den Innenbereich $|x| < a$ erhalten wir

$$(V_0 - E_b)\psi_I(x) = -\frac{\hbar^2}{2M}\frac{\partial^2}{\partial x^2}\psi_I(x)\,, \tag{3.3}$$

wobei $V_0 - E_b > 0$ ist.[1] Die Differentialgleichung im Innenbereich ist also eine
Schwingungsgleichung, und wir erhalten

$$\psi_I(x) = C_I^- \sin(px/\hbar) + C_I^+ \cos(px/\hbar) \quad \text{mit} \quad p = \sqrt{2M(V_0 - E_b)}. \tag{3.4}$$

Die Konstanten C_A, C_I^+ und C_I^- sind nun so zu wählen, dass die Gesamtwellenfunktion

$$\psi(x) = \psi_A^I(x)\theta(-a - x) + \psi_I(x)\theta(a - |x|) + \psi_A^{II}(x)\theta(x - a)$$

an den Grenzen $x = \pm a$ stetig und stetig differenzierbar ist, da sonst die Schrödinger-
Gleichung nicht im gesamten Bereich ihre Gültigkeit hätte (Abschnitt 2.1). Aus
der Symmetrie des Problems folgt, dass $\psi(x)$ entweder eine gerade Funktion
($\psi(-x) = \psi(x)$) oder eine ungerade Funktion ($\psi(-x) = \psi(x)$) ist – dement-
sprechend ist für jeden geraden (ungeraden) Zustand $C_A^I = C_A^{II}$ ($C_A^I = -C_A^{II}$). Das
Verhalten einer Wellenfunktion unter Ortsspiegelung bezeichnet man als **Parität**.
Aus den Betrachtungen in Abschnitt 2.1 folgt, dass der Grundzustand keinen Knoten
hat. Also muss für diesen $C_I^- = 0$ sein und $p < \pi\hbar/(2a)$. Der erste angeregte
Zustand hat dann $C_I^+ = 0$ und $p < \pi\hbar/a$ und so weiter. Die beiden niedrigsten
Zustände sind in Abb. 3.1 skizziert. Es stehen also für jeden gegebenen Zustand

---

[1]Es ist leicht zu sehen, dass es in dem Bereich $V_0 - E_b < 0$ keine Lösung der Differentialgleichung
gibt, die die unten formulierten Anschlussbedingungen erfüllt.

zwei Parameter zur Verfügung, um drei Bedingungen zu erfüllen: Die Stetigkeit der Wellenenfunktion und ihrer Ableitung bei $|x| = a$ sowie die Normierung. Dies ist nur für bestimmte Energien möglich: Es kommt also zu einer **Quantisierung des Spektrums** des Potentialtopfes. Erlaubte Werte von E_b müssen

$$\tan\left(\frac{pa}{\hbar}\right) = \frac{\gamma}{p} \quad \text{und} \quad \tan\left(\frac{pa}{\hbar}\right) = -\frac{p}{\gamma}$$

erfüllen, wobei der erste (zweite) Ausdruck für die geraden (ungeraden) Lösungen gilt. Unter Verwendung von $\tan(x)^2 = \sin(x)^2/(1 - \sin(x)^2)$ lassen sich daraus für die am tiefsten gebundenen Zustände die Bedingungen

$$\sqrt{\frac{E_b}{V_0}} = \begin{cases} \sin\left(\sqrt{1 - \frac{E_b}{V_0}}\, \tilde{a}\right) & \text{für die gerade Lösung,} \\ -\cos\left(\sqrt{1 - \frac{E_b}{V_0}}\, \tilde{a}\right) & \text{für die ungerade Lösung} \end{cases} \tag{3.5}$$

ableiten, wobei $\tilde{a} = a\sqrt{2MV_0/\hbar^2}$ ist. Die Gleichung für die geraden Zustände besitzt immer eine Lösung mit einer Bindungsenergie im erlaubten Bereich $0 \leqslant E_b \leqslant V_0$. Also gibt es in einem endlichen Potentialtopf immer mindestens einen Bindungszustand. Im Gegensatz dazu muss für die tief gebundenen ungeraden Lösungen wegen des Vorzeichens auf der rechten Seite $\tilde{a} > \pi/2$ gelten, was $V_0 > \pi^2\hbar^2/(8Ma^2)$ entspricht.

Klassisch darf sich ein Teilchen nicht in einem energetisch verbotenen Bereich aufhalten (hier sind das die Regionen mit $|x| > a$). Quantenmechanisch ist das jedoch anders: Ein Teilchen oder Feld kann in einen verbotenen Bereich eindringen, wobei die Aufenthaltswahrscheinlichkeit dort exponentiell als Funktion der Eindringtiefe unterdrückt ist (Gl. (3.1)). Dieser Effekt wird in Abschnitt 3.2 noch eingehender diskutiert.

Ein interessanter Grenzfall ist der **unendlich tiefe Potentialtopf** endlicher Breite. Betrachten wir hier den Grundzustand, so gilt $V_0 \to \infty$ bei konstantem a. Damit geht $\tilde{a} \to \infty$, aber $E_b/V_0 \to 1$. Dann bietet es sich an, die Energie relativ zum Boden des Topfes zu messen, also als $\Delta E = V_0 - E_b$. Damit erhalten wir

$$\psi_A(a) = C_A \exp(-\gamma a/\hbar) \to C_A A \exp(-\tilde{a})\,(1 + \mathcal{O}(\tilde{a}\,(\Delta E/V_0)))\,.$$

Da, wie wir in Gl. (3.6) sehen werden, in diesem Grenzwert ΔE unabhängig von V_0 ist, geht die Korrektur wie $1/\sqrt{V_0}$ gegen null. Somit verschwindet für $V_0 \to \infty$ die Wellenfunktion außerhalb des Topfes identisch – natürlich kann dann am Rand die Ableitung nicht mehr stetig sein und die Quantisierungsbedingungen in Gl. (3.5) fordern, dass $\psi_I(|x|=a) = 0$ bzw. $a\sqrt{2M\Delta E/\hbar^2} = (2n + 1)\pi/2$ für die geraden und $a\sqrt{2M\Delta E/\hbar^2} = n\pi$ für die ungeraden Lösungen ist, so dass

$$\Delta E = (n\hbar\pi)^2/(8M)\,. \tag{3.6}$$

Im Lichte der Diskussion in Abschnitt 2.1 zu den Eigenschaften von Wellenfunktionen begreifen wir nun diese Unstetigkeit der Ableitung als den Grenzfall einer

Abb. 3.2 Die Potentialbarriere und der Tunneleffekt.
Die Wahrscheinlichkeitsam-
plitude, von links kommend,
kann durch den energetisch
verbotenen Bereich
„tunneln"

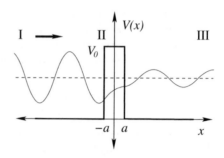

stetigen Ableitung. Der unendlich tiefe Potentialtopf sollte immer dann eine gute
Näherung für den endlich tiefen sein, wenn $\Delta E/V_0 \ll 1$ ist.

Fordert man jedoch, dass $V_0 \to \infty$ geht gleichzeitig $2V_0a = \alpha$ endlich bleibt,
was einem **attraktiven** δ-**Potential** der Gestalt $-\alpha\delta(x)$ entspricht (▶ *Aufgabe 3.1*),
dann gilt $\tilde{a} \to 0$ und wir erhalten nach Einsetzen in Gl. (3.5) unter Verwendung von
$\lim_{x\to 0}(\sin(x)/x) = 1$, dass es genau einen Bindungszustand gibt mit

$$E_b = \frac{\alpha^2 M}{2\hbar^2}.$$

Die zugehörige Wellenfunktion ist dann zwar stetig, ihre Ableitung in $x = 0$ jedoch
unstetig, da nach Gl. (3.1) $\lim_{a\to 0} \psi'_A(\mp a) = \pm\gamma/\hbar$ ist. Es ist instruktiv, den Wert der
Bindungsenergie direkt aus der Schrödinger-Gleichung mit δ-Potential zu berechnen
(▶ *Aufgabe 3.1*).

3.2 Potentialbarriere

In Abb. 3.2 ist eine **Potentialbarriere** gezeigt, der sich von links eine Wellenfunktion nähert, deren Energie nicht ausreicht, klassisch die Barriere zu überwinden. Die
Lösungen in den klassisch erlaubten und den klassisch verbotenen Regionen sind
analog den in Abschnitt 3.1 gefundenen. Da die Zeitabhängigkeit durch $\exp(-i\omega t)$
gegeben ist, entspricht $\exp(ipx/\hbar)$ einer nach rechts laufenden Welle.[2] Wir können also folgenden Ansatz für die Wellenfunktionen in den drei in der Abbildung
ausgewiesenen Regionen wählen:

$$\psi_I(x) = \alpha_+ e^{\frac{i}{\hbar}px} + \alpha_- e^{-\frac{i}{\hbar}px}, \quad \psi_{II}(x) = \beta_+ e^{\frac{\kappa}{\hbar}x} + \beta_- e^{-\frac{\kappa}{\hbar}x}, \quad \psi_{III}(x) = \gamma_+ e^{\frac{i}{\hbar}px}$$

Dabei wurde benutzt, dass es in Region III nur eine nach rechts laufende Welle geben
kann, wohingegen in Region I auch eine reflektierte Welle zu berücksichtigen ist.
Außerdem gilt $p = \sqrt{2ME}$ und $\kappa = \sqrt{2M(V_0 - E)}$ mit $0 < E < V_0$. Mit Hilfe von

---

[2]Um dies zu sehen, betrachten wir die Ausbreitung von Punkten gleicher Phase: $-\omega t + px/\hbar =
\phi_0 = -\omega(t + \Delta t) + p(x + \Delta x)/\hbar$. Damit folgt $\Delta x/\Delta t = \omega\hbar/p > 0$, was einer Ausbreitung nach
rechts entspricht.

Gl. (2.6) lassen sich der einlaufende (j_{ein}), der reflektierte (j_R) und der transmittierte Strom (j_T) gemäß

$$\psi_{\text{ein}}(x){=}\alpha_+ e^{\frac{i}{\hbar}px} \implies j_{\text{ein}}{=}\frac{\hbar}{2Mi}\left(\psi_{\text{ein}}(\mathbf{x})^*\psi'_{\text{ein}}(\mathbf{x}){-}\psi'_{\text{ein}}(\mathbf{x})^*\psi_{\text{ein}}(\mathbf{x})\right) = \frac{\hbar p}{M}|\alpha_+|^2$$

und analog

$$\psi_R(x){=}\alpha_- e^{-\frac{i}{\hbar}px} \implies j_R{=}-\frac{\hbar p}{M}|\alpha_-|^2 \quad \text{und} \quad \psi_T(x){=}\gamma_+ e^{\frac{i}{\hbar}px} \implies j_T{=}\frac{\hbar p}{M}|\gamma_+|^2$$

definieren. Damit ergibt sich für die Reflexionswahrscheinlichkeit, R, und die Transmissionswahrscheinlichkeit, T,

$$R = |j_T|/|j_{\text{ein}}| = |\alpha_-|^2/|\alpha_+|^2 \quad \text{und} \quad T = |j_T|/|j_{\text{ein}}| = |\gamma_+|^2/|\alpha_+|^2.$$

Wiederum müssen an den Grenzen Wellenfunktion und Ableitung stetig sein. Es gilt (▶ *Aufgabe 3.2*) $R + T = 1$, was eine direkte Konsequenz der Wahrscheinlichkeitserhaltung ist, und

$$T = \left(1 + \frac{V_0^2}{4E(V_0 - E)}\sinh^2(2\kappa a/\hbar)\right)^{-1}. \tag{3.7}$$

Also geht T zwar exponentiell gegen 0 für wachsendes a, doch ist die Transmissionswahrscheinlichkeit auf alle Fälle ungleich 0, entgegen aller klassischen Erwartungen. Diesen Effekt bezeichnet man als **Tunneleffekt.**

3.3   Harmonischer Oszillator

Im Falle des **eindimensionalen harmonischen Oszillators** gilt

$$\hat{H} = \frac{\hat{\mathbf{p}}^2}{2M} + \frac{1}{2}M\omega^2 x^2. \tag{3.8}$$

Zur Bestimmung der Eigenfunktionen dieses Hamilton-Operators gibt es zwei sehr unterschiedliche Verfahren, die nun nacheinander beschrieben werden.

Direkte Lösung der Differentialgleichung
Nun besteht die Aufgabe also darin, die Lösungen der Differentialgleichung

$$\left(\frac{\partial^2}{\partial x^2} - \kappa^4 x^2 + \tilde{E}\right)\psi(x) = 0 \tag{3.9}$$

zu finden, wobei $\kappa^2 = M\omega/\hbar$ und $(2M/\hbar^2)E = \tilde{E}$ ist. Zunächst betrachten wir $x \to \infty$ – dann kann der Energieterm vernachlässigt werden und wir erhalten

$$\psi(x) \to e^{\pm\frac{1}{2}(\kappa x)^2}. \tag{3.10}$$

Die Lösung mit positivem Exponenten muss verworfen werden, da sie nicht normierbar ist. Daher machen wir den Ansatz

$$\psi(x) = NH(x)e^{-\frac{1}{2}(\kappa x)^2}, \tag{3.11}$$

wobei

$$H'' - 2\kappa^2 x H' + (\tilde{E} - \kappa^2)H = 0 \tag{3.12}$$

gelten muss. Wir machen nun einen Potenzreihenansatz für H:

$$H_n(x) = \sum_{k=0}^{n} c_k x^k \tag{3.13}$$

Da Gl. (3.11) noch allgemein war, muss der Ansatz auch die zweite Asymptotik aus Gl. (3.10) enthalten. In anderen Worten: Es muss

$$\lim_{n\to\infty, x\to\infty} H_n(x) = e^{(\kappa x)^2}$$

gelten. Daher muss die Potenzreihe aus Gl. (3.13) **nach endlich vielen Termen abbrechen.** Wie wir sehen werden, führt diese Forderung auf die Quantisierung der Energien.

Einsetzen des Ansatzes in die Differntialgleichung liefert die **Rekursionsformel**

$$c_{k+2} = \frac{(2k+1)\kappa^2 - \tilde{E}}{(k+2)(k+1)} c_k. \tag{3.14}$$

Damit sind entweder nur die geraden oder nur die ungerade Koeffizienten von 0 verschieden. Die Lösungen werden also nach geraden ($f(x) = f(-x)$) und ungeraden ($f(x) = -f(-x)$) Funktionen sortiert. Nach obiger Überlegung muss es ein n geben, so dass $(2n+1)\kappa^2 - \tilde{E} = 0$ bzw.

$$E_n = \hbar\omega\left(n + \frac{1}{2}\right) \quad \text{mit} \quad n \geqslant 0 \tag{3.15}$$

gilt. Bemerkenswert ist hierbei, dass die minimale Energie größer als 0 ist. Diese **Nullpunktenergie** ist ein quantenmechanischer Effekt, der zwangsläufig aus der

Abb. 3.3 Die niedrigsten vier Eigenfunktionen des harmonischen Oszillators. Die durchgezogene, strich-punktierte, kurz gestrichelte und lang gestrichelte Linie zeigen die Wellenfunktionen für n = 0, 1, 2, 3

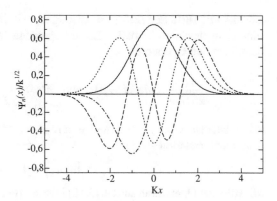

Welleneigenschaft folgt: Eine minimale Energie ist notwendig, damit die Orts-Impuls-Unschärfe (Abschnitt 1.3) gewahrt bleibt – siehe dazu auch Gl. (3.28). Damit kann die Rekursionsformel (3.14) geschrieben werden als

$$\tilde{c}_{k+2}^{(n)} = \frac{(2k+1) - (2n+1)}{(k+2)(k+1)} \, \tilde{c}_k^{(n)} \quad \text{mit} \quad H_n(y) = \sum_{k=0}^{n} \tilde{c}_k^{(n)} y^k \,, \tag{3.16}$$

wobei der dimensionsbehaftete Faktor κ in die Koordinate zu absorbieren ist: $y = \kappa x$. Die Rekursionsformel definiert die sogenannten **Hermite-Polynome,** $H_n(y)$, wobei diese gemäß Konvention so normiert sind, dass der Koeffizient der höchsten Potenz, n, auf 2^n normiert ist. Dies ergibt z. B. $H_0(y) = 1$ und $H_1(y) = 2y$. Die Berechnung der weiteren Polynome erfolgt analog (▶ *Aufgabe 3.3*). Somit gilt

$$\psi_0(x) = \left(\frac{\kappa^2}{\pi}\right)^{1/4} e^{-\frac{1}{2}(\kappa x)^2} \,, \quad \psi_n(x) = \frac{1}{\sqrt{2^n n!}} H_n(\kappa x) \, \psi_0(x) \,, \tag{3.17}$$

wobei der Vorfaktor durch die Normierung der Wellenfunktion festgelegt wurde. Eine elegante Methode zu dessen Berechnung werden wir im nächsten Abschnitt kennen lernen. Wie wir sehen, ist das Spektrum des quantenmechanischen harmonischen Oszillators ausgesprochen einfach: Die Energieniveaus liegen äquidistant (mit Abstand $\hbar\omega$) und die zugehörigen Wellenfunktionen alternieren in ihrer Parität, also ihrem Verhalten unter $x \rightarrow -x$ gemäß $H_n(-x) = (-1)^n H_n(x)$. Des Weiteren enthalten die Wellenfunktionen zu gegebenem n Polynome vom Grad n, so dass n reelle Nullstellen auftreten[3] (siehe auch Abschnitt 2.1). Die Wellenfunktionen $\psi_n(x)$ sind für $n = 0, 1, 2, 3$ in Abb. 3.3 gezeigt.

---

[3]Natürlich haben nicht alle Polynome vom Grade n auch n reelle Nullstellen. Allerdings gilt dies für orthonormale Systeme (Abschnitt 5.1).

Lösung mit Hilfe der Auf- und Absteigeoperatoren
Eine sehr elegante alternative Lösungsmethode für den harmonischen Oszillator
beruht auf den Operatoren

$$\hat{a} = \frac{1}{\sqrt{2M\hbar\omega}} \left((M\omega)\hat{x} + i\,\hat{p} \right) \quad \text{und} \quad \hat{a}^\dagger = \frac{1}{\sqrt{2M\hbar\omega}} \left((M\omega)\hat{x} - i\,\hat{p} \right) , \qquad (3.18)$$

wobei benutzt wurde, dass $\hat{x}$ und $\hat{p}$ hermitesche Operatoren sind. Sie erfüllen die
Kommutatorrelation

$$\left[\hat{a}, \hat{a}^\dagger \right] = 1. \qquad (3.19)$$

Mit Hilfe der Operatoren aus Gl. (3.18) lässt sich der Hamilton-Operator aus Gl. (3.8)
schreiben als

$$\hat{H} = \hbar\omega \left(\hat{a}^\dagger \hat{a} + \frac{1}{2} \right) , \qquad (3.20)$$

so dass gilt:

$$\left[H, \hat{a} \right] = -\hbar\omega\hat{a} , \quad \left[H, \hat{a}^\dagger \right] = \hbar\omega\hat{a}^\dagger \qquad (3.21)$$

Damit folgt

$$\hat{H}\hat{a}^m \psi_n = (E_n - m\hbar\omega)\hat{a}^m \psi_n , \qquad (3.22)$$

$$\hat{H}(\hat{a}^\dagger)^m \psi_n = (E_n + m\hbar\omega)(\hat{a}^\dagger)^m \psi_n , \qquad (3.23)$$

falls $\hat{H}\psi_n = E_n\psi_n$ ist. Also erlaubt der Operator $\hat{a}^m$ ($(\hat{a}^\dagger)^m$), aus einem gegebenen
Eigenzustand des Hamilton-Operators einen weiteren Eigenzustand zu erzeugen,
dessen Energie um m Einheiten von $\hbar\omega$ erniedrigt (erhöht) ist. Der Grundzustand ist
demnach die Lösung von

$$\hat{a}\psi_0(x) = 0 \quad \longrightarrow \quad \psi_0(x) \propto \exp\left(-M\omega x^2/(2\hbar) \right) , \qquad (3.24)$$

so dass die Reihe aus Gl. (3.22) zum Erliegen kommt, sobald $a^m \psi_n \propto \psi_0$ ist. Andererseits ist die Lösung von $\hat{a}^\dagger \psi = 0$ proportional zu $\exp\left(M\omega x^2/(2\hbar) \right)$ – also wird
dieser Zustand mit endlich vielen Anwendungen von $\hat{a}^\dagger$ auf ein beliebiges ψ_n nie
erreicht, so dass das Spektrum nach oben unbeschränkt ist. Offensichtlich gilt

$$\hat{H}\psi_0(x) = \frac{1}{2}\hbar\omega\psi_0(x) \quad \longrightarrow \quad E_0 = \frac{1}{2}\hbar\omega.$$

Die Hermite-Polynome können demnach durch wiederhole Anwendung von $\hat{a}^\dagger$ auf
$\psi_0(x)$ generiert werden. Um die Normierung zu fixieren benutzen wir

$$\hat{a}(\hat{a}^\dagger)^n = (\hat{a}^\dagger)^n \hat{a} + n(a^\dagger)^{n-1}.$$

Damit folgt, mit Gl. (1.3) und (3.24):

$$||(\hat{a}^\dagger)^n \psi_0||^2 = n||(\hat{a}^\dagger)^{(n-1)} \psi_0||^2 \quad \longrightarrow \quad \psi_n(x) = \frac{1}{\sqrt{n!}} (\hat{a}^\dagger)^n \psi_0(x) \qquad (3.25)$$

Dabei ist $\psi_0(x)$ in Gl. (3.17). Das Einzige, das wir also aus dem vorherigen Abschnitt übernehmen, ist die Normierung von ψ_0. Mit Hilfe des Aufsteigeoperators lassen sich die Hermite-Polynome des vorherigen Abschnitts schreiben als (▶ *Aufgabe 3.4*)

$$H_n (\kappa x) \psi_0(x) = \left(\sqrt{2}\, \hat{a}^\dagger\right)^n \psi_0(x) \qquad (3.26)$$

Die alternierende Parität der $H_n(x)$ kann man also auch aus der negativen Parität von $\hat{a}^\dagger$ ablesen. Auch Matrixelemente lassen sich nun einfach berechnen. Zum Beispiel gilt

$$\int dx\; \psi_m(x)^* \psi_n(x) = \frac{1}{\sqrt{n!m!}} \int dx\; ((\hat{a}^\dagger)^m \psi_0(x))^* (\hat{a}^\dagger)^n \psi_0(x)$$

$$= \frac{1}{\sqrt{n!m!}} \int dx\; \psi_0(x)^* \hat{a}^m (\hat{a}^\dagger)^n \psi_0(x) = \delta_{nm}\;, \quad (3.27)$$

was man durch wiederholtes Anwenden von Gl. (3.19) und (3.24) leicht nachrechnet. Mit

$$\hat{x} = \sqrt{\frac{\hbar}{2M\omega}} \left(\hat{a} + \hat{a}^\dagger\right) \quad \text{und} \quad \hat{p} = -i\sqrt{\frac{M\omega\hbar}{2}} \left(\hat{a} - \hat{a}^\dagger\right)$$

sowie

$$(\hat{x})^2 = \frac{\hbar}{2M\omega}((\hat{a}^\dagger)^2 - 2\hat{a}^\dagger\hat{a} + 1 + \hat{a}^2)\;, \quad (\hat{p})^2 = \frac{M\omega\hbar}{2}(-(\hat{a}^\dagger)^2 + 2\hat{a}^\dagger\hat{a} + 1 - \hat{a}^2)$$

erhalten wir dann

$$\langle x \rangle_{\psi_n} = 0,\; \langle x^2 \rangle_{\psi_n} = \frac{\hbar}{M\omega} \left(n + \frac{1}{2}\right),\; \langle \hat{p} \rangle_{\psi_n} = 0,\; \langle \hat{p}^2 \rangle_{\psi_n} = M\omega\hbar \left(n + \frac{1}{2}\right)$$

und damit auch

$$(\Delta x)_{\psi_n} (\Delta p)_{\psi_n} = \hbar \left(n + \frac{1}{2}\right). \qquad (3.28)$$

Demnach nimmt das Produkt aus der Orts- und Impulsunschärfe im Grundzustand den durch die Unschärferelationen (Gl. (1.16)) vorgegebenen minimalen Wert an.

3.4   Kohärente Zustände

Eine sehr interessante Konstruktion sind die kohärenten Zustände im harmonischen
Oszillator, die in [25] beschrieben werden, um den Zusammenhang zwischen mikroskopischer und makroskopischer Welt zu illustrieren. Sehr transparent ist deren Herleitung in [20], an der wir uns im Folgenden orientieren.

Von einem klassischen Zustand erwarten wir, dass er maximal genau bestimm-
bar ist. In anderen Worten wollen wir Zustände konstruieren, für die $\Delta x \Delta p$ minimal ist. Wie wir in Gl. (3.28) gesehen haben, ist dies für den Grundzustand der
Fall. Jetzt wollen wir aber einen Zustand konstruieren, der bei der Auslenkung x_0
für $t = 0$ diese Eigenschaft hat. Das gilt offensichtlich für einen verschobenen
Grundzustand:

$$\psi(x, x_0, t = 0) = \left(\frac{\kappa^2}{\pi} \right)^{1/4} e^{-\kappa^2 \frac{1}{2}(x-x_0)^2} \tag{3.29}$$

mit

$$\langle \hat{x} \rangle_{\psi(x,x_0,0)} = x_0 \quad \text{und} \quad \langle \hat{p} \rangle_{\psi(x,x_0,0)} = 0$$

Also beschreibt $\psi(x, x_0, 0)$ eine Wellenfunktion, deren Aufenthaltswahrscheinlichkeit zur Zeit $t = 0$ nur in der Nähe von x_0 signifikant ist mit $\Delta x = 1/\sqrt{2\kappa^2}$.
Dies entspricht der quantenmechanischen Beschreibung eines Teilchens, das sich
zur Zeit $t = 0$ bei x_0 in Ruhe im Potential eines harmonischen Oszillators
befindet.

Der einfachste Weg, die zeitliche Entwicklung des obigen Zustands zu finden,
ist, ihn nach den bekannten Eigenfunktionen des Hamilton-Operators zum harmonischen Oszillator zu entwickeln (das ist immer möglich, da die Eigenfunktionen
eines hermiteschen Operators ein vollständiges System bilden). Unter Verwendung
der **erzeugenden Funktion der Hermite-Polynome,**

$$e^{-s^2+2sx} = \sum_{n=0}^{\infty} \frac{s^n}{n!} H_n(x) \, , \tag{3.30}$$

die wir hier als gegeben voraussetzen wollen, erhält man (▶ *Aufgabe 3.5*) unter
Berücksichtigung von Gl. (3.17)

$$\psi(x, x_0, 0) = e^{-\frac{1}{4}\kappa^2 x_0^2} \sum_{n=0}^{\infty} \frac{1}{\sqrt{n!}} \left(\frac{1}{\sqrt{2}} \kappa x_0 \right)^n \psi_n(x). \tag{3.31}$$

Da der Zustand $\psi(x, x_0, 0)$ eine kohärente Überlagerung von stationären Zuständen ist, wird er als **kohärenter Zustand** bezeichnet. Für die zeitliche Entwicklung des obigen Zustands wenden wir Gl. (2.14) an und bekommen mit $E_n = \hbar\omega(n + 1/2)$ und Gl. (3.29)

$$\psi(x, x_0, t) = e^{-\frac{i}{2}\omega t} e^{-\frac{1}{4}\kappa^2 x_0^2} \sum_{n=0}^{\infty} \frac{1}{\sqrt{n!}} \left(\sqrt{\frac{\kappa^2}{2}} x_0 e^{-i\omega t} \right)^n \psi_n(x)$$

$$= e^{-\frac{i}{2}\omega t} e^{-\frac{1}{4}\kappa^2 x_0^2 + \frac{1}{4}\kappa^2 x_0^2 \exp(-2i\omega t)} \psi(x, x_0 \exp(-i\omega t), 0)$$

$$= e^{-\frac{i}{2}\omega t} \left(\frac{\kappa^2}{\pi} \right)^{1/4} e^{-\frac{1}{2}\kappa^2 \left(x^2 + e^{-i\omega t} \left(x_0^2 \cos(\omega t) - 2xx_0 \right) \right)}. \tag{3.32}$$

Damit erhalten wir also für die Wahrscheinlichkeit, das Teilchen im Intervall $[x, x + dx]$ zu finden (Abschnitt 1.2),

$$|\psi(x, x_0, t)|^2 dx = \left(\frac{\kappa}{\sqrt{\pi}} \right) e^{-\kappa^2 (x - x_0 \cos(\omega t))^2} dx. \tag{3.33}$$

Dies beschreibt die Schwingung eines Wellenpakets mit stabiler Ausdehnung $1/\kappa = \sqrt{\hbar/(M\omega)}$ und Schwingungsdauer $T = 1/\nu = 2\pi/\omega$ um $x = 0$. Wir erhalten also den klassischen Grenzwert für $\hbar/(M\omega) \to 0$ (siehe dazu auch die Diskussion in Abschnitt 1.5). Des Weiteren gilt für den Erwartungswert der Energie

$$\left\langle \hat{H} \right\rangle_{\psi(x, x_0, t)} = e^{-\frac{1}{2}\kappa^2 x_0^2} \sum_{n=0}^{\infty} \frac{1}{n!} \left(\frac{\kappa^2}{2} x_0^2 \right)^n \hbar\omega \left(n + \frac{1}{2} \right)$$

$$= \frac{1}{2} M\omega^2 x_0^2 + \frac{1}{2}\hbar\omega = \frac{1}{2} M\omega^2 x_0^2 \left(1 + \frac{1}{(\kappa x_0)^2} \right), \tag{3.34}$$

was direkt aus der ersten Zeile von Gl. (3.32) und der Eigenwertgleichung der ψ_n folgt. Die Gesamtenergie setzt sich also zusammen aus der klassischen Energie eines Pendels, das um x_0 ausgelenkt und dann losgelassen wird, und der Nullpunktenergie des quantenmechanischen harmonischen Oszillators.

Es ist nun interessant zu sehen, in welchen Systemen observable quantenmechanische Effekte zu erwarten sind. Der Parameter, der bestimmt, ob quantenmechanische Effekte relevant sind, ist κx_0. Betrachten wir zunächst ein Pendel, bestehend aus einer Masse von 1 g an einem masselosen Faden von 20 cm im Schwerefeld der Erde, dann gilt mit $\omega = \sqrt{g/l} \approx 50\,\text{s}^{-1}$ für die **quantenmechanische Längenskala** des Systems

$$1/\kappa_{\text{Pendel}} \approx 5 \times 10^{-17}\,\text{m}.$$

Offensichtlich sind typische Auslenkungen makroskopischer Pendel deutlich größer. Andererseits folgt aus den Betrachtungen in Abschnitt 3.3, dass für die niedrig angeregten Zustände in einem harmonischen Oszillator $x_0 \sim 1/\kappa$ gilt. Hier bestimmen also offensichtlich quantenmechanische Effekte die Physik. Als reales Beispiel für einen solchen quantenmechanischen Oszillator werden in diesem Buch die Vibrationszustände des H_2^+-Moleküls vorgestellt (Beispiel 10.9).

Zum Abschluss dieses Abschnitts wollen wir noch die Wirkung des harmonischen Oszillators für $x(t) = x_0 \cos(\omega t)$, also mit

$$L = (M x_0^2 \omega^2/2)(\sin(\omega t)^2 - \cos(\omega t)^2)$$

berechnen:

$$S = \int_0^{t_{max}} dt \; L(x(t), \dot{x}(t)) = -\frac{M x_0^2 \omega}{4} \sin(2\omega t_{max}) \qquad (3.35)$$

Damit skaliert die Wirkung mit $\hbar(x_0 \kappa)^2$. In Abschnitt 1.5 wurde gesagt, dass die Quantenmechanik in die klassische Physik übergeht, wenn $S \gg \hbar$. Dies sehen wir hier quantitativ bestätigt, da wie wir gesehen haben, für klassische Systeme $\kappa x_0 \gg 1$.

3.5   Zusammenfassung und Antworten

In diesem Kapitel haben wir Lösungsstrategien der Schrödinger-Gleichung an verschiedenen einfachen Beispielen diskutiert und folgende Antworten auf die einleitend gestellten Fragen gefunden:

- *Welche Eigenschaften muss eine Lösung der Schrödinger-Gleichung haben?*
  Generell sollten Sie bei der Konstruktion der Lösungen beachten, dass diese einerseits stetig und stetig differenzierbar und andererseits quadratintegrabel sein müssen, da nur so eine Wahrscheinlichkeitsinterpretation möglich ist.
- *Wodurch wird das Verhalten der Wellenfunktion von Bindungszuständen bei großen Abständen bestimmt?*
  Für Wechselwirkungen endlicher Reichweite hängt das Verhalten der Wellenfunktionen in klassisch verbotenen Bereichen lediglich von der Bindungsenergie ab und nicht vom Potential. Bei Wechselwirkungen unendlicher Reichweite, wie dem harmonischen Oszillator, hingegen hängt die Wellenfunktion bei großen Abständen nur vom Potential und nicht der Energie ab.
- *Wodurch kommt die Quantisierung der Energie von Bindungszuständen zustande?*
  Wir haben gesehen, dass die Quantisierung der Energie dadurch zustande kommt, dass die geforderten Eigenschaften der Lösungen für gebundene Zustände nur für diskrete Energien erfüllbar sind. Im Falle von abschnittsweise definierten Potentialen (wie dem Potentialtopf) waren diese Bedingungen durch die Anschlussbedingungen zu erfüllen, ansonsten durch die Forderung der Normierbarkeit der Wellenfunktion.
- *Was bezeichnet man als Tunneleffekt?*
  Da die Quantenmechanik auf nicht verschwindende Aufenthaltswahrscheinlichkeiten in klassisch verbotenen Bereichen führt, ist es Teilchen auch möglich, Potentialbarrieren zu überwinden, die klassisch eine höhere Energie erfordern, als das Teilchen zur Verfügung hat. Dies bezeichnet man als Tunneleffekt.

- *Welche Lösungsstrategien gibt es für den harmonischen Oszillator?*
  Die Schrödinger-Gleichung zum harmonischen Oszillator können Sie nun mit Hilfe von zwei unterschiedlichen Strategien lösen: entweder durch direkte Lösung der Differentialgleichung oder durch Benutzung der Auf- und Absteigeoperatoren. Letztere Methode weist bereits den Weg zur Lösung komplizierterer Probleme, wie wir in Kap. 7 und 9 sehen werden.
- *Warum muss der Potenzreihenansatz für die Lösung der Schrödinger-Gleichung für Bindungszustände, die auch im Bereich großer Abstände gelten soll, nach Abseparation der asymptotischen Ausdrücke nach endlich vielen Termen abbrechen?*
  Um die Schrödinger-Gleichung zu lösen, separiert man zunächst die Asymptotik für große Abstände ab. Hier findet man Exponentialfunktionen sowohl mit positiven als auch negativen Exponenten. Offensichtlich führen nur letztere auf normierbare Funktionen. Macht man nun für den Teil der vollen Lösung, der auch für große Abstände gelten soll, einen Ansatz des Typs (Polynom)×(Asymptotik), dann muss dieser, da er ja noch völlig allgemein ist, die nicht quadratintegrable Lösung enthalten. Daraus folgt sofort, dass das Polynom nach endlich vielen Termen abbrechen muss, um die Asymptotik der Wellenfunktion nicht zu zerstören.
- *Was bedeutet die Nullpunktenergie des harmonischen Oszillators?*
  Beim harmonischen Oszillator haben wir gesehen, dass der Grundzustand eine nicht verschwindende Energie aufweist, damit sich die zugehörige Wellenfunktion im Einklang mit der Heisenberg'schen Unschärferelation befindet.
- *Was versteht man unter kohärenten Zuständen?*
  Kohärente Zustände sind eine kohärente Überlagerung von Eigenzuständen des Hamilton-Operators. Sie beschreiben quantenmechanisch die Dynamik eines Pendels, das um x_0 ausgelenkt wird, um dann losgelassen zu werden. Es zeigt sich, dass für makroskopische Auslenkungen die Quanteneffekte keine Rolle spielen. Allerdings sind sie auf molekularer Ebene dominant.

3.6 Aufgaben

3.1 Zeigen Sie zunächst, dass $\lim_{V_0 \to \infty} V(x)\big|_{a=1/(2V_0)}$ eine Darstellung von $\delta(0)$ ist. Lösen sie dann, in einem zweiten Schritt, die sich mit diesem Potential ergebende Schrödinger-Gleichung direkt.

3.2 Zeigen Sie ausgehend von den in Abschnitt 3.2 gegebenen Wellenfunktionen, dass Gl. (3.7) gilt. Zeigen Sie außerdem, dass $R + T = 1$ ist.

3.3 Berechnen Sie mit Hilfe der Rekursionsformel aus Gl. (3.16) die ersten vier (n = 0, 1, 2, 3) Hermite-Polynome.

3.4 Zeigen Sie, dass der Zusammenhang aus Gl. (3.26) gilt.
   Hinweis: Es genügt zu zeigen, dass mit Hilfe von Gl. (3.26) die korrekt normierten Hermite-Polynome generiert werden.

3.5 Leiten Sie Gl. (3.31) unter Verwendung der Erzeugenden der Hermite-Polynome aus Gl. (3.29) her.

Dreidimensionale Probleme

4

Zusammenfassung

In diesem Kapitel wird an Beispielen in drei Raumdimensionen (tiefer sphärischer Topf, Wasserstoffatom, harmonischer Oszillator) der Umgang mit der Schrödinger-Gleichung demonstriert. Dieses Kapitel gibt Antworten auf folgende Fragen:

- Wie ist die Parität definiert?
- Welcher Operator erfasst die Winkelabhängigkeit der kinetischen Energie bei dreidimensionalen Problemen, und wie heißen die zugehörigen Eigenfunktionen und Eigenwerte?
- Wie lauten die Kommutatorrelationen der Komponenten des Drehimpulsvektors untereinander und mit $\hat{\mathbf{L}}^2$?
- Was ist die Bedeutung der zweiten Quantenzahl der Kugelflächenfunktionen?
- Aus der Kommutatorrelation der Drehimpulse folgt, dass diese entweder halbzahlig oder ganzzahlig sein dürfen. Gilt das auch für den Bahndrehimpuls?
- Für $l > 0$ gilt, dass die Länge des Drehimpulsvektors immer größer ist als seine Projektion auf die z-Achse. Warum muss das so sein?
- Hängt der Hamilton-Operator eines Zweiteilchensystems lediglich von Relativkoordinaten ab, dann lässt er sich als Summe zweier effektiver Einteilchen-Hamilton-Operatoren schreiben – einen für die Relativbewegung und einen für die Schwerpunktbewegung. Welche Massen tauchen in diesen effektiven Operatoren auf?
- In welchen Schritten ist die radiale Differentialgleichung für gebundene Systeme zu lösen?
- Woher kommt die Quantisierung von Bindungsenergien?
- Was kann man aus dem Entartungsmuster des Energiespektrums eines Systems ablesen?

© Springer-Verlag GmbH Deutschland, ein Teil von Springer Nature 2020
C. Hanhart, *kurz & knapp: Quantenmechanik*,
https://doi.org/10.1007/978-3-662-60702-2_4

Bevor wir uns der Lösung der Schrödinger-Gleichung in drei Dimensionen zuwenden, werden wir noch einige einführende Überlegungen anstellen, die sich im Folgenden als nützlich erweisen werden.

4.1 Anmerkungen zur Parität

Unter der Paritätstransformation versteht man eine Spiegelung um den Ursprung, also den Übergang

$$\hat{P}(\mathbf{x}) = -\mathbf{x} \quad \Longleftrightarrow \quad (r \to r, \theta \to \pi - \theta, \phi \to \phi + \pi),$$

wobei auf der rechten Seite der Übergang für **Kugelkoordinaten,** für die

$$x = r \sin(\theta) \cos(\phi), \quad x = r \sin(\theta) \sin(\phi) \quad \text{und} \quad z = r \cos(\theta)$$

ist, ausformuliert wurde. Wenn sich das Potential unter einer Paritätstransformation nicht ändert, so kann man die Energie-Eigenzustände so wählen, dass sie eine wohldefinierte Parität haben, wie wir es schon in den eindimensionalen Beispielen gesehen haben. Im Folgenden wird die Parität der Zustände eine wichtige Rolle spielen bei der Diskussion der Entartungsgrade spezieller Potentiale, bei den Symmetrien, bei Mehrteilchensystemen und bei den Auswahlregeln in der Störungstheorie.

Offensichtlich entspricht die zweifache Anwendung von $\hat{P}$ der Identität. Daher sind die Eigenwerte von $\hat{P}$ lediglich ± 1. Ein Zustand ψ_2 gehe durch Anwendung des Operators $\hat{Q}$ aus dem Zustand ψ_1 hervor,

$$\psi_2(\mathbf{x}) = N \hat{Q} \psi_1(\mathbf{x}), \tag{4.1}$$

wobei N eine evtl. notwendige Normierungskonstante bezeichne, und es gelte

$$\hat{P} \psi_i(\mathbf{x}) := \psi_i(-\mathbf{x}) = \pi_i \psi_i(\mathbf{x}),$$

wobei π_i die Parität des Zustands ψ_i benennt. Außerdem gelte für den in Gl. (4.1) gegebenen Operator $\hat{Q}$, dass $\hat{P}\hat{Q} = \pi_{\hat{Q}}\hat{Q}\hat{P}$ ist (danach ist also $\pi_{\hat{\mathbf{x}}} = \pi_{\hat{\mathbf{p}}} = -1$, aber $\pi_{\hat{\mathbf{x}} \cdot \hat{\mathbf{p}}} = +1$). Damit finden wir

$$\pi_2 = \pi_{\hat{Q}} \pi_1. \tag{4.2}$$

4.2 Der quantenmechanische Bahndrehimpuls

Der quantenmechanische Bahndrehimpuls ist analog zum klassischen definiert:

$$\hat{L}_i = \left(\hat{\mathbf{x}} \times \hat{\mathbf{p}}\right)_i = \sum_{k,l=1}^{3} \epsilon_{ikl} \hat{x}_k \hat{p}_l \tag{4.3}$$

mit dem total antisymmetrischen ϵ-Tensor mit $\epsilon_{123} = \epsilon_{231} = \epsilon_{312} = 1$ und $\epsilon_{213} = \epsilon_{132} = \epsilon_{321} = -1$ und allen anderen Komponenten gleich null. In Kugelkoordinaten gilt:

$$\hat{L}_x = \frac{\hbar}{i}\left(-\sin(\phi)\frac{\partial}{\partial\theta} - \cos(\phi)\cot(\theta)\frac{\partial}{\partial\phi}\right) \tag{4.4}$$

$$\hat{L}_y = \frac{\hbar}{i}\left(\cos(\phi)\frac{\partial}{\partial\theta} - \sin(\phi)\cot(\theta)\frac{\partial}{\partial\phi}\right) \tag{4.5}$$

$$\hat{L}_z = \frac{\hbar}{i}\frac{\partial}{\partial\phi} \tag{4.6}$$

Im Folgenden sind einige wichtige Eigenschaften des Drehimpulsoperators und seiner Eigenfunktionen und -werte zusammengefasst. Da $[\hat{x}_i, \hat{p}_j] = i\delta_{ij}\hbar$ ist, verschwinden auch die **Kommutatoren der Drehimpulskomponenten** nicht – insbesondere gilt

$$[\hat{L}_i, \hat{L}_j] = i\hbar\sum_{k=1}^{3}\epsilon_{ijk}\hat{L}_k. \tag{4.7}$$

Diese Relation wird auch als **Drehimpulsalgebra** bezeichnet (siehe auch die Diskussion in Abschnitt 8.2). Dementsprechend sind keine zwei Komponenten des Drehimpulses gleichzeitig messbar. Da jedoch

$$[\hat{\mathbf{L}}^2, \hat{L}_j] = 0 \tag{4.8}$$

ist, kann ein gemeinsames Basissystem für $\hat{\mathbf{L}}^2$ und eine Komponente von $\hat{\mathbf{L}}$ gewählt werden – gemäß Konvention wird hierfür $\hat{L}_3$ bzw. $\hat{L}_z$ gewählt. Die z-Achse wird daher als **Quantisierungsachse** bezeichnet. Es ist instruktiv, die Kommutatoren aus Gl. (4.7) und (4.8) nachzurechnen (▶ *Aufgabe 4.1*). Die zugehörigen Eigenfunktionen heißen **Kugelflächenfunktionen** und es gilt

$$\hat{\mathbf{L}}^2 Y_{lm}(\Omega) = \hbar^2\lambda^2\, Y_{lm}(\Omega) \quad \text{und} \quad \hat{L}_3 Y_{lm}(\Omega) = \hbar m\, Y_{lm}(\Omega), \tag{4.9}$$

wobei $\Omega = \mathbf{x}/|\mathbf{x}|$ den Winkelanteil von $\mathbf{x}$ bezeichnet und λ eine Funktion von l ist. Die Kugelflächenfunktionen sind orthonormal zueinander:

$$\int d\Omega\, Y_{l'm'}(\Omega)Y_{lm}(\Omega) = \delta_{l'l}\delta_{m'm} \tag{4.10}$$

Da λ^2 der Eigenwert zu einem quadratischen Operator ist, muss $\lambda^2 \geqslant 0$ gelten.

Aus der Relation (4.7) folgt mit Hilfe der Unschärferelation (Gl. (1.16)), dass der Drehimpulsvektor nie vollständig in z-Richtung zeigen kann (zur Illustration siehe Abb. 4.1), denn sonst wären die 3 Drehimpulskomponenten gleichzeitig messbar. Um dies zu sehen, betrachtet man die Adaption von Gl. (1.16):

$$\Delta L_x \Delta L_y \geqslant \frac{1}{2}\left|\langle[\hat{L}_x, \hat{L}_y]\rangle_\psi\right| = \frac{\hbar}{2}\left|\langle\hat{L}_z\rangle_\psi\right| \tag{4.11}$$

Die Varianz ΔA zum Operator $\hat{A}$ wurde in Gl. (1.15) definiert. Das System befinde sich nun in einem Eigenzustand zu $\hat{L}_z$ und $\hat{L}^2$. Da in der xy-Ebene keine Richtung ausgezeichnet ist, gilt $\langle \hat{L}_x \rangle_\psi = \langle \hat{L}_y \rangle_\psi = 0$ und $\langle \hat{L}_x^2 \rangle_\psi = \langle \hat{L}_y^2 \rangle_\psi$ und damit

$$(\Delta L_x)^2 = \langle \hat{L}_x^2 \rangle_\psi = \frac{1}{2} \left(\langle \hat{L}^2 \rangle_\psi - \langle \hat{L}_z^2 \rangle_\psi \right) = \frac{\hbar^2}{2} (\lambda^2 - m^2), \tag{4.12}$$

so dass sich Gl. (4.11) schreiben lässt als

$$\Delta L_x \Delta L_y = \langle \hat{L}_x^2 \rangle_\psi = \frac{\hbar^2}{2} (\lambda^2 - m^2) \geqslant \frac{\hbar^2}{2} |m|. \tag{4.13}$$

Demnach fordert die Unschärferelation, dass der maximale Wert von $|m|$ immer echt kleiner als die Länge des Drehimpulsvektors, λ, sein muss – es sei denn, der Drehimpuls verschwindet identisch. Des Weiteren ist nach Gl. (4.12) bei gegebenem λ^2 für $m = 0$ die Unschärfe von L_x und L_y maximal, was auch direkt aus der geometrischen Anschauung folgt (Abb. 4.1). Aus Gl. (4.13) folgt außerdem

$$\lambda^2 \geqslant |m|(|m| + 1)$$

Also sind die erlaubten Werte für $|m|$ bei gegebenem λ beschränkt. Wir bezeichnen nun mit l den maximal erlaubten Wert von m.

Wir definieren nun die folgenden, als **Leiteroperatoren** bezeichneten, Operatoren

$$\hat{L}_\pm = \hat{L}_x \pm i \hat{L}_y,$$

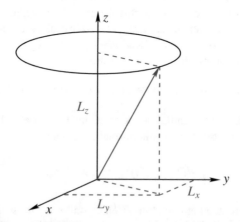

Abb. 4.1 Illustration der Zerlegung des Drehimpulses in seine Komponenten. Die z-Achse ist als Quantisierungsachse gewählt. Da in der xy-Ebene keine Richtung ausgezeichnet ist, gilt $\langle \hat{L}_x \rangle_\psi = \langle \hat{L}_y \rangle_\psi = 0$, und die Varianz dieser beiden Drehimpulskomponenten ist durch die Länge der Projektion des Drehimpulsvektors auf die xy-Ebene gegeben

so dass

$$\hat{L}_{\pm} = e^{\pm i\phi} \hbar \left(\pm \frac{\partial}{\partial \theta} + i \cot(\theta) \frac{\partial}{\partial \phi} \right) \tag{4.14}$$

ist. Dann gilt

$$\left[\hat{L}_3, \hat{L}_{\pm} \right] = \pm \hbar \hat{L}_{\pm} \quad \text{und} \quad \left[\hat{L}^2, \hat{L}_{\pm} \right] = 0. \tag{4.15}$$

Daraus folgt:

$$\hat{L}^2 \left(\hat{L}_{\pm} Y_{lm}(\Omega) \right) = \hbar^2 \lambda^2 \hat{L}_{\pm} Y_{lm}(\Omega) \tag{4.16}$$

$$\hat{L}_z \left(\hat{L}_{\pm} Y_{lm}(\Omega) \right) = \hbar (m \pm 1) \hat{L}_{\pm} Y_{lm}(\Omega) \tag{4.17}$$

Also lässt die Anwendung von $\hat{L}_{\pm}$ den Wert von λ^2 unverändert und ändert den Wert von m um ± 1. Insbesondere gilt wegen

$$\hat{L}_{\mp} \hat{L}_{\pm} = \hat{L}^2 - \left(\hat{L}_3^2 \pm \hbar \hat{L}_3 \right)$$

die nützliche Relation

$$\hat{L}_{\pm} Y_{lm}(\Omega) = \hbar \sqrt{\lambda^2 - m(m \pm 1)} Y_{l(m\pm 1)}(\Omega). \tag{4.18}$$

Da l der maximal erlaubte Wert von m ist, muss nach Gl. (4.18) $\sqrt{\lambda^2 - m(m + 1)}$ für $m = l$ verschwinden. Damit erhalten wir

$$\lambda^2 = l(l + 1).$$

Aus $\lambda^2 \geqslant 0$ folgt direkt $l \geqslant 0$. Der Eigenwert m kann die $(2l + 1)$ Werte von $-l$ bis l annehmen. Also muss $2l$ eine ganze Zahl sein, und damit ist l entweder halb- oder ganzzahlig. Die Zustände mit gleichem Wert von l, die somit durch die Operation von $\hat{L}_{\pm}$ ineinander überführt werden können, bilden ein sogenanntes **Multiplett.**

Aus Gl. (4.6) folgt mit Gl. (4.9)

$$Y_{lm}(\Omega) = h(\theta)_{lm} e^{im\phi}. \tag{4.19}$$

Außerdem gilt $\hat{L}_{\pm} Y_{l(\pm l)}(\Omega) = 0$, also, unter Ausnutzung von Gl. (4.14),

$$\hat{L}_{\pm} h(\theta)_{l(\pm l)} e^{\pm il\phi} = 0 \longrightarrow \left(\frac{\partial}{\partial \theta} - l \cot(\theta) \right) h(\theta)_{l(\pm l)} = 0$$

mit der Lösung

$$h(\theta)_{l(\pm l)} = N_{\pm l} (\sin(\theta))^l \quad \text{bzw.} \quad Y_{l(\pm l)}(\Omega) = N_{\pm l} (\sin(\theta))^l e^{\pm il\phi}, \tag{4.20}$$

wobei sich die Normierung $N_{\pm l}$ höchstens um eine Phase unterscheiden darf. Explizite Auswertung des Normierungsintegrals liefert

$$Y_{l(\pm l)}(\Omega) = \frac{(\mp 1)^l}{2^l l!} \sqrt{\frac{(2l+1)!}{4\pi}} \sin(\theta)^l e^{\pm il\phi}. \tag{4.21}$$

Hierbei ist die Phase entsprechend der üblichen Konvention fixiert. Aus dieser Lösung folgt insbesondere, dass l nur **ganzzahlige Werte** annehmen darf, da für halbzahlige Werte von l die $(l+1/2)$-te Ableitung von $h(\theta)_l$ einen Pol bei $\sin(\theta) = 0$ aufweisen würde, was klarerweise unphysikalisch ist (eine ausführlichere Diskussion findet sich in [18]; ein eleganter alternativer Beweis für die Ganzzahligkeit von l in [20]), da die Wahl des Koordinatensystems willkürlich ist und somit alle Punkte der Kugeloberfläche glatt parametrisiert werden müssen. Des Weiteren würden halbzahlige Werte von l der Relation (4.20) widersprechen, da die Lösung von $\hat{L}_- Y_{l(-l)} = 0$ und von $(\hat{L}_-)^{2l} Y_{ll}$ nicht proportional zueinander sind, wie man z. B. für $l = 1/2$ leicht nachrechnet. Der Grund für diesen scheinbaren Widerspruch zu der obigen Herleitung der Leiteroperatoren ist, dass im Raum der für halbzahlige Werte von l entstehenden singulären Funktionen $\hat{L}^2$ nicht mehr hermitesch ist [18], denn unter Benutzung der $Y_{l(\pm l)}$ aus Gl. (4.20) erhält man z. B. für $l = 3/2$

$$\text{Im}\left(\langle \hat{L}^2 \rangle_{\left(\alpha \hat{L}_- Y_{(3/2)(3/2)} + \beta \hat{L}_+ Y_{(1/2)(-1/2)} \right)} \right) \neq 0,$$

da

$$\int d\Omega \, (\hat{L}_- Y_{(3/2)(3/2)}(\Omega))^* \hat{L}_+ Y_{(1/2)(-1/2)}(\Omega) \neq 0$$

ist. Dies würde bedeuten, dass der Drehimpuls keine Observable ist, was offensichtlich unphysikalisch ist.

Ganzzahlige Bahndrehimpulse führen dazu, dass die Kugelflächenfunktionen durch eine Rotation um 2π um die z-Achse auf sich selbst überführt werden. Allerdings gibt es auch halbzahlige Drehimpulse, wie wir in Abschnitt 6.1 sehen werden, aber eben keine halbzahligen Bahndrehimpulse. Nun lassen sich zu jedem gegebenen Wert von l mit Hilfe von $\hat{L}_-$ alle weiteren Kugelflächenfunktionen berechnen. Wir haben also Folgendes gefunden:

$$\hat{\mathbf{L}}^2 Y_{lm}(\Omega) = \hbar^2 l(l+1) Y_{lm}(\Omega) \quad \text{und} \quad L_3 Y_{lm}(\Omega) = \hbar m Y_{lm}(\Omega)$$

mit $l = 0, 1, 2, \ldots$ und $-l \leqslant m \leqslant l$, wobei

$$Y_{lm}(-\Omega) = (-1)^l Y_{lm}(\Omega) \tag{4.22}$$

Die letzte Relation folgt dabei aus Gl. (4.19) und (4.20), wenn man berücksichtigt, dass $\sin(\theta) = \sin(\pi - \theta)$ und $\exp(il\pi)$ für gerade (ungerade) l gleich $+1$ (-1) und dass $[\hat{L}_\pm, \hat{P}] = 0$ ist, so dass $\pi_{L_\pm} = +1$ gilt. Damit haben alle Zustände, die durch Anwendung von L_- aus $Y_{ll}(\Omega)$ erreicht werden können, gemäß Gl. (4.2) die gleiche Parität.

In der Spektroskopie ist es üblich, anstatt des Zahlenwertes von l Buchstaben zu benutzen. Es gilt folgende Zuordnung:

$$l = 0 \to s\text{-Welle}, \; l = 1 \to p\text{-Welle}, \; l = 2 \to d\text{-Welle}, \; l = 3 \to f\text{-Welle}$$
$$(4.23)$$

Für alle höheren Wellen wird die Reihenfolge des Alphabets übernommen (also $l = 4$ wird als g-Welle bezeichnet).

Eine sehr interessante Relation ist (eine Herleitung ist z. B. in [7] gegeben)

$$\sum_{m=-l}^{l} Y_{lm}(\Omega)^* Y_{lm}(\Omega) = \frac{2l+1}{4\pi}, \qquad (4.24)$$

da sie deutlich macht, dass die von uns als Quantisierungsachse gewählte z-Achse keine besondere Rolle spielt. Wie wir sehen werden, wird die Quantenzahl m erst dann beobachtbar, wenn eine Wechselwirkung eine Achse, die wir mit der z-Achse identifizieren, auszeichnet. Die Phasenkonvention der Kugelflächenfunktionen ist durch Gl. (4.18) so gewählt, dass

$$Y_{l(-m)}(\Omega) = (-1)^m Y_{lm}(\Omega)^* \qquad (4.25)$$

gilt. Die Kopplung von Drehimpulsen sowie der Spinfreiheitsgrad werden in Kap. 6 diskutiert.

4.3 Zweiteilchensysteme

Wir betrachten nun ein System aus zwei Körpern mit Masse m_1 und m_2, die eine Wechselwirkung spüren, die lediglich von ihrem Abstand abhängt. Der Hamilton-Operator lautet also

$$\hat{H} = -\frac{\hbar^2}{2m_1}\Delta_1 - \frac{\hbar^2}{2m_2}\Delta_2 + V(|\mathbf{x}_1 - \mathbf{x}_2|),$$

wobei Δ_i der Laplace-Operator mit Ableitungen bezüglich den Koordinaten von Teilchen i bezeichne. Wir definieren nun **Schwerpunkt- (X) und Relativkoordinaten (x)** via

$$\mathbf{X} = \frac{1}{M_{\text{tot}}}(m_1\mathbf{x}_1 + m_2\mathbf{x}_2) \quad \text{und} \quad \mathbf{x} = \mathbf{x}_1 - \mathbf{x}_2,$$

wobei $M_{\text{tot}} = m_1 + m_2$ ist. Mit diesen Koordinaten schreibt sich der Hamilton-Operator als (▶ *Aufgabe 4.2*)

$$\hat{H} = -\frac{\hbar^2}{2M_{\text{tot}}}\Delta_X - \frac{\hbar^2}{2M}\Delta_x + V(|\mathbf{x}|),$$

wobei die **reduzierte Masse** gemäß $M = m_1 m_2 / M_{\text{tot}}$ definiert ist. Da die Koordinaten nicht gemischt auftreten, kann die Schrödinger-Gleichung $\hat{H}\Psi = E\Psi$ durch den Ansatz

$$\Psi(\mathbf{x}_1, \mathbf{x}_2) = \chi(\mathbf{X})\psi(\mathbf{x})$$

gelöst werden, wobei

$$-\frac{\hbar^2}{2M_{\text{tot}}}\Delta_X\chi(\mathbf{X}) = E_X\chi(\mathbf{X}) \quad \text{und} \quad \left(-\frac{\hbar^2}{2M}\Delta_x + V(|\mathbf{x}|)\right)\psi(\mathbf{x}) = E_x\psi(\mathbf{x})$$

gelten muss und die Gesamtenergie gegeben ist durch $E = E_X + E_x$. Im Folgenden betrachten wir die freie Schwerpunktbewegung als abgespalten und studieren lediglich die Relativbewegung. Um die Notation zu vereinfachen, wird der Index x im Folgenden weggelassen.

4.4   Rotationssymmetrische Probleme

Wenn das Potential, wie im vorherigen Abschnitt, nicht von der Richtung des Ortsvektors, sondern lediglich von seiner Länge abhängt, vereinfacht sich das Problem, da die komplette Winkelabhängigkeit dann im Operator der kinetischen Energie und damit im Laplace-Operator sitzt. Dieser lässt sich schreiben als

$$\hat{T} = -\frac{\hbar^2}{2M}\Delta = \frac{1}{2M}\left(-\frac{\hbar^2}{r}\frac{\partial^2}{\partial r^2}r + \frac{\hat{\mathbf{L}}^2}{r^2}\right), \tag{4.26}$$

wobei M entweder die Masse des untersuchten Teilchens in einem statischen Potential oder z. B. die reduzierte Masse eines Zweiteilchensystems bezeichnet (Abschnitt 4.3). Hierbei ist $\hat{\mathbf{L}}^2$ das Quadrat des Drehimpulsoperators (Abschnitt 4.2). Offensichtlich gilt

$$[\hat{H}, \hat{\mathbf{L}}^2] = 0. \tag{4.27}$$

Also sind der Gesamtdrehimpuls und die Energie gleichzeitig messbar und es kann ein gemeinsamer Satz von Basisfunktionen gefunden werden. Da lediglich $\hat{\mathbf{L}}^2$ im Hamilton-Operator auftritt und nicht eine Drehimpulskomponente explizit, ist jeder Energiewert zu einem gegebenen Wert von l (mindestens) $(2l+1)$-fach entartet, denn dies entspricht der Anzahl der erlaubten m-Werte. Diese Entartung ist eine direkte Folge der Rotationssymmetrie des Problems: Da keine Richtung ausgezeichnet ist, kann der Wert der Energie der Zustände nicht von der Ausrichtung des Drehimpuls-vektors abhängen.

Nach der gleichen Logik folgt natürlich, dass, sobald man eine externe Richtung auszeichnet, die Energieniveaus von m abhängen sollten (im Beisein von Spin, der in Kap. 6 eingeführt wird, muss das Argument leicht modifiziert werden, wie wir in Beispiel 10.4 sehen werden) – das ist in der Tat der Fall. Das transparenteste Beispiel hierfür ist der Zeeman-Effekt: Im Beisein eines homogenen **externen Magnetfeldes** gibt es in der Hamilton-Funktion einen Zusatzterm des Typs (die Herleitung wird in Abschnitt 7.1 nachgeliefert)

$$\hat{H}_B = -\frac{\mu}{\hbar}\, \mathbf{L}\cdot\mathbf{B} = -\frac{\mu}{\hbar}\, L_z B, \qquad (4.28)$$

wobei im letzten Schritt die Richtung des Magnetfeldes mit der z-Achse identifiziert wurde. In anderen Worten: Die Magnetfeldrichtung wurde als **Quantisierungsachse** gewählt. Da das Hinzufügen von $\hat{H}_B$ zu $\hat{H}$ nichts daran ändert, dass sowohl $\hat{L}_z$ als auch $\hat{L}^2$ mit dem vollen Hamilton-Operator kommutieren, erzeugt dieser Zusatz-term bei schwachen Feldern (Kap. 10) eine Verschiebung eines Energieniveaus mit gegebenem m-Wert um $-\mu\hbar m B$. Hierbei bezeichnet $\mu = e\hbar/(2M)$ das **Bohr'sche Magneton.** Also spaltet ein ursprünglich wegen der Kugelsymmetrie $(2l+1)$-fach entartetes Niveau mit Bahndrehimpuls l unter Einwirkung eines homogenen Magnet-feldes in $(2l+1)$ Niveaus auf.

4.5 Potentiale endlicher Reichweite

Nach den Betrachtungen zum Drehimpuls liegt nun folgender Ansatz für die Wel-lenfunktion des Bindungszustands nahe:

$$\Psi_{nlm}(\mathbf{x}) = \frac{u_{nl}(r)}{r}\, Y_{lm}(\Omega_x) \qquad (4.29)$$

Dabei lassen wir in der Rechnung den Index nl fallen lassen, um die Notation zu vereinfachen. Die **Radialgleichung** für $u(r)$ ist damit

$$\left\{ \frac{\hbar^2}{2M}\left(-\frac{\partial^2}{\partial r^2} + \frac{l(l+1)}{r^2} \right) + V(r) \right\} u(r) = E u(r). \qquad (4.30)$$

Es sei nun angenommen, dass $V(r)$ wenigstens wie $1/r$ für große Werte von r abnimmt und dass es weniger singulär ist als $1/r^2$ für $r \to 0$. Offensichtlich fällt das Coulomb-Potential ($\propto 1/r$), das zur Bindung des Wasserstoffatoms führt, in diese Klasse. Die allgemeinen Betrachtungen gelten aber genauso auch z. B. für Atom-kerne, die durch die starke Wechselwirkung gebunden sind. Hier ist der langreichwei-tigste Anteil des Potentials der des Pionaustauschs und das Potential ist proportional zu $\exp(-m_\pi r/(\hbar c))/r$, wobei $m_\pi \simeq 280 m_e$ die Masse des Pions bezeichnet.

Wir wollen uns hier auf Bindungszustände konzentrieren, also $E < 0$. Betrachtet man nun Gl. (4.30) für $r \to \infty$, so reduziert sich die Gleichung auf

$$\frac{-\hbar^2}{2M} \frac{d^2}{dr^2} u(r) = E u(r). \tag{4.31}$$

Diese Differentialgleichung hat die formale Lösung

$$\lim_{r \to \infty} u(r) = A e^{-\gamma r/\hbar} + B e^{+\gamma r/\hbar} \text{ mit } \gamma = \sqrt{-2ME}, \tag{4.32}$$

wobei γ bereits aus Gl. (3.2) bekannt ist, da das dort diskutierte Kastenpotential natürlich auch die hier geforderten Eigenschaften erfüllt. Bekanntlich muss die Wellenfunktion eines Bindungszustands ($E < 0$) normierbar sein. Daher muss in der obigen Gleichung $B = 0$ gelten.

Interessant ist, dass für ein Potential endlicher Reichweite die asymptotische Wellenfunktion universell und energieabhängig ist, also unabhängig vom Verhalten des Potentials bei kleineren Abständen. Dies ist ganz anders bei Potentialen von unendlicher Reichweite wie dem Potential des harmonischen Oszillators: Hier hängt die Asymptotik sehr wohl vom Potential ab, das sowohl die Potenz von x im Exponenten festlegt als auch den Koeffizienten bestimmt, und das unabhängig von der Energie des Zustands (vgl. Gl. (3.11)).

Die Schrödinger-Gleichung gilt natürlich auch für positive Energien. Dann erlaubt sie die Beschreibung eines Streuprozesses. Insbesondere ist auch für diesen Fall Gl. (4.32) die allgemeine Lösung für große Abstände, solange das Potential eine endliche Reichweite hat. Allerdings wird für positive Energien der Impuls γ imaginär, und die angegebene Lösung entspricht einer ebenen Welle. Mathematisch sind also die Lösungen für gebundene Systeme und Streuung durch eine **analytische Fortsetzung** in der Energie E miteinander verbunden.

Im Gegensatz zu den eindimensionalen Problemen müssen wir nun auch den Grenzwert $r \to 0$ betrachten, da der Drehimpulsterm in diesem Grenzwert singulär wird, die Wellenfunktion aber nicht singulär sein darf, um physikalisch zulässig zu sein. In diesem Grenzwert vereinfacht sich die Differentialgleichung zu

$$\frac{\partial^2}{\partial r^2} u(r) = \frac{l(l+1)}{r^2} u(r) \tag{4.33}$$

mit der Lösung

$$\lim_{r \to 0} u(r) = C r^{l+1} + \frac{D}{r^l}. \tag{4.34}$$

Da der zweite Term selbst für $l = 0$ zu singulären Wellenfunktionen $\psi \sim u(r)/r$ führt, muss $D = 0$ sein. Der verbleibende Term macht die Rolle des Drehimpulsterms in der Schrödinger-Gleichung deutlich: Je größer l, also je mehr Drehimpuls im System ist, desto mehr wird die Wellenfunktion vom Ursprung weg gedrängt. Der $\hat{\mathbf{L}}^2$-Term wird daher auch **Zentrifugalbarriere** genannt.

Es bietet sich an, von r auf die dimensionslose radiale Variable $\rho = \gamma r/\hbar$ überzugehen. Damit schreibt sich Gl. (4.30) als

$$\left(\frac{d}{d\rho^2} - \frac{l(l+1)}{\rho^2} - \tilde{v}(\rho) - 1 \right) \tilde{u}(\rho) = 0, \qquad (4.35)$$

wobei $\tilde{v}(\rho) = 2MV(\rho\hbar/\gamma)/\gamma^2$ und $\tilde{u}(\rho) = u(\rho\hbar/\gamma)$ ist. Um von hier an weiterzurechnen muss ein konkretes $\tilde{v}(\rho)$ vorgegeben werden. Es sei daran erinnert, dass bisher die genaue Form des Potentials keine Rolle gespielt hat: Wir haben lediglich annehmen müssen, dass es mindestens wie $1/r$ für große r abfällt und dass es im Ursprung keine starke Singularität besitzt. Nun machen wir folgenden Ansatz:

$$\tilde{u}(\rho) = \rho^{l+1} g(\rho) e^{-\rho} \quad \text{mit} \quad g(\rho) = \sum_{k=0}^{\infty} c_k \rho^k \qquad (4.36)$$

Die Koeffizienten c_k sind dann mit Hilfe von Gl. (4.35) so zu bestimmen, dass die Gesamtlösung den Randbedingungen genügt (Abschnitt 2.1). Da der Ansatz aus Gl. (2.1) ganz allgemein ist, muss er auch die zweite Asymptotik aus Gl. (4.32) enthalten. Insbesondere muss sich also die unendliche Reihe aus Gl. (4.36) wie $\exp(2\gamma r/\hbar)$ verhalten. Das heißt, diese Potenzreihe muss nach endlich vielen Termen abbrechen, damit die Wellenfunktion normierbar ist. Wie dies funktioniert und welche Konsequenzen dieser Abbruch hat, wird im Folgenden an zwei Beispielen illustriert.

Beispiel 4.1: Tiefes kugelförmiges Potential

Zunächst untersuchen wir ein tiefes sphärisches Potential. Die eindimensionale Variante wurde bereits im Kap. 3 besprochen. Es sei also

$$V(r) = -V_0 \theta(r_0 - r) = \begin{cases} -V_0 & \text{für } r < r_0 \\ 0 & \text{sonst} \end{cases}. \qquad (4.37)$$

Damit gilt für gebundene Zustände

$$\tilde{v}_0 = -\frac{2MV_0}{\gamma^2} \theta(r_0 - r) = \frac{V_0}{E} \theta(r_0 - r) < -1, \qquad (4.38)$$

wobei $\theta(r_0 - r) = $ die Heavyside-Stufenfunktion bezeichnet. Da das Potential abschnittsweise definiert ist, wählen wir auch verschiedene Ansätze für die verschiedenen Bereiche

$$\tilde{u}_I^{(l)}(\rho) = \rho^{l+1} g_I^{(l)}(\rho) \quad \text{und} \quad \tilde{u}_A^{(l)}(\rho) = g_A^{(l)}(\rho) e^{-\rho} \qquad (4.39)$$

für die Lösung im Innen- ($\rho < \rho_0$) und Außenraum ($\rho > \rho_0$), wobei $\rho_0 = \gamma r_0/\hbar$ gilt.

Dass die Potenzreihe $g(\rho)$ aus Gl. (4.36) nach endlich vielen Termen abbrechen muss, gilt natürlich nur für $g_a^{(l)}(\rho)$. Im Gegensatz dazu kann $g_i^{(l)}(\rho)$ durchaus eine

unendliche Reihe sein. Hier wollen wir nur den Fall der am tiefsten gebundenen Zustände in einem sehr tiefen Potentialtopf betrachten, also nur den Fall $\rho_0 \gg 1$. Dann ist $\tilde{u}_a$ in guter Näherung gleich 0 zu setzen (Gl. (4.39) und die Diskussion am Ende von Abschnitt 3.1).
Einsetzen des Ansatzes für $\tilde{u}_I^{(l)}(\rho)$ in Gl. (4.35) ergibt

$$\rho \frac{d^2 g_I^{(l)}}{d\rho^2} + 2(l+1)\frac{dg_I^{(l)}}{d\rho} - (\tilde{v}_0+1)\rho g_I^{(l)} = 0. \tag{4.40}$$

Um für den tiefen Potentialtopf die Stetigkeit der Wellenfunktion sicherzustellen, muss als Randbedingung $\tilde{u}_I^{(l)}(\rho_0) = 0$ gelten. Einsetzen des Ansatzes in die Differentialgleichung liefert eine Rekursionsformel für die $c_k^{(l)}$, nämlich

$$c_{m+1}^{(l)} = \frac{\tilde{v}_0 + 1}{(m+1)(m+2(l+1))} c_{m-1}^{(l)} \tag{4.41}$$

mit $c_1^{(l)} = 0$ (▶ *Aufgabe 4.3*). Insbesondere verschwinden damit alle ungeraden Koeffizienten. Auf den ersten Blick mag das verwundern, da im eindimensionalen Fall (Abschnitt 3.1) sowohl Lösungen auftraten, die gerade als auch ungerade unter $x \rightarrow -x$ waren. Allerdings verändert im Dreidimensionalen eine Paritätstransformation lediglich den Winkelanteil – der Radialanteil bleibt unberührt (Abschnitt 4.1). Dementsprechend sitzt die Information über das Verhalten von Raumspiegelungen nun im Winkelanteil $Y_{lm}(\Omega)$ (Gl. (4.22)).
Es zeigt sich, dass man die sich ergebenden Funktionen auch kompakter schreiben kann,

$$g_I^{(l)}(\rho) = C \left(\frac{1}{\tilde{\omega}^2 \rho} \frac{d}{d\rho} \right)^l \frac{1}{\tilde{\omega}\rho} \sin(\tilde{\omega}\rho), \tag{4.42}$$

wobei $\tilde{\omega} = \sqrt{-\tilde{v}_0 - 1}$ und C eine Normierungskonstante ist. Die so erhaltenen $\tilde{u}(\rho)$ sind den **sphärischen Bessel-Funktionen** proportional (▶ *Aufgabe 4.3*). Klarerweise ist die Randbedingung nur für diskrete Werte von γ erfüllt, was zur Quantisierung der Energie führt. Somit befinden sich gebundene Zustände für $l = 0$ bei $\tilde{\omega}\rho_0 = n\pi$ mit $n = 1, 2, 3, \ldots$ bzw.

$$E_n^{l=0} = \frac{\hbar^2 n^2 \pi^2}{2Mr_0^2} - V_0. \tag{4.43}$$

Die Nullstellen der sphärischen Bessel-Funktionen für $l \neq 0$, die zur Berechnung der zugehörigen Bindungsenergien notwendig sind, sind in verschiedenen Büchern tabelliert (z. B. [20]).

Beispiel 4.2: Wasserstoffatom

Wir untersuchen nun das Wasserstoffatom. Also gilt für die reduzierte Masse

$$M = m_e M_p / (m_e + M_p) \simeq m_e,$$

wobei m_e und M_p die Massen von Elektron und Proton mit $m_e/M_p \simeq 1/2000$ bezeichnen und das **Coulomb-Potential**[1] gegeben ist durch

$$V(r) = -\frac{Ze^2}{4\pi\epsilon_0}\frac{1}{r} \quad \text{bzw.} \quad \tilde{v}(\rho) = -\frac{R}{\rho}, \tag{4.44}$$

wobei e den Betrag der Elektronenladung und ϵ_0 die dielektrische Konstante des Vakuums bezeichnet. Der Faktor Z bezeichnet die Zahl der Kernladungen – offensichtlich ist für das Wasserstoffatom $Z = 1$, da wir jedoch in Beispiel 10.2 das Heliumatom mit $Z = 2$ diskutieren werden, wird dieser Faktor hier schon berücksichtigt. Damit ergibt sich

$$R = \frac{Ze^2}{4\pi\epsilon_0\hbar}\sqrt{\frac{2m_e}{|E|}} = Z\alpha\sqrt{\frac{2m_ec^2}{|E|}},$$

wobei $\alpha = e^2/(4\pi\epsilon_0\hbar c) = 1/137.036$ die dimensionslose Feinstrukturkonstante und c die Lichtgeschwindigkeit bezeichnen[2].

Nach Einsetzen des Ansatzes aus Gl. (4.36) erhalten wir als Differentialgleichung für $g(\rho)$

$$\rho g(\rho)'' + 2(l + 1 - \rho)g(\rho)' - (2(l+1) - R)g(\rho) = 0 \tag{4.45}$$

bzw. für Koeffizienten

$$c_{k+1} = \frac{2(k+l+1) - R}{(k+1)(k+2l+2)}c_k. \tag{4.46}$$

Wie bereits in Abschnitt 3.3 diskutiert, verhält sich die Potenzreihe, wenn sie nicht abbricht, so, dass $\tilde{u}(\rho)$ die exponentiell wachsende Asymptotik $\exp(\rho)$ annimmt[3]. Für physikalisch zulässige Lösungen muss es also ein N geben, so dass

$$c_{N+1} = 0 \quad \longrightarrow \quad R = 2(N + l + 1) =: 2n \tag{4.47}$$

---

[1] Der Ausdruck kann mit Hilfe der Störungstheorie direkt aus dem Hamilton-Operator für die Wechselwirkung geladener Teilchen mit dem elektromagnetischen Feld (Gl. (7.2)) hergeleitet werden (▶ *Aufgabe 10.3*).
[2] Aktuelle Werte für α sowie weitere Naturkonstanten können auf den Seiten der Particle Data Group (http://pdg.lbl.gov/) eingesehen werden.
[3] Für $k \to \infty$ gilt, dass $a_{k+1}/a_k \to 2/k$ ist, so dass $a_k \to 2^k/k!$ und somit $g(\rho) \to \exp(2\rho)$ für große Werte von ρ gilt.

gilt, und wir erhalten für die **Bindungsenergie eines einzelnen Elektrons** an
einem Kern der Ladung Ze

$$E_n^H(Z) = -\left(\frac{Z^2\alpha^2}{2n^2}\right)m_ec^2, \tag{4.48}$$

wobei $n > 0$ gelten muss. Einsetzen liefert für die **Grundzustandsenergie**

$$E_1^H(Z) = -13{,}6\,Z^2\text{ eV},$$

wobei der Index H daran erinnern soll, dass es sich hier um ein wasserstoffartiges
Atom, also ein Atom mit nur einem Elektron, handelt. Wenn im Folgenden das
Symbol E_1^H benutzt wird, so ist implizit $Z = 1$ angenommen. Offensichtlich gilt,
dass für gegebenes n der Wert des Drehimpulses mit $l < n$ nach oben beschränkt
ist. Also für $n = 1$ sind nur s-Wellen (Gl. (4.23)) erlaubt, bei $n = 2$ s- und p-
Wellen usw. (Abb. 4.3a). Damit ist jedes Energieniveau $E_n^H(Z)$ n^2-fach entartet,
denn es gilt

$$\sum_{l=0}^{n-1}(2l+1) = 2\frac{n(n-1)}{2} + n = n^2. \tag{4.49}$$

Die Bindungsenergien werden also durch die Abbruchbedingung quantisiert (können also nur diskrete Werte annehmen). Außerdem haben wir damit über

$$\rho = \frac{r}{n\,a_Z} \quad\text{mit}\quad a_Z = \frac{\hbar}{\gamma} = \frac{\hbar}{Z\alpha m_ec} \tag{4.50}$$

na_Z als charakteristische Längenskala der wasserstoffartigen Atome identifiziert,
deren Wert für $Z = 1$

$$a_1 = 0{,}529 \times 10^{-10}\,m$$

als **Bohr-Radius** bezeichnet wird. Die gemäß $\int_0^\infty dr\,u_{nl}(r,Z)^2 = 1$ normierten
Radialanteile der Wellenfunktionen zu $n = 1$ und $n = 2$ lauten damit

$$u_{10}(r,Z) = \frac{2r}{a_Z^{3/2}}\,e^{-r/a_Z},$$

$$u_{20}(r,Z) = \frac{r}{2\sqrt{2}\,a_Z^{3/2}}\left(2 - \frac{r}{a_Z}\right)e^{-r/(2a_Z)}, \tag{4.51}$$

$$u_{21}(r,Z) = \frac{r}{2\sqrt{6}\,a_Z^{3/2}}\left(\frac{r}{a_Z}\right)e^{-r/(2a_Z)}.$$

Des Weiteren gilt für $l = n - 1$

$$u_{n,n-1}(r,Z) = \frac{1}{n}\frac{2^n}{\sqrt{a_Z(2n-1)!}}\left(\frac{r}{n\,a_Z}\right)^n\exp\left(-\frac{r}{na_Z}\right). \tag{4.52}$$

Die benötigten Normierungsintegrale lassen sich leicht mit Hilfe von

$$\int_0^\infty dx\, x^k e^{-\lambda x} = \left(-\frac{\partial}{\partial\lambda}\right)^k \int_0^\infty dx\, e^{-\lambda x} = \frac{k!}{\lambda^{k+1}} \qquad (4.53)$$

berechnen. An den Gl. (4.51) sieht man eine wichtige, allgemeingültige Eigenschaft der Wellenfunktionen: Mit zunehmendem n nimmt für festen Drehimpuls l die Zahl der Nullstellen zu (dies wurde bereits allgemein für den eindimensionalen Fall in Abschnitt 2.1 bewiesen). Wellenfunktionen mit maximalem Drehimpuls, $l = n - 1$, haben keinen Knoten, die mit $l = n - 2$ einen usw. Diese Eigenschaft, die eng mit der Orthogonalität der Wellenfunktionen verknüpft ist, hat natürlich auch direkte quantitative Auswirkungen auf die für die Störungstheorie wichtigen Überlappintegrale – dies wird z. B. in Beispiel 10.2 deutlich werden.

Zustände, in denen ein Elektron hoch angeregt ist, während die anderen in ihrem Grundzustand verweilen, bezeichnet man als **Rydberg-Zustände.** Da für diese die Aufenthaltswahrscheinlichkeit des angeregten Elektrons in Kernnähe und in dem Bereich, in dem sich die anderen Elektronen aufhalten, sehr gering ist (Abb. 4.2), verhält sich dieses für jeden Atomtyp wie ein angeregtes Elektron im Wasserstoffatom ($Z = 1$) mit

$$E_n^{\text{Ryd}} = E_1^H(1)/n^2. \qquad (4.54)$$

Wenn außerdem noch der Drehimpuls seinen Maximalwert $l = n - 1$ annimmt, dann sind diese Zustände sehr langlebig – die **Lebensdauer** von angeregten Zuständen werden wir in Abschnitt 10.2 und insbesondere in Beispiel 10.7 diskutieren. Die Radialwellenfunktionen mit $l = n - 1$ sind in Gl. (4.52) angegeben und für ausgewählte Werte von n in Abb. 4.2 gezeigt. Für große Werte von l erwartet man, dass die Bahnen sich immer mehr den klassisch zu erwartenden annähern,

Abb. 4.2 Verlauf der
Wellenfunktionen
$u_{n,n-1}(r, 1)$ aus Gl. (4.52)
für n = 5 (gepunktet), n = 10
(strichpunktiert), n = 15
(durchgezogen)

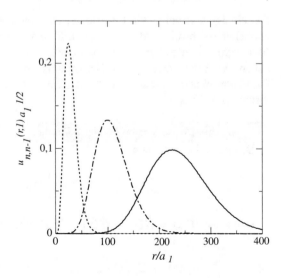

und in der Tat erhält man für wachsendes n immer besser definierte „Bahnen",
denn da (▶ *Aufgabe 4.4*)

$$\langle r \rangle_{\psi_{n,n-1,m}} = \frac{1}{2} a_1 n \, (2n+1) \quad \text{und} \quad (\Delta r)_{\psi_{n,n-1,m}} = \frac{1}{2} a_1 n \sqrt{2n+1} \quad (4.55)$$

ist, gilt $\Delta r / \langle r \rangle = 1/\sqrt{2n+1}$, wobei die Varianz Δr in Gl. (1.15) definiert wurde.
Das Maximum dieser Wellenfunktionen liegt bei $n^2 a_1$. Rydberg-Zustände sind
also deutlich größer als Atome in ihrem Grundzustand.
Es ist bemerkenswert, dass zu jedem Energieniveau mit $n > 1$ Wellenfunktionen unterschiedlicher Parität gehören (wegen Gl. (4.22) gilt $\Psi_{nlm}(\mathbf{x}) = (-1)^l$
$\Psi_{nlm}(-\mathbf{x})$). Wie wir in Kap. 8 sehen werden, finden solche **Entartungen** ihren
Ursprung in einer dem Problem zu Grunde liegenden Symmetrie. Die Tatsache,
dass hier Zustände verschiedener Parität entartet sind, sagt bereits etwas über
deren Struktur.

Man beachte, dass in beiden Beispielen die Quantisierung der Energie zur Erfüllung
der Randbedingungen hereinkam, allerdings auf unterschiedliche Art und Weise: Im
Falle des tiefen Potentialtopfes musste die Wellenfunktion am Rand verschwinden,
allerdings wurde die Reihe für die $g_i(\rho)$ bis unendlich summiert. Beim Wasserstoffatom musste die entsprechende Reihe jedoch abbrechen, damit die Asymptotik der
Wellenfunktion nicht zerstört wurde. Wie oben ausgeführt greift Letzteres immer
genau dann, wenn der Potenzreihenansatz zur Bestimmung der Lösung im asymptotischen Bereich großer Abstände herangezogen wird.

4.6   Potentiale unendlicher Reichweite

Der einzige konzeptionelle Unterschied zwischen der Behandlung von Potentialen
endlicher Reichweite und solchen **unendlicher Reichweite** besteht in der Asymptotik für große Radien – genau wie wir das bereits im eindimensionalen Fall gesehen
haben. Allerdings erlaubt eine Betrachtung des dreidimensionalen harmonischen
Oszillators eine interessante zusätzliche Einsicht, weshalb dieser hier noch im Detail
diskutiert werden soll.

Beispiel 4.3: Dreidimensionaler harmonischer Oszillator
Das Potential lautet nun

$$V(\mathbf{x}) = \frac{1}{2} M \omega^2 \mathbf{x}^2 = \frac{1}{2} M \omega^2 \left(x^2 + y^2 + z^2 \right). \quad (4.56)$$

Daher gilt $\hat{H}(\mathbf{x}) = \hat{H}(x) + \hat{H}(y) + \hat{H}(z)$, und die allgemeine Lösung lässt sich
als

$$\psi_N(\mathbf{x}) = \psi_{n_x}(x) \psi_{n_y}(y) \psi_{n_z}(z) \quad \text{mit} \quad E_N = \hbar\omega \left(N + \frac{3}{2} \right)$$

schreiben, wobei $N = n_x + n_y + n_z$ ist. Die $\psi_n(x)$ sind die Eigenfunktionen des jeweiligen eindimensionalen harmonischen Oszillators. Es gilt weiterhin, dass die Parität der Zustände zu jedem N fest ist und diese von Level zu Level oszilliert. Offensichtlich ist die **Entartung** zu jedem N mit

$$\sum_{n_x=0}^{N} \sum_{n_y=0}^{N-n_x} 1 = \frac{1}{2}(N+1)(N+2) \tag{4.57}$$

recht hoch. Wie aus der obigen Berechnung deutlich wird, entspricht der Entartungsgrad der Anzahl der Möglichkeiten, die Zahl N als Summe aus drei ganzen Zahlen darzustellen.

Andererseits können wir auch die Ergebnisse des Anfangs dieses Kapitels benutzen. Dann erhalten wir aus dem Ansatz[4]

$$\Psi(\mathbf{x}) = \frac{1}{r} N r^{(l+1)} \tilde{H}(r) e^{-\frac{1}{2}\kappa^2 r^2} Y_{lm}(\Omega_x), \tag{4.58}$$

dass die Koeffizienten des Polynoms $\tilde{H}(r)$ der Differentialgleichung

$$r\tilde{H}'' - 2(\kappa^2 r^2 - (l+1))\tilde{H}' + (\tilde{E} - \kappa^2(2l+3))r\tilde{H} = 0 \tag{4.59}$$

genügen müssen. Wie zuvor gilt $\kappa^2 = M\omega/\hbar$ und $(2M/\hbar^2)E = \tilde{E}$. Einsetzen des Potenzreihenansatzes für $\tilde{H}$ in die Differentialgleichung und Sortieren nach Potenzen von r liefern für den konstanten Term $c_1 = 0$ (die Argumentation ist analog zu ▶ *Aufgabe 4.3*). Für alle höheren Potenzen von r finden wir die Rekursionsformel

$$c_{k+2} = \frac{\kappa^2(2k+2l+3) - \tilde{E}}{(k+2)(k+1+2(l+1))} c_k$$

für $k \geqslant 0$. Also gilt, dass im Gegensatz zu Gl. (3.12) hier lediglich gerade Potenzen von r nicht verschwindende Koeffizienten in der Potenzreihe für $\tilde{H}(r)$ haben dürfen. Somit führt nun die Abbruchbedingung der Potenzreihe auf

$$E_{(\mu,l)} = \hbar\omega\left(2\mu + l + \frac{3}{2}\right), \tag{4.60}$$

wobei $2\mu = k$ mit μ ganzzahlig und $\mu \geqslant 0$ ist. Also sind für jedes $N = 2\mu + l$ alle Zustände mit $l = N, l = N-2, \ldots, l = N-2\mu_{max}$ entartet, wobei μ_{max} den größten μ-Wert, der $2\mu \leqslant N$ erfüllt, bezeichne. Da jeder Wert von l $(2l+1)$-fach

---

[4]Zur Erinnerung: Der Faktor $(1/r)$ wird beim Einsetzen in den Radialanteil der Differentialgleichung direkt gekürzt.

entartet ist, erhalten wir z. B. für gerade Werte von N, was gerade Werte von l
impliziert, für die Entartung eines gegebenen Energieniveaus wie zuvor

$$\sum_{l \text{ gerade}}^{N} (2l + 1) = \sum_{j=0}^{N/2}(4j + 1) = \frac{1}{2}(N + 1)(N + 2).$$

Ein Teil der oben gefundenen Entartung geht also auf die Rotationssymmetrie des
Potentials zurück. Eine weitere Symmetrie ist für die Entartung der unterschiedlichen l-Werte verantwortlich, wie wir in Kap. 8 sehen werden.

Wie in Abb. 4.3 gezeigt sind die Spektren und insbesondere Entartungsmuster von
Coulomb-Potential und harmonischem Oszillator sehr unterschiedlich. Dementsprechend kann man aus dem Spektrum Rückschlüsse auf das zu Grunde liegende Potential ziehen. Die Abbildung zeigt des Weiteren, dass im Falle des Coulomb-Potentials
Niveaus unterschiedlicher Parität entartet sind, beim harmonischen Oszillator hingegen nur Zustände gleicher Parität. Entartungen deuten auf Symmetrien hin. Aus
den Generatoren der Symmetriegruppen lassen sich typischerweise, analog den $\hat{L}_\pm$
in Abschnitt 4.2, Leiteroperatoren konstruieren, die einem erlauben, sich innerhalb
der Multipletts zu bewegen. Sind also Zustände unterschiedlicher (gleicher) Parität
entartet, so heißt das, dass die Generatoren der Symmetriegruppe negative (postive)
Parität haben müssen. Darauf kommen wir in Kap. 8 zurück.

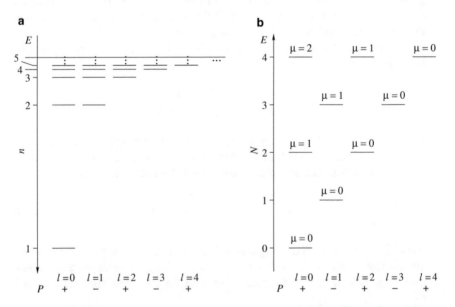

Abb. 4.3 Vergleich der Spektren des Coulomb-Potentials (*a*) mit $E = E_1^H(Z)/n^2$ in Einheiten
von $|E_1^H(Z)| = Z^2\alpha^2 m_e c^2/2$ und des harmonischen Oszillators (*b*) mit $E = E_0^{HO}(N + 3/2)$ in
Einheiten von $E_0^{HO} = \hbar\omega$. Die unterste Zeile gibt die Parität (P) der zugeordneten Niveaus an

4.7 Zusammenfassung und Antworten

In diesem Kapitel haben wir dreidimensionale Probleme diskutiert. Das machte es insbesondere notwendig, sich den Drehimpulsoperator und seine Eigenfunktionen genauer anzusehen. Insbesondere wurden auf die einleitend gestellten Fragen folgende Antworten gegeben:

- *Wie ist die Parität definiert?*
  Unter einer Paritätstransformation versteht man die Spiegelung aller Vektoren am Ursprung des Koordinatensystems. Zu Potentialen definierter Parität gehören Eigenzustände definierter Parität. Insbesondere bei der Diskussion von Übergangsmatrixelementen wird die Parität von Zuständen eine wichtige Rolle spielen.
- *Welcher Operator erfasst die Winkelabhängigkeit der kinetischen Energie bei dreidimensionalen Problemen, und wie heißen die zugehörigen Eigenfunktionen und Eigenwerte?*
  In Kugelkoordinaten lässt sich die Winkelabhängigkeit der kinetischen Energie schreiben als

$$\hat{T} = -\frac{\hbar^2}{2M}\frac{1}{r}\frac{\partial^2}{\partial r^2}r + \frac{\hat{\mathbf{L}}^2}{2M\,r^2}.$$

  Hierbei ist $\hat{\mathbf{L}}^2$ das Quadrat des Drehimpulsoperators $\hat{\mathbf{L}} = \hat{\mathbf{x}} \times \hat{\mathbf{p}}$. Die Eigenfunktionen von $\hat{\mathbf{L}}^2$ sind die Kugelflächenfunktionen mit $\hat{\mathbf{L}}^2 Y_{lm}(\Omega) = \hbar^2 l(l+1)\,Y_{lm}(\Omega)$.
- *Wie lauten die Kommutatorrelationen der Komponenten des Drehimpulsvektors untereinander und mit $\hat{\mathbf{L}}^2$?*
  Aus der Definition des Drehimpulses folgt unter Verwendung des fundamentalen Kommutators aus Gl. (1.13), dass $[\hat{L}_i, \hat{L}_j] = i\hbar \sum_{k=1}^{3} \epsilon_{ijk}\hat{L}_k$ gilt. Wegen des Nichtverschwindens dieses Kommutators sind die drei Drehimpulskomponenten nicht gleichzeitig messbar. Allerdings gilt $[\hat{L}_i, \hat{\mathbf{L}}^2] = 0$.
- *Was ist die Bedeutung der zweiten Quantenzahl der Kugelflächenfunktionen?*
  Wegen der gerade benannten Kommutatorrelationen des Drehimpulses sind die Länge des Drehimpulsvektors (über den Eigenwert von $\hat{\mathbf{L}}^2$) und eine Komponente des Drehimpulses gleichzeitig messbar. Es ist üblich, für diese Komponente die 3- bzw. z-Komponente zu wählen. Es gilt $\hat{L}_z\,Y_{lm}(\Omega) = \hbar m\,Y_{lm}(\Omega)$. Damit wird die z-Achse als Quantisierungsachse ausgezeichnet.
- *Aus der Kommutatorrelation der Drehimpulse folgt, dass diese entweder halbzahlig oder ganzzahlig sein dürfen. Gilt das auch für den Bahndrehimpuls?*
  Es gilt allgemein $l = 0, 1, 2, 3, \ldots$ und $-l \leqslant m \leqslant l$. Halbzahlige Werte sind für l nicht zulässig, da diese auf singuläre Eigenfunktionen führten. Eine Konsequenz der Ganzzahligkeit von m ist, dass der Ortsanteil von Wellenfunktionen nach einer Drehung um 2π auf sich selbst abgebildet wird.
- *Für $l > 0$ gilt, dass die Länge des Drehimpulsvektors immer größer ist als seine Projektion auf die z-Achse. Warum muss das so sein?*
  Wie wir gesehen haben, darf der Drehimpuls nie komplett in z-Richtung stehen, da sonst die Varianzen seiner x- und y-Komponenten verschwänden, was der

Heisenberg'schen Unschärferelation wegen des nicht verschwindenden Kommutators der Komponenten widerspräche.

- *Hängt der Hamilton-Operator eines Zweiteilchensystems lediglich von Relativkoordinaten ab, dann lässt er sich als Summe zweier effektiver EinteilchenHamilton-
Operatoren schreiben – einen für die Relativbewegung und einen für die Schwerpunktbewegung. Welche Massen tauchen in diesen effektiven Operatoren auf?*
Hängt das Potential eines Zweiteilchensystems lediglich von Relativkoordinaten
ab, so kann man den Hamilton-Operator als Summe zweier effektiver Einteilchen-
Hamilton-Operatoren schreiben, wobei einer die freie Bewegung des Schwer-
punktes für ein Teilchen der Masse $M_{tot} = m_1 + m_2$ und der andere die Relativbewegung unter Einwirkung des Potentials für ein Teilchen der reduzierten Masse
$M = m_1 m_2 / M_{tot}$ beschreibt.

- *In welchen Schritten ist die radiale Differentialgleichung für gebundene Systeme
zu lösen?*
Auch bei der Lösung von dreidimensionalen Problemen betrachtet man zunächst
die Asymptotik der Wellenfuktion, wobei nun neben den großen Radien auch
kleine Radien betrachtet werden müssen, da die Singularität des Drehimpulsterms auf singuläre Lösungen führen kann, die explizit auszuschließen sind. Als
Ansatz für die Gesamtlösung können Sie dann das Produkt aus den beiden Asymptotiken und einem Potenzreihenansatz wählen, wobei wie zuvor Letzterer nach
endlich vielen Termen abbrechen muss, damit die Wellenfunktion normierbar
bleibt. Wenn Sie den Ansatz in die radiale Schrödinger-Gleichung einsetzen,
erhalten Sie eine Rekursionsformel für die Koeffizienten.

- *Woher kommt die Quantisierung von Bindungsenergien?*
Für abschnittsweise definierte Wellenfunktionen, wie sie im Falle des Potentialtopfes auftreten, kommt die Quantisierung durch die Anschlussbedingungen an
den Außenraum zustande. Bei Wellenfunktionen, die im ganzen Raum definiert
sind, führt die Bedingung, dass die oben erwähnte Potenzreihe nach endlich vielen
Termen abbricht, zwangsläufig zu einer Quantisierung der Energie.

- *Was kann man aus dem Entartungsmuster des Energiespektrums eines Systems
ablesen?*
Das Entartungsmuster lässt Rückschlüsse auf die Symmetrien der zu Grunde liegenden Wechselwirkung zu. Sind z. B. zu gegebenem Drehimpuls l die Niveaus
$(2l + 1)$-fach entartet, so bedeutet dies, dass das untersuchte System kugelsymmetrisch ist. Was aus dem Entartungsmuster z. B. von Wasserstoffatom und harmonischem Oszillator zusätzlich zu lernen ist, wird in Kap. 8, insbesondere in
Beispiel 8.5 und 8.6, besprochen.

4.8 Aufgaben

4.1 Zeigen Sie, dass die Kommutatorrelationen aus Gl. (4.7) und (4.8) gelten.
Hinweis: Zeigen Sie zunächst die Relation $[\hat{A}\hat{B}, \hat{C}] = \hat{A}[\hat{B}, \hat{C}] + [\hat{A}, \hat{C}]\hat{B}$ und benutzen Sie, dass

$$\epsilon_{ikl}\epsilon_{jml} = \delta_{ij}\delta_{km} - \delta_{im}\delta_{jk}.$$

4.2 Zeigen Sie, dass

$$(1/m_1)\Delta_1 + (1/m_2)\Delta_2 = 1/M_{\text{tot}}\Delta_X + (1/M)\Delta_x$$

ist, wobei die Schwerpunkt- (**X**) und Relativkoordinaten **x** sowie die Gesamtmasse M_{tot} und die reduzierte Masse M in Abschnitt 4.3 definiert wurden.

4.3 Leiten Sie aus Gl. (4.40) die Rekursionsformel Gl. (4.41) sowie hieraus Gl. (4.42) her.

4.4 Verifizieren Sie, dass für Rydberg-Zustände die Gl. (4.55) gelten.

Formale Betrachtungen

5

Zusammenfassung

In diesem Kapitel werden die allgemeinen Überlegungen aus Kap. 2 durch formalere Betrachtungen ergänzt, und mit der Bra-Ket-Notation wird ein wichtiges Werkzeug eingeführt. Insbesondere werden der Vektorraum der Wellenfunktionen, der Hilbertraum, und das zugehörige Skalarprodukt eingeführt. Ergänzt werden die Ausführungen durch eine kurze Diskussion der Zustände im Kontinuum. Dieses Kapitel gibt die Antworten auf folgende Fragen:

- Was ist der Hilbertraum, $\mathcal{H}$? Welche Dimension hat er im Allgemeinen?
- Wie ist ein Skalarprodukt auf dem Hilbertraum zu definieren, und wann bezeichnet man zwei Wellenfunktionen als orthonormal?
- Was muss das Funktionensystem $u_k, k = 1, \cdots, N_{max}$ erfüllen, damit es eine Basis von $\mathcal{H}$ bildet?
- Was versteht man unter einem Bra- und was unter einem Ket-Vektor?
- Was versteht man unter einer Vollständigkeitsrelation?
- Wie bekommt man die Matrixdarstellung eines Operators?

5.1 Der Hilbertraum

Physikalische Systeme werden durch quadratintegrable Wellenfunktionen, die die Schrödingergleichung lösen, beschrieben. In diesem Kapitel werden wir nun einige Formalia zu diesen Wellenfunktionen und den Raum, den sie aufspannen, besprechen. Wie in den anderen Kapiteln werden vor allem die wichtigen Schlüsselbegriffe eingeführt und die Werkzeuge für die weiteren Betrachtungen bereitgestellt ohne auf mathematische Exaktheit zu achten. Insbesondere wird implizit angenommen, dass die betrachteten Funktionen hinreichend glatt sind. Eine recht detaillierte Einführung in die Thematik findet sich z. B. in [5].

© Springer-Verlag GmbH Deutschland, ein Teil von Springer Nature 2020   63
C. Hanhart, *kurz & knapp: Quantenmechanik*,
https://doi.org/10.1007/978-3-662-60702-2_5

Da die Schrödinger-Gleichung linear in ψ ist, ist die Summe aus zwei Lösungen auch wieder eine Lösung. Des Weiteren erfüllt diese *Addition* die Vektorraumaxiome Assoziativität, Existenz eines Nullelements und von Inversen sowie das Distributivgesetz. Also spannen die physikalischen Wellenfunktionen einen komplexen Vektorraum auf:

Hilbertraum $\mathcal{H}$

$$\mathcal{H} = \left\{ \psi : \mathbb{R}^3 \to \mathbb{C} \ \Big| \int d^3x \, |\psi(\mathbf{x})|^2 < \infty \right\} \tag{5.1}$$

Dabei sind Nullfunktionen, also Funktionen mit $\int d^3x \, |f(\mathbf{x})|^2 = 0$, obwohl $f \neq 0$ ist, explizit ausgenommen, so dass $\int d^3x \, |\psi(\mathbf{x})|^2 = 0$ genau dann gilt, wenn $\psi(\mathbf{x}) \equiv 0$ ist. Der Hilbertraum ist vollständig: Jede **Cauchy-Folge**[1] von Elementen in $\mathcal{H}$ führt auf Elemente in $\mathcal{H}$.

Die Definition des Hilbertraumes enthält die Norm, die bereits in Gl. (1.3) eingeführt wurde. Sie leitet sich aus dem Skalarprodukt

$$(\psi_1 | \psi_2) = \int d^3x \, \psi_1(\mathbf{x})^* \psi_2(\mathbf{x}) \tag{5.2}$$

ab. Gemäß Definition gilt

$$(\lambda_1 \psi_1 | \lambda_2 \psi_2) = \lambda_1^* \lambda_2 (\psi_1 | \psi_2), \tag{5.3}$$

wobei die λ_i komplexe Konstanten bezeichnen. Wir bezeichnen zwei Wellenfunktionen ψ_1 und ψ_2 als **orthogonal** zueinander, wenn

$$(\psi_1 | \psi_2) = 0$$

gilt. Dementsprechend bildet die Menge von Vektoren u_i im Hilbertraum $\mathcal{H}$ ein Orthonormalsystem, wenn

$$(u_i | u_j) = \delta_{ij}$$

ist. Die u_i bilden eine Basis von $\mathcal{H}$, wenn es für alle ψ aus $\mathcal{H}$ einen Satz von komplexen Koeffizienten c_i gibt, so dass

$$\psi(\mathbf{x}) = \sum_{i=0}^{N_{\max}} c_i \, u_i(\mathbf{x}) \implies c_k = (u_k | \psi) \tag{5.4}$$

---

[1]Eine Folge $\psi_n(x)$ heißt Cauchy-Folge, wenn es zu jedem $\epsilon > 0$ ein N gibt, so dass für alle $n, m > N$ gilt: $||\psi_n - \psi_m|| < \epsilon$.

gilt, wobei hier angenommen wurde, dass die Elemente der gewählten Basis des Hilbertraumes durch diskrete Indizes durchnummeriert werden können, wobei in der Regel $N_{max} = \infty$ ist (siehe z. B. harmonischer Oszillator; Abschnitt 3.3). Die Verallgemeinerung auf Systeme mit Kontinuum erfolgt im nächsten Abschnitt. Aus Gl. (5.4) folgt die **Vollständigkeitsrelation**

$$\sum_k u_k(\mathbf{x}) u_k(\mathbf{y})^* = \delta^{(3)}(\mathbf{x} - \mathbf{y}). \tag{5.5}$$

Wie in Abschnitt 1.3 ausgeführt gehören zu Observablen lineare Operatoren. Diese können wir nun genauer betrachten: Ein linearer Operator $\hat{A}$ ist eine lineare Abbildung vom Hilbertraum in den Hilbertraum. Es muss also

$$\hat{A}\left(\alpha_1\psi_1(\mathbf{x}) + \alpha_2\psi_2(\mathbf{x})\right) = \alpha_1[\hat{A}\psi_1](\mathbf{x}) + \alpha_2[\hat{A}\psi_2](\mathbf{x})$$

gelten, wobei die α_i beliebige komplexe Koeffizienten sein dürfen. Im Allgemeinen ist die Operation von $\hat{A}$ eine Faltung:

$$[A\psi](\mathbf{x}) = \int d^3y\, \hat{A}(\mathbf{x}, \mathbf{y})\psi(\mathbf{y}) \tag{5.6}$$

Allerdings sind viele Operatoren von Relevanz, wie z. B. der Ortsoperator und der Impulsoperator, aber auch das Coulomb-Potential, **lokal,** d. h.

$$\hat{A}(\mathbf{x}, \mathbf{y}) = \delta^{(3)}(\mathbf{x} - \mathbf{y})\hat{a}(\mathbf{x}). \tag{5.7}$$

In diesem Sinne kann man Gl. (5.5) als eine Darstellung der Identität betrachten, denn in diesem Fall gilt $\hat{a} = \mathbf{1}$.

5.2   Eigenschaften hermitescher Operatoren

In Gl. (1.18) wurde der zum Operator $\hat{A}$ adjungierte Operator $\hat{A}^\dagger$ eingeführt. Nun können wir schreiben:

$$(\psi_1|\hat{A}\psi_2) = (\hat{A}^\dagger\psi_1|\psi_2)$$

Weiterhin gilt: $\hat{A}$ ist hermitesch, wenn $\hat{A}^\dagger = \hat{A}$ ist. Hermitesche Operatoren haben reelle Eigenwerte, was man nun direkt für $\psi_1 = \psi_2$ aus Gl. (5.3) ablesen kann. Des Weiteren gilt, dass Eigenfunktionen zu verschiedenen Eigenwerten hermitescher Operatoren orthogonal aufeinanderstehen, denn, da gemäß Voraussetzung $\hat{A}^\dagger = \hat{A}$ und $a_i = a_i^*$ ist, gilt

$$0 = (\psi_1|(\hat{A} - \hat{A})\psi_2) = (\hat{A}^\dagger\psi_1|\psi_2) - (\psi_1|\hat{A}\psi_2) = (a_1 - a_2)(\psi_1|\psi_2).$$

Die explizite Auswertung der entsprechenden Matrixelemente für den harmonischen
Oszillator ist uns bereits in Gl. (3.27) begegnet. Gemäß Abschnitt 2.5 ist, sobald ein
vollständiges Basissystem gefunden ist, jeder Zustand durch seinen Satz an Quantenzahlen eindeutig bezeichnet. Dementsprechend definiert ein vollständiger Satz
von kommutierenden Operatoren mit seinen normierten Eigenvektoren eine Ortho-
normalbasis des Hilbertraumes. Dies wurde bereits in Gl. (2.14) benutzt.

5.3 Diskrete Zustände vs. Kontinuum

In Abschnitt 1.2 haben wir gesehen, dass Orts- und Impulsraum über eine Fourier-
Transformation miteinander verbunden sind. Wir definieren nun

$$u_{\mathbf{p}}^{f}(\mathbf{x}) = N \exp(i(\mathbf{p} \cdot \mathbf{x})), \tag{5.8}$$

wobei der Index f ausdrückt, dass die $u_{\mathbf{p}}^{f}(\mathbf{x})$ Eigenfunktionen des freien Hamilton-
Operators sind und N eine Normierungskonstante ist. Diese Funktionen spielen in
Gl. (1.6) und (1.7) die gleiche Rolle wie die $u_i(\mathbf{x})$ in Gl. (5.4), nur dass die Summe
durch ein Integral zu ersetzen ist. Es gibt jedoch zwei weitere wichtige Unterschiede:
Erstens erfasst der Index i in Gl. (5.4) nicht nur die radiale Quantenzahl, sondern
auch weitere Quantenzahlen wie den Drehimpuls – diese können jedoch einfach
hinzugefügt werden, wie wir weiter unten sehen werden. Der zweite Unterschied ist
da kritischer: Die $u_{\mathbf{p}}^{f}(\mathbf{x})$ sind nicht quadratintegrabel und somit kein Element des
Hilbertraumes. Dies ist eine direkte Folge der Unschärferelation: Da die „Zustände"
$u_{\mathbf{p}}^{f}(\mathbf{x})$ Eigenfunktionen des Impulsoperators sind,

$$\hat{\mathbf{p}}\, u_{\mathbf{p}}^{f}(\mathbf{x}) = \mathbf{p}\, u_{\mathbf{p}}^{f}(\mathbf{x}),$$

ist ihr Impuls exakt bekannt – dementsprechend müssen sie über den ganzen Raum
ausgebreitet sein: Sie entsprechen ebenen Wellen. Während dies natürlich keine
Eigenschaft eines physikalischen Teilchens sein kann, kommen in der Physik sehr
häufig Situationen vor, in denen im physikalisch relevanten Bereich die ebene Welle
eine gute Näherung ist. Um dies besser zu sehen und einen Zusammenhang zwischen
den ebenen Wellen und den Elementen des Hilbertraumes herzustellen, betrachten
wir sie als Grenzwert quadratintegrabler Funktionen (die Darstellung basiert auf der
in [20]). Wenn sich ein System in einem Eigenzustand z. B. zu Operator $\hat{A}$ befindet,
gilt (Abschnitt 1.2):

$$\hat{A}\psi(\mathbf{x}) = a\psi(\mathbf{x}) \implies \Delta A = 0 \tag{5.9}$$

Betrachten wir nun den Fall

$$\lim_{n\to\infty} \frac{\langle \hat{A}\rangle_{\psi_n}}{(\psi_n|\psi_n)} = a \quad \text{und} \quad \lim_{n\to\infty} \frac{(\Delta A)_{\psi_n}}{(\psi_n|\psi_n)} = 0, \tag{5.10}$$

wobei der Nenner eingeführt wurde, da die ψ_n nicht notwendigerweise normiert (wohl aber für endliche n normierbar) sind. Befindet sich $\lim_{n\to\infty} \psi_n = \psi$ im Hilbertraum, dann gilt Gl. (5.9). Ist der Grenzwert jedoch nicht Teil des Hilbertraumes, so wird durch die Folge der (ψ_n) ein **uneigentlicher Eigenvektor** ψ definiert:

$$\psi_n(\mathbf{x}) = N_n \int \frac{d^3 p}{(2\pi\hbar)^3} g_n(\mathbf{p}) e^{i(\mathbf{p}\cdot\mathbf{x})/\hbar} \quad \text{mit} \quad \lim_{n\to\infty} g_n(\mathbf{p}) = (2\pi\hbar)^3 \delta^{(3)}(\mathbf{p} - \mathbf{p}_0)$$

(5.11)

Eine Darstellung der eindimensionalen δ-Distribution als Grenzwert haben wir bereits in Abschnitt 3.1 kennen gelernt. Eine mögliche dreidimensionale Erweiterung ist

$$g_n(\mathbf{p}) = \begin{cases} (\pi\hbar n/a)^3 & \text{für } |p_k - (p_0)_k| < a/n, \ k = x, y, z \\ 0 & \text{sonst} \end{cases}.$$

Damit erhalten Sie nach Auswertung des Integrals in Gl. (5.11)

$$\lim_{n\to\infty} \psi_n(\mathbf{x}) = \lim_{n\to\infty} \left(\frac{a}{\hbar n\pi}\right)^{3/2} \left[j_0\left(\frac{ax}{n\hbar}\right) j_0\left(\frac{ay}{n\hbar}\right) j_0\left(\frac{az}{n\hbar}\right) \right] e^{i(\mathbf{p}_0\cdot\mathbf{x})/\hbar} \propto e^{i(\mathbf{p}_0\cdot\mathbf{x})/\hbar},$$

(5.12)

wobei $j_0(x) = \sin(x)/x$ mit $j_0(0) = 1$ und $\langle \hat{\mathbf{p}} \rangle_{\psi_n} \to \mathbf{p}_0$ sowie $(\Delta p)_{\psi_n} \to 0$ ist. In diesem Sinne bilden die uneigentlichen Eigenvektoren eine Basis des kontinuierlichen Spektrums, obwohl sie keine physikalischen Zustände beschreiben, da sie nicht normierbar und damit kein Element des Hilbertraumes sind. Es sei noch darauf hingewiesen, dass der gerade diskutierte Fall nicht im Widerspruch zur Vollständigkeit des Hilbertraumes steht, da die Folge $\{g_n\}$ keine Cauchy-Folge ist, denn es gilt für normierte ψ_n und ψ_m mit $m > n$

$$||\psi_n - \psi_m|| = 2\left(1 - (n/m)^{3/2}\right),$$

was offensichtlich nicht für hinreichend große n und m beliebig klein ist (▶ *Aufgabe 5.1*).

Wie oben erwähnt gibt es durchaus Situationen in denen eine ebene Welle eine gute Näherung für ein physikalisches System ist. Nehmen wir z. B. ein Beschleunigerexperiment. Natürlich befinden sich alle Teilchen im Strahlrohr. Trotzdem werden Rechnungen unter der Annahme durchgeführt, dass die Teilchen wohldefinierte Impulse haben. Dies ist offensichtlich dann gerechtfertigt, wenn der Radius des Strahlrohres, den wir mit dem Parameter $(\hbar/a)$ aus Gl. (5.12) identifizieren wollen, sehr viel größer ist als R_W, die Reichweite der Wechselwirkung. Dann können wir in Gl. (5.12) $R_W \sim x \sim y \sim z$ annehmen, und bereits für $n = 1$ ist die ebene Welle eine gute Näherung (wobei natürlich die Ausdehnung des Strahles in z-Richtung mit der Größe des Strahlrohres nichts zu tun hat).

Die ebenen Wellen $u_{\mathbf{p}}^f(\mathbf{x})$ sind Eigenfunktionen des freien, nicht wechselwirkenden Hamilton-Operators. Auch im Beisein von Wechselwirkungen gibt es Zustände im Kontinuum, die jedoch keine ebenen Wellen sind, sowie eventuell auch diskrete Bindungszustände, wie es z. B. beim endlichen Potentialtopf oder dem Coulomb-Potential der Fall ist (Abschnitt 3.1). Unter Berücksichtigung des Kontinuums gilt:

Vollständigkeitsrelation

$$\sum_k u_k(\mathbf{x})u_k(\mathbf{y})^* + \sum_\kappa \int \frac{d^3p}{(2\pi\hbar)^3} u_{\mathbf{p},\kappa}(\mathbf{x})u_{\mathbf{p},\kappa}(\mathbf{y})^* = \delta^{(3)}(\mathbf{x}-\mathbf{y}) \quad (5.13)$$

Dabei muss für die Normierung der Kontinuumszustände

$$(u_{\mathbf{p}_1,\kappa_1}|u_{\mathbf{p}_2,\kappa_2}) = (2\pi\hbar)^3\delta^{(3)}(\mathbf{p}_1-\mathbf{p}_2)\delta_{\kappa_1\kappa_2}$$

gelten. Des Weiteren gilt

$$(u_k|u_{\mathbf{p}_2,\kappa_2}) = 0.$$

Hierbei erfassen die Multiindizes κ_i alle diskreten Quantenzahlen der Kontinuumszustände. Das Zusammenspiel von Bindungs- und Kontinuumszuständen werden wir in Abschnitt 10.1 genauer diskutieren. Dementsprechend lässt sich also jeder Zustand $\psi(\mathbf{x})$ eines physikalischen Systems in Verallgemeinerung von Gl. (5.4) schreiben als

$$\psi(\mathbf{x}) = \sum_k c_k u_k(\mathbf{x}) + \sum_\kappa \int \frac{d^3p}{(2\pi\hbar)^3} d_\kappa(\mathbf{p})u_{\mathbf{p},\kappa}(\mathbf{x}), \quad (5.14)$$

wobei weiterhin $c_k = (u_k|\psi)$ und nun zusätzlich $d_\lambda(\mathbf{k}) = (u_{\mathbf{k},\lambda}|\psi)$ gilt. Hierbei wurde implizit angenommen, dass im Skalarprodukt $(.,.)$ auch die internen Quantenzahlen, wie der Spin (Kap. 6), projiziert werden.

Die Vollständigkeitrelation aus Gl. (5.13) geht in Gl. (1.8) über, wenn die Wechselwirkung zwischen den Teilchen verschwindet, da dann die Kontinuumszustände in die ebenen Wellen übergehen, $u_{\mathbf{p},\kappa}(\mathbf{x}) \rightarrow u^f_{\mathbf{p},\kappa}(\mathbf{x})$, und es keine gebundenen Zustände gibt. Wohl aber können auch freie Teilchen weitere diskrete Quantenzahlen wie den Spin tragen, so dass die Bezeichnung aus Gl. (5.8) entsprechend ergänzt wurde.

5.4   Die Bra-Ket-Notation

Wie bereits in Abschnitt 1.2 gezeigt, kann man quantenmechanische Systeme sowohl im Orts- wie im Impulsraum betrachten. Natürlich sind die physikalischen Observablen unabhängig vom benutzten Raum. Dirac hat eine kompakte Notation vorgeschlagen, die es erlaubt, auch ohne Festlegung auf einen Raum bereits Rechnungen auszuführen. Des Weiteren ist es jederzeit möglich, in eine konkrete Darstellung, z. B. den Ortsraum, zu wechseln. In anderen Worten: In der **Dirac'schen Notation** werden die Vektoren des Hilbertraumes als abstrakte Objekte, gekennzeichnet lediglich durch ihre Quantenzahlen, betrachtet. So ist z. B. ein Bindungszustand des Wasserstoffatoms vollständig durch die Quantenzahlen n, l, m charakterisiert. Der entsprechende Zustand in **Ket**-Raum schreibt sich also als $|nlm\rangle$. Das Gegenstück ist der entsprechende **Bra**, $\langle n'l'm'|$, so dass beide zusammen eine Klammer (bra-c-ket) bilden. Die Orthonormalität der Basiszustände schreibt sich nun als

$$\langle n'l'm'|nlm\rangle = \delta_{nn'}\delta_{ll'}\delta_{mm'}.$$

Eine **Projektion** in den Ortsraum oder den Impulsraum erfolgt über den Einschub der Identität, nämlich von

$$\int |\mathbf{x}\rangle d^3 x \,\langle\mathbf{x}| \quad \text{oder} \quad \int |\mathbf{p}\rangle \frac{d^3 p}{(2\pi\hbar)^3} \langle\mathbf{p}|. \tag{5.15}$$

Außerdem gilt

$$\langle\mathbf{x}|\mathbf{p}\rangle = e^{i\mathbf{x}\cdot\mathbf{p}/\hbar}, \tag{5.16}$$

da dies auf die bereits eingeführte Normierung der Impulszustände führt, denn es ist

$$\langle\mathbf{p}|\mathbf{p}'\rangle = \int d^3 x \,\langle\mathbf{p}|\mathbf{x}\rangle\langle\mathbf{x}|\mathbf{p}'\rangle = (2\pi\hbar)^3 \delta^{(3)}(\mathbf{p}'-\mathbf{p}) \quad \text{sowie} \quad \langle\mathbf{x}|\mathbf{y}\rangle = \delta^{(3)}(\mathbf{x}-\mathbf{y}).$$

Damit folgt

$$\langle\mathbf{x}|nlm\rangle = \langle r|nl\rangle\langle\Omega_x|lm\rangle = \frac{u_{nl}(r)}{r} Y_{lm}(\Omega_x) = \psi_{nlm}(\mathbf{x}) \tag{5.17}$$

und entsprechend $\langle lm|\Omega_x\rangle = Y_{lm}(\Omega_x)^*$. Operatoren werden zwischen die Basisvektoren geschrieben. Wir erhalten also

$$\langle n'l'm'|\hat{A}|nlm\rangle = \int d^3 x \int d^3 y \,\psi_{n'l'm'}(\mathbf{y})^* \hat{A}(\mathbf{y},\mathbf{x})\psi_{nlm}(\mathbf{x}) = (\psi_{n'l'm'}|\hat{A}\psi_{nlm}), \tag{5.18}$$

nachdem links und rechts von $\hat{A}$ jeweils der linke der Ausdrücke aus Gl. (5.15) eingeschoben und $\langle\mathbf{y}|\hat{A}|\mathbf{x}\rangle = \hat{A}(\mathbf{y},\mathbf{x})$ (vgl. Gl. (5.6)) benutzt wurde.

Generell schreibt sich in der Bra-Ket-Notation die Vollständigkeit eines Basissystems mit disreten, $|k\rangle$, und kontinuierlichen, $|\mathbf{p},\kappa\rangle$, Anteilen als

$$\sum_k |k\rangle\langle k| + \sum_\kappa \int |\mathbf{p},\kappa\rangle\tilde{u}(\mathbf{p})_\kappa \frac{d^3 p}{(2\pi\hbar)^3} \tilde{u}(\mathbf{p})^*_\kappa \langle\mathbf{p},\kappa| = \mathbf{1}, \tag{5.19}$$

wobei die Normierungsbedingung der Kontinuumszustände mit weiteren Quantenzahlen in naheliegender Weise ergänzt werden muss:

$$\langle\mathbf{p},\kappa|\mathbf{p}',\kappa'\rangle = (2\pi\hbar)^3 \delta_{\kappa\kappa'}\delta^{(3)}(\mathbf{p}'-\mathbf{p})$$

Dabei ist $u_{\mathbf{p},\kappa}(\mathbf{x}) = e^{i\mathbf{x}\cdot\mathbf{p}/\hbar}\tilde{u}(\mathbf{p})_\kappa$, was die Verbindung zu Gl. (5.13) herstellt (▶ *Aufgabe 5.2*). Des Weiteren sind

$$P_k = |k\rangle\langle k| \quad \text{und} \quad P_{V_p} = \int_{V_p} \sum_\kappa |\mathbf{p}, \kappa\rangle\tilde{u}(\mathbf{p})_\kappa \frac{d^3 p}{(2\pi\hbar)^3} \tilde{u}(\mathbf{p})_\kappa^* \langle\mathbf{p}, \kappa| \qquad (5.20)$$

Projektoren auf den diskreten Zustand k bzw. auf den auf V_p beschränkten Unterraum im kontinuierlichen Spektrum.

5.5   Matrixdarstellung

Sobald eine Basis für den Hilbertraum festgelegt ist, kann man jedem Operator eine Matrix zuordnen, wobei die Matrixelemente durch Ausdrücke des Typs aus Gl. (5.18) gegeben sind. Wir wollen uns hier der Einfachheit halber auf Hilberträume mit diskretem Spektrum beschränken. Dann definiert man für die Basiszustände $|i\rangle$

$$A_{ij} = \langle i|\hat{A}|j\rangle. \qquad (5.21)$$

Da eine Basis vollständig ist, entspricht die Auswertung eines Produkts von Operatoren dem Produkt der entsprechenden Matrizen, denn es ist

$$[AB]_{ij} = \langle i|\hat{A}\hat{B}|j\rangle = \sum_k \langle i|\hat{A}|k\rangle\langle k|\hat{B}|j\rangle = \sum_k A_{ik}B_{kj},$$

wobei lediglich eine Identität gemäß Gl. (5.5) zwischen die beiden Operatoren geschoben wurde.

Gemäß Definition ist ein Operator genau dann hermitesch, wenn die zugehörige Matrix

$$A_{ij} = A_{ji}^* \quad \text{bzw.} \quad A = [A^*]^T = A^\dagger$$

erfüllt. Im Sinne dieser Matrixdarstellung kann man Bra-Vektoren also als Zeilen- und Ket-Vektoren als Spaltenvektoren auffassen, wobei die Elemente des einen durch komplexe Konjugation in die des anderen überführt werden können.

A priori sind diese Matrizen unendlich dimensional, da auch der Hilbertraum typischerweise unendlich dimensional ist. Bisher sind nur für wenige Systeme, wie z. B. den harmonischen Oszillator und das Wasserstoffatom, Lösungen mit der Matrixmethode bekannt. Allerdings ist es häufig möglich, mit endlich großen Matrizen zu arbeiten und trotzdem eine gute Näherung für die volle Lösung zu bekommen, wie in Kap. 10 diskutiert werden wird. Die Lösung des Problems reduziert sich dann auf die Diagonalisierung einer typischerweise dünn besetzten endlichen Matrix. Die nicht berücksichtigten Anteile der Matrix müssen in der Praxis abgeschätzt werden, um die Unsicherheit des Ergebnisses zu quantifizieren. Auf dieses Thema kommen wir im Zusammenhang mit der Störungsrechnung (Kap. 10) zurück.

5.6   Zusammenfassung und Antworten

- *Was ist der Hilbertraum, $\mathcal{H}$? Welche Dimension hat er im Allgemeinen?*
  Die Lösungsfunktionen der Schrödinger-Gleichung spannen einen im Allgemeinen unendlichdimensionalen, vollständigen Vektorraum, den Hilbertraum, auf.
- *Wie ist ein Skalarprodukt auf dem Hilbertraum zu definieren, und wann bezeichnet man zwei Wellenfunktionen als orthonormal?*
  Das Skalarprodukt der Funktionen $\psi_1(\mathbf{x})$ und $\psi_s(\mathbf{x})$ ist definiert durch $(\psi_1|\psi_2) = \int d^3x\, \psi_1(\mathbf{x})^*\psi_2(\mathbf{x})$. Wie üblich bezeichnet man zwei Funktionen als orthogonal, wenn ihr Skalarprodukt verschwindet.
- *Was muss das Funktionensystem u_k, $k = 1, \cdots, N_{\max}$ erfüllen, damit es eine Basis von $\mathcal{H}$ bildet?*
  Ein Satz orthonormaler Zustände $\{u_k(\mathbf{x}), u_\kappa(\mathbf{p}, \mathbf{x})\}$ bildet eine Basis der Hilbertraumes, wenn sich jeder beliebige Zustand, $\Psi(\mathbf{x})$ nach diesen entwickeln lässt, also wenn es Koeffizienten c_k (für den diskreten Teil des Spektrums) und $d_\kappa(\mathbf{p})$ (für den kontinuierlichen Teil des Spektrums) gibt, so dass gilt:

$$\Psi(\mathbf{x}) = \sum_k c_k u_k(\mathbf{x}) + \sum_\kappa \int \frac{d^3p}{(2\pi\hbar)^3}\, d_\kappa(\mathbf{p}) u_{\mathbf{p},\kappa}(\mathbf{x})$$

- *Was versteht man unter einem Bra- und was unter einem Ket-Vektor?*
  Eine sehr hilfreiche Notation der Zustände im Hilbertraum sind Bra- und Ket-Vektoren. Hierbei werden die Zustände lediglich abstrakt durch ihre Quantenzahlen bezeichnet, ohne dass z. B. ein konkreter Raum (Orts- bzw. Impulsraum) ausgezeichnet werden muss. Wie wir sehen werden, sind so nicht nur bereits einige mathematische Manipulationen möglich, sondern die Notation ist auch sehr intuitiv und einfach zu nutzen. Im Sinne der Matrixdarstellung kann man einen Bra-Vektor als Zeilen- und einen Ket-Vektor als Spaltenvektor auffassen, wobei die Elemente des einen in die des anderen durch komplexe Konjugation überführt werden können.
- *Was versteht man unter einer Vollständigkeitsrelation?*
  Eine Vollständigkeitsrelation ist eine Darstellung der Identität, die sich durch Summation bzw. Integration über quadratische Formen, gebildet aus einem Basissystem, ergibt. In Dirac'scher Notation erhält man z. B.

$$\sum_k |k\rangle\langle k| + \sum_\kappa \int |\mathbf{p}, \kappa\rangle \tilde{u}(\mathbf{p})_\kappa \frac{d^3p}{(2\pi\hbar)^3} \tilde{u}(\mathbf{p})_\kappa^* \langle \mathbf{p}, \kappa| = 1. \qquad (5.22)$$

- *Wie bekommt man die Matrixdarstellung eines Operators?*
  Wertet man Operatoren bezüglich einer gegebenen Basis aus, so definiert dies eine Matrixdarstellung, die sich besonders dann als nützlich erweisen wird, wenn in einer Berechnung nur ein endlicher Unterraum des kompletten Hilbertraumes berücksichtigt werden muss. Dies ist z. B. in der Störungstheorie häufig der Fall (Kap. 10).

5.7   Aufgaben

5.1 Zeigen Sie zunächst, dass aus der Definition aus Gl. (5.11) der Ausdruck aus
    Gl. (5.12) für $\psi_n(\mathbf{x})$ folgt. Berechnen Sie anschließend $||\psi_n - \psi_m||$.

5.2 Zeigen Sie durch explizite Auswertung, dass die Ortsraumdarstellung einer Wel-
    lenfunktion $|\psi\rangle$, die sich aus Gl. (5.19) ergibt, der aus Gl. (5.14) äquivalent ist.

Drehimpulse 6

Zusammenfassung

In diesem Abschnitt wird das Konzept des Drehimpulses auf halbzahlige Drehimpulse, die Spins, ausgedehnt. Verschiedene Drehimpulse (sowohl Spins als auch Bahndrehimpulse) werden mit Hilfe der Vektoradditions- oder Clebsch-Gordan-Koeffizienten addiert. Dieses Kapitel gibt Antworten auf folgende Fragen:

- Gibt es zum Spin ein klassisches Analogon?
- Worin unterscheidet sich der Spin vom Bahndrehimpuls?
- Was sind die Pauli-Matrizen?
- Welchen Wertebereich kann der durch $\mathbf{j}_1 + \mathbf{j}_2$ gebildete Gesamtdrehimpuls annehmen?
- Welche Symmetrie haben die so entstehenden Multipletts unter Vertauschung der beiden Zustände?

6.1 Spin

Wie in Abschnitt 4.2 gezeigt können im Allgemeinen Drehimpulse halbzahlige und ganzzahlige Werte annehmen, wobei für Bahndrehimpulse nur ganzzahlige Werte in Frage kommen. In diesem Kapitel werden wir uns den halbzahligen zuwenden, dem **Spin.** Im Gegensatz zum Bahndrehimpuls hat er kein klassisches Analogon. Entdeckt wurde er im Stern-Gerlach-Experiment, in dem ein Atomstrahl aus Silberatomen durch ein inhomogenes Magnetfeld geleitet wurde, was diesen in zwei Strahlen aufspaltete. Da magnetische Momente proportional zum Drehimpuls sind (Kap. 7), wies dies auf einen halbzahligen Drehimpuls hin.

Heutzutage kennen wir insgesamt zwölf **Bausteine der Materie,** und alle tragen den Spin 1/2: sechs Quarks (mit Namen, geordnet nach ihrer Masse: Up, Down, Strange, Charm, Bottom und Top) und sechs Leptonen (davon drei geladene, das e^-,

© Springer-Verlag GmbH Deutschland, ein Teil von Springer Nature 2020   73
C. Hanhart, *kurz & knapp: Quantenmechanik*,
https://doi.org/10.1007/978-3-662-60702-2_6

das μ^- und das τ^-, sowie drei neutrale, das ν_e, das ν_μ und das ν_τ – die Neutrinos). Jedes dieser zwölf hat auch noch sein Antiteilchen (wobei bei den Neutrinos noch nicht bekannt ist, ob sie mit ihren Antiteilchen identisch sind oder nicht).[1] Die Materie um uns herum ist allerdings nur aus den Up- und Down-Quarks sowie Elektronen zusammengesetzt. Die schwereren geladenen Materieteilchen sind alle instabil und können auf der Erde nur in Teilchenbeschleunigern hergestellt oder, teilweise, in extraterrestrischer Strahlung beobachtet werden.

Die Gl. (4.15), die in Abschnitt 4.2 lediglich aus der Drehimpulsalgebra

$$[S_j, S_k] = i\hbar \sum_{l=1}^{3} \epsilon_{jkl} S_l \tag{6.1}$$

abgeleitet wurden, gelten hier natürlich auch. Nur gehört zu **S** kein Differentialoperator, wie es beim Bahndrehimpuls der Fall war, sondern der Spin ist als intrinsische Eigenschaft eines Teilchens anzusehen. Insbesondere gilt damit

$$[\hat{\mathbf{L}}, \mathbf{S}] = 0. \tag{6.2}$$

Als Basis für einen gegebenen Zustand mit totalem Spin S wählen wir einen Satz von $2S + 1$ $(2S + 1)$-dimensionalen Vektoren des Typs

$$\chi_S(m_S)_i = \delta_{i\,m_S}, \tag{6.3}$$

die sogenannten **Spinoren.** Die explizite Darstellung von **S** in dieser Basis lassen sich dann mit Hilfe von $S_z \chi_S(m_S) = \hbar m_S \chi_S(m_S)$, $S_x = (1/2)(S_+ + S_-)$ und $S_y = -(i/2)(S_+ - S_-)$ sowie

$$S_\pm \chi_S(m_S) = \hbar \sqrt{S(S+1) - m_S(m_S \pm 1)} \, \chi_S(m_S \pm 1),$$

was Gl. (4.18) entspricht, berechnen (▶ *Aufgabe 6.1*). Damit gilt z. B. für $S = 1/2$

$$S_x = \frac{\hbar}{2} \begin{pmatrix} 0 & 1 \\ 1 & 0 \end{pmatrix}, \quad S_y = \frac{\hbar}{2} \begin{pmatrix} 0 & -i \\ i & 0 \end{pmatrix}, \quad S_z = \frac{\hbar}{2} \begin{pmatrix} 1 & 0 \\ 0 & -1 \end{pmatrix}. \tag{6.4}$$

Die obigen Ausdrücke definieren über

$$\mathbf{S} = \frac{\hbar}{2} \boldsymbol{\sigma} \tag{6.5}$$

---

[1] Weitere Bausteine des Standardmodells der Teilchenphysik sind die Vermittler der Wechselwirkungen (das Photon, γ, W^+, W^- und Z sowie die acht Gluonen), die alle Spin 1 tragen. Außerdem sollte zur Gravitation, die bisher nicht Teil des Standardmodells ist, ein Austauschteilchen mit Spin 2 gehören. Des Weiteren gibt es noch das skalare Higgs-Teilchen.

den Vektor der **Pauli-Matrizen, σ**. Für die Pauli-Matrizen gilt ($\blacktriangleright$ *Aufgabe 6.2*)

$$\sigma_i \sigma_j + \sigma_j \sigma_i = 2\delta_{ij} \mathbb{1} \tag{6.6}$$

und damit, in Kombination mit Gl. (6.1), die nützliche Relation ($\blacktriangleright$ *Aufgabe 6.2*)

$$\sigma_i \sigma_j = \delta_{ij} \mathbb{1} + i \sum_k \epsilon_{ijk} \sigma_k \quad \text{bzw.} \quad (\mathbf{a} \cdot \boldsymbol{\sigma})(\mathbf{b} \cdot \boldsymbol{\sigma}) = \mathbf{a} \cdot \mathbf{b} \mathbb{1} + i \boldsymbol{\sigma} \cdot (\mathbf{a} \times \mathbf{b}). \tag{6.7}$$

Sie erlaubt, ein Produkt aus einer endlichen Zahl von Pauli-Matrizen immer auf maximal eine zu reduzieren. Insbesondere gilt damit

$$(\mathbf{a} \cdot \boldsymbol{\sigma})^2 = \mathbf{a}^2 \mathbb{1}.$$

Natürlich kann man man auch für höhere Spins eine Darstellung von **S** finden. So ergibt sich für $S = 1$

$$S_x = \frac{\hbar}{\sqrt{2}} \begin{pmatrix} 0 & 1 & 0 \\ 1 & 0 & 1 \\ 0 & 1 & 0 \end{pmatrix}, \quad S_y = \frac{\hbar}{\sqrt{2}} \begin{pmatrix} 0 & -i & 0 \\ i & 0 & -i \\ 0 & i & 0 \end{pmatrix}, \quad S_z = \hbar \begin{pmatrix} 1 & 0 & 0 \\ 0 & 0 & 0 \\ 0 & 0 & -1 \end{pmatrix} \tag{6.8}$$

und so weiter ($\blacktriangleright$ *Aufgabe 6.3*).

6.2 Kopplung von Drehimpulsen

Wie wir gesehen haben, gehört zu jedem Energieniveau z. B. im Wasserstoffatom ein Drehimpuls L. Nun hat aber, wie gerade erwähnt, ein Elektron auch noch einen intrinsischen Drehimpuls, den Spin **S**. Um den Gesamtdrehimpuls des Systems zu finden, muss man daher die beiden Drehimpulse zum **Gesamtdrehimpuls J** koppeln: $\mathbf{J} = \mathbf{L} + \mathbf{S}$ oder allgemeiner

$$\mathbf{J} = \mathbf{j}_1 + \mathbf{j}_2.$$

Ein Zustand im $(j_1 j_2)$-Raum ist einfach das Produkt der beiden Ausgangszustände: $|j_1 m_1\rangle |j_2 m_2\rangle$. Ein Operator wie $\hat{j}_{1+}$, der exklusiv im j_1-Raum wirkt, operiert im j_2-Raum als Identität. Die Produktzustände $|j_1 m_1\rangle |j_2 m_2\rangle$ setzen sich typischerweise aus mehreren Zuständen mit verschiedenem Gesamtdrehimpuls J zusammen (dies ist in Abb. 6.1 illustriert). Die gekoppelten Zustände werden als $|JM(j_1 j_2)\rangle$ geschrieben, wobei der Hinweise auf die Herkunft der Konstruktion – das $(j_1 j_2)$ – häufig nicht von Relevanz ist und weggelassen wird. Hier wird wieder der Nutzen der Ket-Schreibweise deutlich: Wir haben gesehen, dass ganzzahlige Drehimpulse als Kugelflächenfunktionen dargestellt werden können, wohingegen halbzahlige als Spinoren geschrieben werden müssen. Benutzen wir die Bra-Ket-Schreibweise, müssen wir diese Unterscheidung nicht machen.

Natürlich gelten auch für den Gesamtdrehimpuls **J** die Drehimpulskommutatorrelationen, und auch er kann nur diskrete Werte annehmen. Allerdings kennen wir

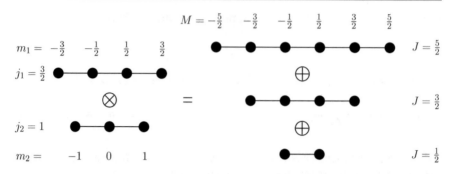

Abb. 6.1 Zerlegung des Tensorprodukts zweier Drehimpulse in die Summe der irreduziblen Darstellungen am Beispiel von $j_1 = 3/2$ und $j_2 = 1$

zu jedem Vektor lediglich seine Länge und seine Projektion auf die Quantisierungsachse, also die z-Achse, so dass die Zuordnung $(j_1 \, m_1; \, j_2 \, m_2) \rightarrow J \, M$ im Allgemeinen nicht eindeutig sein kann. Die z-Komponenten sind additiv, $M = m_1 + m_2$, denn es ist $J_z = j_{1z} + j_{2z}$. Außerdem gilt

$$|j_1 - j_2| \leqslant J \leqslant j_1 + j_2,$$

wobei der linke (rechte) Grenzwert angenommen wird, wenn die $\mathbf{j}_1$ und $\mathbf{j}_2$ antiparallel (parallel) stehen. Die Zwischenwerte werden durch ganzzahlige Änderungen von J erreicht, schon alleine deswegen, weil sonst die Additivität der dritten Komponenten nicht möglich wäre. Sowohl die $(j_1 j_2)$-Basis wie auch die J-Basis sind vollständig, wie man an der Dimensionalität der Räume leicht sieht:

$$(2j_1 + 1)(2j_2 + 1) = \sum_{J=|j_1-j_2|}^{j_1+j_2} (2J + 1)$$

Also ist es möglich, die beiden Basen durch eine unitäre Transformation ineinander zu überführen:

$$|J \, M \, (j_1 j_2)\rangle = \sum_{m_1=-j_1}^{j_1} \sum_{m_2=-j_2}^{j_2} |j_1 \, m_1\rangle \, |j_2 \, m_2\rangle \, \langle j_1 \, m_1, j_2 \, m_2 | J \, M \rangle \qquad (6.9)$$

Dabei muss $m_2 = M - m_1$ gelten (klarerweise sind die Zustände, bei denen ein m_2 den erlaubten Wertebereich verlässt, zu 0 zu setzen). Die Struktur von Gl. (6.9) ist leicht zu merken, da mit

$$\sum_{m_1=-j_1}^{j_1} \sum_{m_2=-j_2}^{j_2} |j_1 \, m_1\rangle \, |j_2 \, m_2\rangle \, \langle j_1 \, m_1| \, \langle j_2 \, m_2| = 1 \qquad (6.10)$$

lediglich eine eins auf dem von den Vektoren der Länge j_1 und j_2 aufgespannten Raum eingeschoben wurde. Daraus folgt sofort eine Vollständigkeitsrelation der Kopplungskoeffizienten:

$$\sum_{m,m'} \langle j_1 m, j_2 m' | J M \rangle \langle j_1 m, j_2 m' | J' M' \rangle = \delta_{JJ'} \delta_{MM'} \tag{6.11}$$

Analog gilt

$$\sum_{JM} \langle j_1 m_1, j_2 m_2 | J M \rangle \langle j_1 m'_1, j_2 m'_2 | J M \rangle = \delta_{m_1 m'_1} \delta_{m_2 m'_2}, \tag{6.12}$$

wobei hier, ohne Beweis, benutzt wurde, dass die Kopplungskoeffizienten reell gewählt werden können. Diese werden als **Clebsch-Gordan-Koeffizienten** bezeichnet. Sie sind tabelliert, aber es sei noch eine Konstruktionsvorschrift angegeben: Der sogenannte **Zustand maximalen Gewichts** ist der, für den $M = j_1 + j_2$ ist. Dieser Zustand gehört eindeutig zum Gesamtdrehimpuls $J = j_1 + j_2$, und es muss $\langle j_1 j_1, j_2 j_2 | J (j_1 + j_2) \rangle = 1$ gelten. Durch Anwendung von $J_- = j_{1-} + j_{2-}$ kann man unter Verwendung von Gl. (4.18), die für allgemeine J gilt, hieraus den Zustand $| J(j_1 + j_2 - 1) \rangle$ und alle weiteren Zustände zum gegebenen J konstruieren. Um J um 1 zu erniedrigen, muss man den Zustand konstruieren, der auf $| J(j_1 + j_2 - 1) \rangle$ senkrecht steht. Auch dieser ist wieder eindeutig. So kann man sich durch die Multipletts hangeln, wobei die Orthogonalisierung immer gegenüber allen bereits gefundenen Zuständen mit gleichem M-Wert durchzuführen ist. So findet man z. B. für die Kopplung zweier Spin-1/2-Zustände (der Einfachheit halber sind hier die Projektionen durch Pfeile dargestellt):

$$|1\,1\rangle = |\uparrow\rangle|\uparrow\rangle, \quad |1\,0\rangle = \frac{1}{\sqrt{2}} (|\uparrow\rangle|\downarrow\rangle + |\downarrow\rangle|\uparrow\rangle), |1-1\rangle = |\downarrow\rangle|\downarrow\rangle \tag{6.13}$$

$$|0\,0\rangle = \frac{1}{\sqrt{2}} (|\uparrow\rangle|\downarrow\rangle - |\downarrow\rangle|\uparrow\rangle) \tag{6.14}$$

bzw.

$$\left\langle \frac{1}{2}\frac{1}{2}, \frac{1}{2}-\frac{1}{2} \middle| 1\,0 \right\rangle = \left\langle \frac{1}{2}-\frac{1}{2}, \frac{1}{2}\frac{1}{2} \middle| 1\,0 \right\rangle = \left\langle \frac{1}{2}\frac{1}{2}, \frac{1}{2}-\frac{1}{2} \middle| 0\,0 \right\rangle = -\left\langle \frac{1}{2}-\frac{1}{2}, \frac{1}{2}\frac{1}{2} \middle| 0\,0 \right\rangle = \frac{1}{\sqrt{2}}.$$

Natürlich wird diese Konstruktion mit wachsenden Drehimpulsen immer unhandlicher – hier lohnt es sich, die expliziten Werte nachzuschlagen. An Gl. (6.13) und (6.14) sieht man eine wichtige Eigenschaft der Drehimpulsmultipletts: Der Zustand mit $J = 1$ ist symmetrisch unter Vertauschung seiner beiden Bausteine, der mit $J = 0$ ist antisymmetrisch. Dies ist ein allgemeines Muster, das sich durchzieht: Die Zustände des Multipletts mit maximalem Drehimpuls ($J = j_1 + j_2$) sind immer symmetrisch unter Vertauschung der beiden Zustände, aus denen sie sich zusammensetzen. Die des nächstkleineren Multipletts ($J = j_1 + j_2 - 1$) sind immer antisymmetrisch, die des dann folgenden wieder symmetrisch – und so weiter, immer in

der Vertauschungssymmetrie alternierend. Die Symmetrie der Wellenfunktion wird
in Kap. 9 wichtig werden. Diese **Symmetrieeigenschaft** der Multipletts findet sich
natürlich in einer Symmetrie der Clebsch-Gordan-Koeffizienten wieder:

$$\langle j_2\, m_2,\, j_1\, m_1 | J\, M \rangle = (-1)^{J-j_1-j_2}\, \langle j_1\, m_1,\, j_2\, m_2 | J\, M \rangle \tag{6.15}$$

In [7] sind viele nützliche Relationen für die Clebsch-Gordan-Koeffizienten angegeben. Im Verlauf dieses Buches werden wir noch die folgende benötigen, die hier
ohne Beweis angegeben sei

$$\langle j_1 m_1,\, j_2 m_2 | j_3 m_3 \rangle = (-1)^{j_1-j_3+m_3-m_1} \sqrt{\frac{2j_3+1}{2j_1+1}}\, \langle j_2 m_2,\, j_3(-m_3) | j_1(-m_1) \rangle$$
$$\tag{6.16}$$

6.3   Zusammenfassung und Antworten

- *Gibt es zum Spin ein klassisches Analogon?*
  Im Gegensatz zum Bahndrehimpuls, den sowohl die Quantenmechanik als auch
  die klassische Physik kennt, gibt es zum Spin kein klassisches Analogon.
- *Worin unterscheidet sich der Spin vom Bahndrehimpuls?*
  Sowohl der Spin als auch der Bahndrehimpuls verhalten sich wie Drehimpulse
  und gehorchen insbesondere den gleichen Kommutatorrelationen. Allerdings darf
  ersterer nur ganzzahlige Werte annehmen, wohingegen der Spin auch halbzahlige
  Werte annimmt.
- *Was sind die Pauli-Matrizen?*
  Die Matrixdarstellung des Spinvektors für $S = 1/2$ bezeichnet man als Pauli-
  Matrizen, die in vielen expliziten Rechnungen sehr nützlich sind. Das Konzept
  ist problemlos auf höhere Spins ausdehnbar.
- *Welchen Wertebereich kann der durch* $\mathbf{j}_1 + \mathbf{j}_2$ *gebildete Gesamtdrehimpuls anneh-
  men?*
  Drehimpulse können zueinander addiert werden, wobei die Vektoradditions- bzw.
  Clebsch-Gordan-Koeffizienten ins Spiel kommen, die sicherstellen, dass auch die
  gekoppelten Zustände den Regeln der Quantenmechanik genügen. Es zeigt sich,
  dass $|j_1 - j_2| \leqslant J \leqslant j_1 + j_2$ gilt.
- *Welche Symmetrie haben die so entstehenden Multipletts unter Vertauschung der
  beiden Zustände?*
  Die so gebildeten Multiplets wechseln sich in ihrer Vertauschungssymmetrie ab:
  Das maximal gestreckte $J = j_1 + j_2$ ist immer symmetrisch, das um eins ver-
  minderte, $J = j_1 + j_2 - 1$, antisymmetrisch, das nächste wieder symmetrisch
  usw. Zusammenfassend kann man also schreiben:

$$|J\, M\, (j_1 j_2)\rangle = (-1)^{J-j_1-j_2}\, |J\, M\, (j_2 j_1)\rangle$$

6.4   Aufgaben

6.1 Berechnen Sie in der kanonischen Basis von Gl. (6.3) die explizite Darstellung von S_+ und S_- für $S = 1/2$.

6.2 Zeigen Sie, dass Gl. (6.6) gilt, und leiten Sie hieraus Gl. (6.7) ab.

6.3 Zeigen Sie, dass in der kanonischen Basis von Gl. (6.3) für einen Gesamtspin von 1 die Spinmatrizen wie in Gl. (6.8) gezeigt geschrieben werden können. Berechnen Sie außerdem die Eigenwerte von S_x.

Ankopplung an ein elektromagnetisches Feld

7

Zusammenfassung

In diesem Kapitel wird die Ankopplung des elektromagnetischen Feldes an ein Teilchen mit Hilfe des lokalen Eichprinzips motiviert. Dies führt auf die Einführung der Vektorfeldes **A** und des skalaren Feldes ϕ, die jeweils eine Eichfreiheit haben. Der Aharonov-Bohm-Effekt zeigt, dass **A** in der Tat eine fundamentale Größe ist, die direkt zu observablen Effekten führen kann. Das Kapitel schließt mit einer Diskussion der Quantisierung des elektromagnetischen Feldes. Dieses Kapitel gibt Antworten auf folgende Fragen:

- Was versteht man unter lokaler Eichinvarianz?
- Wie kann man zeigen, dass auch dem Vektorpotential **A** fundamentale Bedeutung zukommt?
- Warum gilt für Photonen selbst in der nichtrelativistischen Quantenmechanik nicht das Prinzip der Teilchenzahlerhaltung?

7.1   Lokale Eichinvarianz

Eine konstante Phase der Wellenfunktion eines Gesamtsystems ist prinzipiell nicht beobachtbar, da Observable sowohl $\Psi(\mathbf{x}, t)$ als auch $\Psi(\mathbf{x}, t)^*$ enthalten. Die Forderung nach **lokaler Eichinvarianz** besagt nun, dass auch eine orts- und zeitabhängige Phase nicht beobachtbar sein soll. Wie sich zeigen wird, ist diese zunächst ungewöhnlich klingende Forderung ein starkes Konstruktionsprinzip für die elektromagnetische Wechselwirkung (und darüber hinaus).

Wir beginnen mit der zeitabhängigen Schrödinger-Gleichung für ein Materieteilchen (z. B. ein Elektron):

$$i\hbar\dot{\Psi}(\mathbf{x}, t) = \hat{H}\Psi(\mathbf{x}, t) = \frac{\hat{\mathbf{p}}^2}{2M} + V(\mathbf{x})\Psi(\mathbf{x}, t)$$

© Springer-Verlag GmbH Deutschland, ein Teil von Springer Nature 2020
C. Hanhart, *kurz & knapp: Quantenmechanik*,
https://doi.org/10.1007/978-3-662-60702-2_7

Des Weiteren sei

$$U(\mathbf{x}, t) = \exp\left(i\frac{g}{\hbar}\Lambda(\mathbf{x}, t)\right),$$

wobei g für die Ladung des Teilchens steht (für das Elektron gilt z. B. $g = -e$). Nun soll $\hat{H}$ durch Einführen geeigneter Felder so modifiziert werden, dass

$$i\hbar\dot{\Psi}(\mathbf{x}, t) = \hat{H}\Psi(\mathbf{x}, t) \implies i\hbar\dot{\Psi}'(\mathbf{x}, t) = \hat{H}'\Psi'(\mathbf{x}, t) \tag{7.1}$$

gilt, wobei $\Psi'(\mathbf{x}, t) = U(\mathbf{x}, t)\Psi(\mathbf{x}, t)$ und $\hat{H}'$ forminvariant zu $\hat{H}$ sein soll. Dazu machen wir folgenden Ansatz für $\hat{H}$:

$$\hat{H} = \frac{1}{2M}\left(\hat{\mathbf{p}} - g\mathbf{A}(\mathbf{x}, t)\right)^2 + g\phi(\mathbf{x}, t) + V(\mathbf{x}) \tag{7.2}$$

Dann folgt aus der Forderung von Gl. (7.1) für $\hat{H}'$ die Bedingung (die natürlich nur angewandt auf zulässige Lösungsfunktionen gelten muss)

$$\hat{H}' = U\hat{H}U^\dagger + i\hbar\dot{U}U^\dagger.$$

Diese ist erfüllt, wenn die Felder $\mathbf{A}$ und ϕ Transformationseigenschaften

$$\mathbf{A} \to \mathbf{A}' = \mathbf{A} + \nabla\Lambda \quad \text{und} \quad \phi \to \phi' = \phi - \frac{\partial}{\partial t}\Lambda \tag{7.3}$$

besitzen, denn damit gilt insbesondere

$$(\mathbf{p} - g\mathbf{A}(\mathbf{x}, t))' = (\mathbf{p} - g\mathbf{A}(\mathbf{x}, t) - q\nabla\Lambda) = U\left(\mathbf{p} - g\mathbf{A}(\mathbf{x}, t)\right)U^\dagger. \tag{7.4}$$

Die Größe

$$\mathbf{D} = -\nabla + (i/\hbar)g\mathbf{A} \quad \text{mit} \quad \mathbf{D}' = U\mathbf{D}U^\dagger \tag{7.5}$$

bezeichnet man auch als **kovariante Ableitung.** Wir haben also gefunden, dass die Forderung aus Gl. (7.1) darauf führt, dass das Vektorfeld $\mathbf{A}$ und das Feld ϕ nicht eindeutig festgelegt sind, sondern eine sogenannte Eichfreiheit entsprechend Gl. (7.3) haben dürfen. Gleichzeitig legt aber die Forderung nach lokaler Eichinvarianz fest, wie das Vektorfeld $\mathbf{A}$ und das skalare Potential ϕ (und damit das elektrische und das magnetische Feld) im Hamilton-Operator auftreten dürfen. Damit liegen die inhomogenen Maxwell-Gleichungen, also der Anteil der Maxwell-Gleichungen, der die Ankopplung elektromagnetischer Felder an Materie beschreibt, ebenfalls fest. Wie wir an verschiedenen Beispielen sehen werden, sind die Kopplungsterme, die sich aus dem Hamilton-Operator ergeben, mit den aus der Elektrodynamik bekannten Relationen

$$\mathbf{B} = \nabla \times \mathbf{A} \quad \text{und} \quad \mathbf{E} = -\nabla\phi - \frac{\partial}{\partial t}\mathbf{A} \tag{7.6}$$

konsistent. Die Forderung der lokalen Eichinvarianz führt uns also dazu, Gl. (7.2) in Kombination mit Gl. (7.3) als Grundlage für die elektromagnetische Wechselwirkung zu nehmen. Allerdings kann der Ausdruck in Gl. (7.2) noch durch weitere Terme ergänzt werden, die für sich genommen unter der Transformation der Gl. (7.3) invariant sind. Ein Beispiel hierfür sind Terme, die direkt das magnetische Feld **B** und den Spin enthalten, wie z. B. **B** · **S**. Bemerkenswert ist, dass die Forderung nach lokaler Eichinvarianz, angewandt auf die relativistische Gleichung, auch die Spinkopplungsterme richtig generiert.

Die Eichfreiheit aus Gl. (7.3) erlaubt es, **A** so zu wählen, dass die Rechnungen möglichst einfach werden. Eine beliebte Wahl für nichtrelativistische Rechnungen ist die Strahlungs- oder **Coulomb-Eichung**, für die $\nabla \cdot \mathbf{A} = 0$ gilt und die auch im Folgenden häufiger verwendet wird. Zur Illustration betrachten wir ein homogenes Magnetfeld, so dass in Coulomb-Eichung gilt:

$$\mathbf{A} = -\frac{1}{2} (\mathbf{x} \times \mathbf{B}) \tag{7.7}$$

Damit ist der Term im Hamilton-Operator aus Gl. (7.2), der linear im Vektorpotential **A** ist, gegeben durch

$$-\frac{q}{M} \mathbf{A} \cdot \hat{\mathbf{p}} = \frac{q}{2M} (\mathbf{x} \times \mathbf{B}) \cdot \hat{\mathbf{p}} = -\frac{\mu}{\hbar} \mathbf{L} \cdot \mathbf{B} \tag{7.8}$$

mit dem Bohr'schen Magneton $\mu = q\hbar/(2M)$. Dieser Term wurde bereits in Gl (4.28) erwähnt und im Anschluss ausgewertet.

Im Beisein impulsabhängiger Potentiale ist der Wahrscheinlichkeitsstrom aus Gl. (2.6) zu modifizieren. Wenn Sie die Herleitung des Ausdrucks für den Wahrscheinlichkeitsstrom unter Verwendung von Gl. (7.2) wiederholen, so erhalten Sie, unter Verwendung der in Gl. (7.5) eingeführten kovarianten Ableitung (▶ *Aufgabe 7.1*),

$$\mathbf{j}(\mathbf{x}, t) = -\frac{\hbar}{2Mi} \left(\Psi(\mathbf{x}, t)^* \mathbf{D}\Psi(\mathbf{x}, t) - (\mathbf{D}^*\Psi(\mathbf{x}, t)^*)\Psi(\mathbf{x}, t) \right). \tag{7.9}$$

Gegenüber dem ursprünglichen Ausdruck (Gl. (2.6)) ist also lediglich die Ableitung durch die kovariante Ableitung zu ersetzen, was dann auch mit Hilfe von Gl. (7.5) automatisch die Eichinvarianz des Stromes sicherstellt.

Die Gl. (7.3) legen nahe, **A** und ϕ als 4-Vektor zusammenzufassen, denn damit gilt

$$A^\mu = (\phi/c, \mathbf{A}) \implies A'^\mu = A^\mu - \partial^\mu \Lambda, \tag{7.10}$$

wobei benutzt wurde, dass

$$\partial^\mu = \left(\frac{1}{c} \frac{\partial}{\partial t}, \frac{\partial}{\partial x_i} \right) = \left(\frac{1}{c} \frac{\partial}{\partial t}, -\frac{\partial}{\partial x^i} \right) \tag{7.11}$$

gilt. Damit können wir auch eine vierdimensionale Verallgemeinerung der kovarianten Ableitung definieren:

$$D^\mu = \partial^\mu + (i/\hbar)\, g A^\mu \qquad (7.12)$$

An dieser Stelle ist ein Kommentar zur Positionierung der Vektorindizes notwendig. Bisher wurden in diesem Buch alle Vektorindices unten angebracht. Benutzt man aber die kovariante Notation mit oberen und unteren Indizes, dann entsprechen gemäß Konvention Objekte mit oberen Indizes dem normalen Raum. Da jedoch dieser Aspekt nur in diesem Abschnitt eine Rolle spielt, nehmen wir uns die Freiheit, auch weiterhin die dreidimensionalen Indizes nach unten zu schreiben, in der Hoffnung, den Leser trotzdem nicht zu verwirren.

Fordert man lediglich, dass der Hamilton-Operator im oben beschriebenen Sinne invariant ist unter lokalen Eichtransformationen, so kann man einen weiteren Term hinzunehmen, nämlich

$$\hat{H}_A = -\frac{\epsilon_0(\hbar c)^2}{4g^2}\int d^3x \sum_{\mu\nu\rho\sigma} g_{\mu\rho}g_{\nu\sigma}\left([D^\mu, D^\nu]\right)^\dagger [D^\rho, D^\sigma], \qquad (7.13)$$

wobei $g_{\mu\nu}=\mathrm{diag}(1,-1,-1,-1)$ die Minkowski-Metrik bezeichnet. Dieser Anteil des Hamilton-Operators wirkt nicht auf eine Materieteilchen-Wellenfunktion sondern erfasst vielmehr die Dynamik des Feldes A^μ. Wie ein solcher Term zu behandeln ist, werden wir in Abschnitt 7.3 sehen. Um die Normierungskonstante zu fixieren, wurden die Kommutatoren unter Verwendung von Gl. (7.6) und Gl. (7.11) ausgewertet und das Ergebnis mit der klassischen Feldenergie $(\epsilon_0/2)\int d^3x(\mathbf{E}^2 - c^2\mathbf{B}^2)$ gleich gesetzt (▶ *Aufgabe 7.2*). An dieser Stelle sei noch betont, dass $\hat{H}_A$ auf die homogenen Maxwell-Gleichungen führt, womit aus der Forderung der lokalen Eichinvarianz die gesamte Elektrodynamik hergeleitet wurde.

7.2   Der Aharonov-Bohm-Effekt

Ein sehr spannender quantenmechanischer Effekt ist der Aharonov-Bohm-Effekt, der zeigt, dass die wirklich fundamentalen Größen $\mathbf{A}$ und ϕ sind und nicht $\mathbf{E}$ und $\mathbf{B}$. Das Prinzip des Aharonov-Bohm-Effekts lässt sich leicht an der in Abb. 7.1 gezeigten Anordnung erklären: Sie entspricht einem Doppelspaltexperiment, nur dass sich in dem Bereich zwischen den Spalten ein Zylinder befindet, in den die Wellenfunktion nicht eindringen kann und in dem $\mathbf{B} \neq 0$ ist. Des Weiteren gelte überall $\phi = 0$. Außerhalb des Zylinders sei $\mathbf{B} = 0$ (dies ist z. B. mit einer unendlich langen Spule zu erreichen), allerdings gilt damit im ganzen Raum $\mathbf{A} \neq 0$, denn für den magnetischen Fluss gilt

$$\Phi_{\mathrm{mag}} = \int_F d\mathbf{f}\cdot\mathbf{B} = \int_F d\mathbf{f}\cdot(\nabla\times\mathbf{A}) = \int_{\partial F} d\mathbf{x}\cdot\mathbf{A} \neq 0,$$

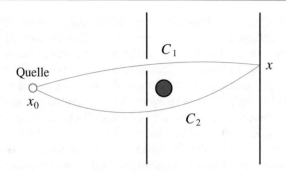

Abb. 7.1 Skizze zum Aharonov-Bohm-Effekt. Das Magnetfeld sei lediglich in dem gefärbten Kreis rechts der Blende ungleich null. Das Vektorpotential **A** ist bei diesem Arrangement jedoch überall ungleich null und sorgt auf dem Schirm für ein Interferenzmuster, das vom magnetischen Fluss Φ_{mag} abhängt

wobei F eine beliebige Fläche mit Rand ∂F bezeichne, die den kompletten Zylinder einschließt. Im letzten Schritt wurde der Satz von Stokes benutzt.

Offensichtlich gilt unter den gegebenen Voraussetzungen

$$[\hat{H}, \hat{\Pi}] = 0 \quad \text{mit} \quad \hat{\Pi} = \hat{\mathbf{p}} - e\mathbf{A}(\mathbf{x}). \tag{7.14}$$

Also kann man gemeinsame Eigenfunktionen von $\hat{H}$ und dem Operator $\hat{\Pi}$ finden. Die Eigenwerte von $\hat{\Pi}$ seien mit π bezeichnet. Dann folgt direkt aus Gl. (7.14)

$$\nabla \Psi(\mathbf{x}) = \frac{i}{\hbar} \left(\pi + e\mathbf{A}(\mathbf{x})\right) \Psi(\mathbf{x}) \implies \Psi(\mathbf{x}) = \Psi_0 \, e^{i \int_{\mathbf{x}_0}^{\mathbf{x}} d\mathbf{y} \cdot (\pi + e\mathbf{A}(\mathbf{y}))/\hbar}.$$

Entscheidend für das Interferenzmuster am Schirm ist die Phasendifferenz $\Delta\phi$ der beiden Strahlen, die den Weg C_1 oder C_2 genommen haben (Abb. 7.1), mit

$$\Delta\phi = \Delta\phi_0 + \frac{e}{\hbar} \left(\int_{C_1} d\mathbf{y} \cdot \mathbf{A}(\mathbf{y}) - \int_{C_2} d\mathbf{y} \cdot \mathbf{A}(\mathbf{y}) \right) = \Delta\phi_0 + \frac{e}{\hbar} \, \Phi_{\text{mag}} , \tag{7.15}$$

wobei $\Delta\phi_0$ die Phasendifferenz, die nicht vom magnetischen Fluss kommt, bezeichnet. Im letzten Schritt wurde benutzt, dass C_1 und C_2 eine Fläche einschließen, die den gesamten Bereich des nicht verschwindenden B-Feldes umfasst. Demnach kann durch Variation des magnetischen Flusses das Interferenzmuster auf dem Schirm beeinflusst werden, obwohl die Teilchenbahnen nur Bereiche mit verschwindendem Magnetfeld durchlaufen. Es ist zu beachten, dass Φ_{mag} eine eichinvariante Größe ist (▶ *Aufgabe 7.3*).

7.3   Quantisierung des elektromagnetischen Feldes

In der nichtrelativistischen Quantenmechanik ist im Allgemeinen die Teilchenzahl erhalten, da nur Anregungsenergien betrachtet werden, die signifikant kleiner sind als die Teilchenmassen, so dass nicht mit Hilfe von $E = Mc^2$ Energie in Masse umgewandelt werden kann. Eine Ausnahme bilden dabei jedoch natürlicherweise die masselosen Lichtquanten, die Photonen. Daher soll hier nun beschrieben werden, wie deren Erzeugung und Vernichtung berücksichtigt werden können. Die Methode weist bereits den Weg zur Quantenfeldtheorie, in der dann generell die Erhaltung der Teilchenzahl aufgehoben ist, und bedient sich der Methode der **zweiten Quantisierung,** in der die Wellenfunktionen ebenfalls durch Operatoren ausgedrückt werden. Wie im Vorwort beschrieben, legen wir in diesem Buch das Hauptgewicht auf die Beschreibung von Konzepten und Zusammenhängen. Dabei bleiben zwangsläufig viele Besonderheiten, die bei der Quantisierung der elektromagnetischen Strahlung auftreten, unerwähnt. Für eine sehr sorgfältige Diskussion verweisen wir auf Kap. 11 in [22].

Wie in Abschnitt 1.1 postuliert, besteht das elektromagnetische Feld einer gegebenen Frequenz aus Lichtquanten mit Energie $\hbar\omega$. Ein Erhöhen der Intensität des Feldes bedeutet eine Erhöhung der Zahl der Photonen. Um dies mathematisch zu fassen, machen wir nun folgenden Ansatz für das Strahlungsfeld A^μ (vgl. Gl. (7.10)):

$$\hat{A}(\mathbf{x}, t)^\mu = \int \frac{d^3p}{(2\pi\hbar)^3} N_p \sum_\lambda \left\{ \epsilon_\lambda(\mathbf{p})^\mu \hat{a}_\lambda(\mathbf{p}) e^{i(\mathbf{p}\cdot\mathbf{x}/\hbar - \omega(p)t)} \right.$$
$$\left. + \left(\epsilon_\lambda(\mathbf{p})^\mu\right)^* \hat{a}_\lambda^\dagger(\mathbf{p}) e^{-i(\mathbf{p}\cdot\mathbf{x}/\hbar - \omega(p)t)} \right\} \tag{7.16}$$

Zunächst wollen wir uns auf das freie Strahlungsfeld konzentrieren. Die weiteren Betrachtungen vereinfachen sich, wenn wir die Strahlungseichung, also $\nabla \cdot \mathbf{A} = 0$, wählen. Dann können wir im quellenfreien Raum $\phi = c\hat{A}^0 = 0$ wählen und uns auf die Raumanteile von A^μ beschränken. Die Vektoren $\epsilon_\lambda(\mathbf{p})$ sind die Polarisationsvektoren des freien Strahlungsfeldes (häufig auch als reelle Photonen bezeichnet). Für $\mathbf{p}$ entlang der z-Achse ist eine häufig getroffene Wahl

$$\epsilon_{\pm 1}(p\mathbf{e}_z) = -\frac{1}{\sqrt{2}} \begin{pmatrix} \pm 1 \\ i \\ 0 \end{pmatrix} \quad \text{und} \quad \epsilon_0(p\mathbf{e}_z) = \begin{pmatrix} 0 \\ 0 \\ 1 \end{pmatrix}. \tag{7.17}$$

Diese entspricht zirkular polarisierten Photonen. Die Polarisationsvektoren zur linearen Polarisation sind $\epsilon_x(p\mathbf{e}_z) = (1, 0, 0)^T$, $\epsilon_y(p\mathbf{e}_z) = (0, 1, 0)^T$ und $\epsilon_z(p\mathbf{e}_z) = (0, 0, 1)^T$. In beiden Fällen sind die Vektoren orthonormal zueinander, $\epsilon_\lambda(\mathbf{p})^* \cdot \epsilon_{\lambda'}(\mathbf{p}) = \delta_{\lambda\lambda'}$. Die Eichbedingung $\nabla \cdot \mathbf{A} = 0$ angewendet auf Gl. (7.16) bedeutet, dass $\mathbf{p} \cdot \epsilon_\lambda(\mathbf{p}) = 0$ ist. Also sind für reelle Photonen in obigen Darstellungen nur $\lambda = \pm 1$ bzw. $\lambda = x, y$ erlaubt. Eine weitere nützliche Relation für die Polarisationsvektoren ist somit

$$\sum_\lambda \epsilon_{\lambda i}(\mathbf{p})^* \epsilon_{\lambda j}(\mathbf{p}) = \delta_{ij} - \frac{p_i p_j}{\mathbf{p}^2}. \tag{7.18}$$

Wie bereits in der Schreibweise von $\hat{A}$ in Gl. (7.16) ausgedrückt, wird das Strahlungsfeld nun als Operator aufgefasst. Die Konstruktion ist analog dem, was wir in

Abschnitt 3.3 bei der Lösung des harmonischen Oszillators mit Hilfe der Auf- und Absteigeoperatoren kennen gelernt haben. Dementsprechend erzeugen bzw. vernichten die Operatoren $\hat{a}_\lambda^\dagger(\mathbf{p})$ und $\hat{a}_\lambda(\mathbf{p})$ ein Photon mit Impuls $\mathbf{p}$ und Polarisation λ. Wir können also

$$|\mathbf{p}, \lambda\rangle = \hat{a}_\lambda^\dagger(\mathbf{p})|0\rangle \quad \text{und} \quad \hat{a}_\lambda(\mathbf{p})|0\rangle = 0$$

schreiben, wobei $|0\rangle$ das Vakuum, d. h. den Zustand ohne Photonen, bezeichnet. Zweifaches Anwenden der Erzeugers ergibt also einen Zustand mit zwei Photonen usw. Somit wird der Operator $\hat{A}(\mathbf{x})$ durch Anwendung auf einen Zustand des Typs $|\mathbf{p}, \lambda\rangle$ zur Wellenfunktion eines freien Photons mit Impuls $\mathbf{p}$ und Polarisation λ:

$$\hat{A}(\mathbf{x}, t)^\mu |\mathbf{p}, \lambda\rangle = N_p \epsilon_\lambda(\mathbf{p})^\mu \hat{a}_\lambda(\mathbf{p}) e^{i(\mathbf{p}\cdot\mathbf{x}/\hbar - \omega(p)t)}|0\rangle$$

Aus den Betrachtungen zum harmonischen Oszillator ahnen wir bereits, wie die Algebra der Erzeugung- und Vernichtungsoperatoren auszusehen hat:

$$\left[\hat{a}_\lambda(\mathbf{p}), \hat{a}_{\lambda'}^\dagger(\mathbf{p}')\right] = \delta_{\lambda\lambda'}(2\pi\hbar)^3\delta(\mathbf{p} - \mathbf{p}') \tag{7.19}$$

Alle anderen Kombinationen aus Erzeugern und Vernichtern kommutieren:

$$\left[\hat{a}_\lambda^\dagger(\mathbf{p}), \hat{a}_{\lambda'}^\dagger(\mathbf{p}')\right] = \left[\hat{a}_\lambda(\mathbf{p}), \hat{a}_{\lambda'}(\mathbf{p}')\right] = 0 \tag{7.20}$$

Der Hamilton-Operator für das freie elektromagnetische Feld schreibt sich damit in Analogie zu Gl. (3.20) als

$$\hat{H}_A = \hbar \sum_\lambda \int \frac{d^3p}{(2\pi\hbar)^3} \omega(p)\hat{a}_\lambda^\dagger(\mathbf{p})\hat{a}_\lambda(\mathbf{p}) , \tag{7.21}$$

wobei $\hbar\omega(p) = c|\mathbf{p}|$ ist. Damit bekommen wir unter Verwendung von Gl. (7.19), wie in Postulat 1 (Abschnitt 1.1) gefordert,

$$\hat{H}_A|\mathbf{p}, \lambda\rangle = \hbar \sum_\lambda \int \frac{d^3k}{(2\pi\hbar)^3} \omega(p)\hat{a}_{\lambda'}^\dagger(\mathbf{k})\hat{a}_{\lambda'}(\mathbf{k})\hat{a}_\lambda^\dagger(\mathbf{p})|0\rangle = \hbar\omega(p)|\mathbf{p}, \lambda\rangle.$$

Im Gegensatz zum harmonischen Oszillator erscheint in Gl. (7.21) keine Nullpunktenergie, denn diese würde dem Vakuum eine unendliche Energie geben – in anderen Worten: Wir messen alle Energien relativ zum Vakuum.

Mit Gl. (7.21) und (7.13) haben wir nun zwei Gleichungen zur Beschreibung der elektromagnetischen Feldenergie. Natürlich müssen beide zum gleichen Ergebnis führen. Diese Forderung legt die Normierungskonstante des Feldes $\hat{A}(\mathbf{x}, t)^\mu$ in Gl. (7.16) auf

$$N_p = \sqrt{\hbar/(2\epsilon_0\omega(p))}.$$

fest (▶ *Aufgabe 7.4*); in dieser Aufgabe wird auch der Umgang mit den Erzeugern und Vernichtern geübt). Damit ist über Gl. (7.10) auch die Normierung des ϕ-Feldes festgelegt. Im folgenden Beispiel soll der Umgang mit dem Operator $\hat{\mathbf{A}}$ illustriert werden. Das Feld $\hat{\phi} = c\hat{A}^0$ führt auf das Coulomb-Potential aus Gl. (7.2) (▶ *Aufgabe 10.3*).

Beispiel 7.1: Dipolübergänge

Wir beginnen mit der Berechnung des **Dipolübergangs** eines angeregten Zustands des Wasserstoffatoms in einen niedrigeren – in Kap. 10 wird dann gezeigt, wie dieses Matrixelement mit beobachtbaren Größen in Zusammenhang steht. Wir müssen also

$$V_{f\gamma,i} = \frac{e}{m_e} \left\langle \mathbf{p}, \lambda; \psi_f \left| \hat{\mathbf{A}} \cdot \hat{\mathbf{p}} \right| 0; \psi_i \right\rangle \tag{7.22}$$

auswerten, wobei der Impulsoperator auf das Elektron im Atom wirken soll. Die 0 auf der rechten Seite zeigt an, dass im Eingangszustand kein Photon ist. In Kap. 10 werden wir zwei verschiedene Wege kennen lernen, wie mit der Zeitabhängigkeit des Operators $\hat{\mathbf{A}}$ umzugehen ist. Hier führen wir diese daher nicht explizit auf. Generell lässt sich für den Photonanteil von Gl. (7.22) schreiben:

$$\left\langle \mathbf{p}, \lambda \left| \hat{\mathbf{A}} \right| 0 \right\rangle = \sqrt{\frac{\hbar}{2\epsilon_0 \omega(p)}} \boldsymbol{\epsilon}_\lambda(\mathbf{p})^* e^{-i\mathbf{p}\cdot\mathbf{x}/\hbar}$$

In der sogenannten **Dipolnäherung** wird berücksichtigt, dass die Wellenlänge des abgestrahlten Photons sehr viel größer ist als das betrachtete Atom, so dass

$$e^{-i\mathbf{p}\cdot\mathbf{x}/\hbar} \approx 1$$

gilt und damit

$$V_{f\gamma,i} = \frac{e}{m_e} \sqrt{\frac{\hbar}{2\epsilon_0 \omega(p)}} \left\langle \psi_f \left| \boldsymbol{\epsilon}_\lambda(\mathbf{p})^* \cdot \hat{\mathbf{p}} \right| \psi_i \right\rangle.$$

Für Hamilton-Operatoren, deren Potential mit $\hat{\mathbf{x}}$ kommutiert, wie den des Wasserstoffatoms, gilt

$$\left[\hat{H}, \mathbf{x} \right] = \left[\hat{T}, \mathbf{x} \right] = \frac{\hbar}{im_e} \hat{\mathbf{p}},$$

so dass

$$V_{f\gamma,i} = -ie\sqrt{\frac{\hbar}{2\epsilon_0 \omega(p)}} \omega(p) \left\langle \psi_f \left| \boldsymbol{\epsilon}_\lambda(\mathbf{p})^* \cdot \mathbf{x} \right| \psi_i \right\rangle \tag{7.23}$$

ist, wobei benutzt wurde, dass die ψ Eigenfunktionen des Hamilton-Operators sind und die Energieerhaltung über $\hbar\omega = E_i - E_f$ berücksichtigt wurde. Dieses wir in Kap. 10 wiederholt verwenden.

7.4 Zusammenfassung und Antworten

- *Was versteht man unter lokaler Eichinvarianz?*
  Eine Schrödinger-Gleichung ist lokal eichinvariant, wenn das Multiplizieren der Wellenfunktion mit einer räumlich und zeitlich variierenden Phase keine beobachtbaren Konsequenzen hat. Die Multiplikation der Wellenfunktion mit besagter Phase bezeichnet man als Umeichung bzw. als Eichtransformation. Eine Invarianz unter einer Eichtransformation kann nur dadurch erreicht werden, dass der Hamilton-Operator eines geladenen Teilchens um ein Vektorfeld, $\mathbf{A}$, und um ein skalares Feld, ϕ, erweitert wird. Für diese Felder ist dann ein solches Transformationsverhalten unter der Eichtransformation zu fordern, dass der Effekt der Phase der Wellenfunktion genau kompensiert wird.
- *Wie kann man zeigen, dass auch dem Vektorpotential $\mathbf{A}$ fundamentale Bedeutung zukommt?*
  Der Aharonov-Bohm-Effekt zeigt, dass das Vektorpotential $\mathbf{A}$ eine fundamentale Größe ist: Hier wird mit Hilfe eines nicht verschwindenden Vektorpotentials bei verschwindendem $\mathbf{B}$-Feld das Interferenzmuster für Elektronen in einem Doppelspaltexperiment manipuliert.
- *Warum gilt für Photonen selbst in der nichtrelativistischen Quantenmechanik nicht das Prinzip der Teilchenzahlerhaltung?*
  In der nichtrelativistischen Quantenmechanik arbeitet man mit Energien, die sehr viel kleiner sind als c^2 mal der auftretenden Massen, so dass in der Regel keine weiteren Teilchen unter Ausnutzung von $E = Mc^2$ erzeugt werden können. Diese Aussage gilt natürlich nicht für die masselosen Photonen. Daher muss zu deren Behandlung ein neuer Satz von Werkzeugen eingeführt werden, der automatisch auf elektromagnetische Felder führt, die sich gemäß Postulat 1 aus Abschnitt 1.1 verhalten.

7.5 Aufgaben

7.1 Zeigen Sie, dass der Wahrscheinlichkeitsstrom im Beisein elektromagnetischer Wechselwirkung in der Form von Gl. (7.9) geschrieben werden kann.

7.2 Berechnen Sie die Normierung von Gl. (7.13), indem Sie die Normierungskonstante aus der Forderung bestimmen, dass die elektromagnetische Feldenergie durch den in der klassischen Elektrodynamik bekannten Ausdruck gegeben ist. *Hinweis:* Es gilt $A^\mu = (A^\nu)^\dagger$.

7.3 Zeigen Sie, dass der magnetische Fluss eine eichinvariante Größe ist.

7.4 Zeigen Sie, dass die Normierung des Vektorpotentials $\hat{\mathbf{A}}$ so gewählt werden kann, dass Gl. (7.13) und Gl. (7.21) konsistent sind. Bestimmen Sie die Normierungskonstante N_p.

Symmetrien

8

Zusammenfassung

In diesem Kapitel wird die Rolle von Symmetrien in der Quantenmechanik diskutiert. Abgedeckt werden kontinuierliche sowie diskrete Symmetrien. Dieses Kapitel gibt Antworten auf folgende Fragen:

- Was versteht man unter einer Symmetrie, und welche Konsequenz hat diese im Allgemeinen auf das Spektrum eines Systems?
- Was ist der Generator eine kontinuierlichen Symmetriegruppe und was die zugehörige Algebra?
- Was besagt das Wigner-Eckert-Theorem?
- Was kann man daraus ableiten, wenn in einem System Zustände unterschiedlicher Parität (nahezu) entartet sind?

8.1 Einleitende Überlegungen

Aus der klassischen Mechanik ist der enge Zusammenhang zwischen kontinuierlichen Symmetrien und Erhaltungsgrößen, der durch das **Noether-Theorem** sichergestellt wird, bereits bekannt. Insbesondere erlaubt die Hamilton'sche Formulierung die Aussage, dass genau dann eine kontinuierliche Symmetrie vorliegt, wenn es eine Erhaltungsgröße gibt. Etwas Entsprechendes gibt es natürlich auch in der Quantenmechanik. Betrachten wir dazu zwei Zustände $|A\rangle$ und $|B\rangle$ mit

$$|B\rangle = \hat{\mathcal{U}}|A\rangle.$$

Hierbei ist $\hat{\mathcal{U}}$ eine Transformation ohne explizite Zeitabhängigkeit, die die Norm erhalte. Aus letzterer Eigenschaft folgt, dass $\hat{\mathcal{U}}$ unitär sein muss, dass also gilt:

$$\hat{\mathcal{U}}^\dagger = \hat{\mathcal{U}}^{-1}$$

© Springer-Verlag GmbH Deutschland, ein Teil von Springer Nature 2020
C. Hanhart, *kurz & knapp: Quantenmechanik*,
https://doi.org/10.1007/978-3-662-60702-2_8

Des Weiteren gelte

$$[\hat{\mathcal{U}}, \hat{H}] = 0.$$

Eine unitäre Transformation, die mit dem Hamilton-Operator kommutiert, nennen wir eine **Symmetrietransformation.** Für diese gilt der Zusammenhang

$$\hat{H}|A\rangle = E_A|A\rangle \quad \Longrightarrow \quad \hat{H}|B\rangle = E_A|B\rangle, \tag{8.1}$$

den man unter Verwendung der obigen Gleichungen leicht nachrechnet (▶ *Aufgabe 8.1*). Es sollte bereits hier nicht unerwähnt bleiben, dass in dem Zusammenhang aus (8.1) implizit die Annahme steckt, dass die Transformation $\hat{\mathcal{U}}$ das Vakuum nicht ändert – sollte das der Fall sein, liegt eine spontane Symmetriebrechung vor. Darauf gehen wir in Abschnitt 9.4 etwas genauer ein.

Der Zusammenhang (8.1) besagt, dass die Zustände A und B, die durch die Symmetrietransformation $\hat{\mathcal{U}}$ verknüpft sind, die gleiche Energie haben. Solche Zustände bezeichnet man als **entartet.** Im folgenden Abschnitt wird der Zusammenhang hergestellt zwischen den Generatoren der Symmetriegruppe und den zugehörigen Observablen, die wir teilweise schon als Teil des vollständigen Satzes von kommutierenden Operatoren kennen gelernt haben.

8.2   Generatoren kontinuierlicher Symmetrietransformationen

Als Beispiel betrachten wir die Operatoren zur Verschiebung des Ortsvektors um einen Vektor $\hat{a}$. Dann können wir

$$\mathbf{x+a} =: \hat{\mathcal{P}}_\mathbf{a} \mathbf{x} \hat{\mathcal{P}}_\mathbf{a}^{-1} \quad \text{und} \quad \psi'(\mathbf{x}) = \hat{\mathcal{P}}_\mathbf{a} \psi(\mathbf{x}) = \psi(\mathbf{x} - \mathbf{a})$$

definieren, wobei ψ eine skalare Wellenfunktion ist (d. h. ohne Spinfreiheitsgrade). Des Weiteren betrachten wir die Rotation um den Winkel α um eine Achse $\mathbf{n}$:

$$x'_i = \sum_k R_{ik}^{(\mathbf{n},\alpha)} x_k =: \hat{\mathcal{U}}_{\mathbf{n},\alpha}^x x_i \hat{\mathcal{U}}_{\mathbf{n},\alpha}^{x-1} \quad \text{und} \quad \psi'(\mathbf{x}) = \hat{\mathcal{U}}_{\mathbf{n},\alpha}^x \psi(\mathbf{x}) = \psi\left(R^{(\mathbf{n},\alpha)-1}\mathbf{x}\right) \tag{8.2}$$

Dabei wird ψ wiederum ohne Spin angenommen. Mögliche Darstellungen der beiden Transformation sind

$$\hat{\mathcal{P}}_\mathbf{a} = e^{-i(\hat{\mathbf{p}}\cdot\mathbf{a})/\hbar} \quad \text{und} \quad \hat{\mathcal{U}}_{\mathbf{n},\alpha}^x = e^{-i\alpha(\hat{\mathbf{L}}\cdot\mathbf{n})/\hbar}, \tag{8.3}$$

denn für $\mathbf{n} = \mathbf{e}_z$ mit $i\hat{L}_z/\hbar = \partial/(\partial\phi)$ gilt z. B.

$$e^{-i\alpha(\hat{\mathbf{L}}\cdot\mathbf{n})/\hbar}\psi(r,\theta,\phi) = \sum_{k=0}^{\infty} \frac{(-\alpha)^k}{k!} \frac{\partial^k}{\partial\phi^k}\psi(r,\theta,\phi) = \psi(r,\theta,\phi-\alpha),$$

wobei für die linke Identität die Reihe der Exponentialfunktion verwendet und für die rechte der Ausdruck als Taylor-Reihe von $\psi(r, \theta, \phi - \alpha)$ um $\alpha = 0$ interpretiert wurde.

Führt $\hat{\mathbf{L}}$ zu Drehungen von räumlichen Vektoren, so führt $\mathbf{S}$ zu Drehungen im Raum der Spinoren:

$$\hat{\mathcal{U}}_{\mathbf{n},\alpha}^{S} = e^{-i\alpha(\mathbf{S}\cdot\mathbf{n})/\hbar} \tag{8.4}$$

Zum Beispiel gilt für $S = 1/2$ ($\blacktriangleright$ *Aufgabe 8.2*)

$$\hat{\mathcal{U}}_{\mathbf{n},\alpha}^{1/2} = e^{-i\frac{\alpha}{2}(\boldsymbol{\sigma}\cdot\mathbf{n})} = \cos\left(\frac{\alpha}{2}\right) - i(\boldsymbol{\sigma}\cdot\mathbf{n})\sin\left(\frac{\alpha}{2}\right), \tag{8.5}$$

so dass z. B. eine Drehung um die y-Achse gegeben ist durch

$$\hat{\mathcal{U}}_{\mathbf{e}_y,\alpha}^{1/2} = \begin{pmatrix} \cos(\alpha/2) & -\sin(\alpha/2) \\ \sin(\alpha/2) & \cos(\alpha/2) \end{pmatrix}.$$

Ein Drehwinkel von $\alpha = \pi/2$ in diese Matrix eingesetzt, was einer Rotation der z- auf die x-Achse entspricht, liefert

$$\hat{\mathcal{U}}_{\mathbf{e}_y,(\pi/2)}^{1/2} \chi_{\frac{1}{2}}(+) = \frac{1}{\sqrt{2}} \begin{pmatrix} 1 & -1 \\ 1 & 1 \end{pmatrix} \begin{pmatrix} 1 \\ 0 \end{pmatrix} = \frac{1}{\sqrt{2}} \left(\chi_{\frac{1}{2}}(+) + \chi_{\frac{1}{2}}(-) \right) =: \chi_{\frac{1}{2}}^{x}(+).$$

Also enthält ein Spin in x-Richtung zu gleichen Anteilen Spin-up ($m_S = +1/2$) und Spin-down ($m_S = -1/2$). Natürlich gilt für den so gefundenen Vektor

$$S_x \chi_{\frac{1}{2}}^{x}(+) = \frac{\hbar}{2}\sigma_x \chi_{\frac{1}{2}}^{x}(+) = \frac{\hbar}{2} \chi_{\frac{1}{2}}^{x}(+).$$

Also ist $\chi_{\frac{1}{2}}^{x}(+)$ in der Tat Eigenvektor von S_x zum Eigenwert $+\hbar/2$, was die Konsistenz des Formalismus zeigt ($\blacktriangleright$ *Aufgabe 8.3*).

Nun sind wir auch in der Lage, Drehungen von Teilchen mit Spin$= 1/2$ zu beschreiben: Die Wellenfunktion ist nun zweikomponentig,

$$\Psi(\mathbf{x}) = \begin{pmatrix} \psi_+(\mathbf{x}) \\ \psi_-(\mathbf{x}) \end{pmatrix},$$

so dass

$$\Psi'(\mathbf{x}) = \hat{\mathcal{U}}_{\mathbf{n},\alpha}^{1/2} \begin{pmatrix} \hat{\mathcal{U}}_{\mathbf{n},\alpha}^{x}\psi_+(\mathbf{x}) \\ \hat{\mathcal{U}}_{\mathbf{n},\alpha}^{x}\psi_-(\mathbf{x}) \end{pmatrix} = e^{-i\alpha\mathbf{n}\cdot(\mathbf{S}+\hat{\mathbf{L}})/\hbar}\Psi(\mathbf{x})$$

gilt. Also werden Spinorwellenfunktionen mit Hilfe von $\hat{\mathbf{J}} = \mathbf{S} + \hat{\mathbf{L}}$ gedreht.

Eine Menge von Elementen mit einer Verknüpfung, die einem Paar von Elementen aus der Menge ein Element der Menge zuordnet, die dem Assoziativgesetz genügt und zu der es sowohl ein neutrales Element als auch ein inverses Element gibt, nennt man eine **Gruppe.** Die oben benannten Symmetrietransformationen bilden Gruppen, da die Multiplikation einzelner Transformationen die Eigenschaften erfüllt. Sie bilden kontinuierliche Gruppen, da die Transformationen von kontinuierlichen Parametern kontrolliert werden. Solche Gruppen werden als **Lie-Gruppen** bezeichnet. Für eine allgemeine infinitesimale Transformation, die stetig mit der 1 verbunden ist, gilt

$$\hat{U} = e^{i \sum_{k=1}^{k_{max}} \hat{A}_k da_k} = 1 + i \sum_{k=0}^{k_{max}} \hat{A}_k da_k + \mathcal{O}(da^2). \tag{8.6}$$

In diesem Sinne wird die Transformation durch eine unendliche Verkettung der Operation $(1 + i \sum_{k=1}^{k_{max}} \hat{A}_k da_k)$ erzeugt. Daher werden die $\hat{A}$ als **Generatoren der Lie-Gruppe** bezeichnet. Der Wert der oberen Summationsgrenze k_{max} hängt von der zu Grunde liegenden Symmetriegruppe ab. Zum Beipsiel liegt den räumlichen Drehungen die Gruppe $O(3)$ zu Grunde, die lokal der speziellen unitären Gruppe $SU(2)$ isomorph ist. Diese hat drei Generatoren (also in diesem Falle gilt $k_{max} = 3$), die, wie oben ausgeführt, den $\hat{J}_i$ entsprechen – Gruppen des Typs $SU(N)$ haben $N^2 - 1$ Generatoren (also $k_{max} = N^2 - 1$). Des Weiteren gilt: Für jedes α_k und β_k gibt es ein δ_k, so dass

$$e^{i \sum_{k=1}^{k_{max}} \hat{A}_k \alpha_k} e^{i \sum_{k=1}^{k_{max}} \hat{A}_k \beta_k} = e^{i \sum_{k=1}^{k_{max}} \hat{A}_k \delta_k}$$

mit

$$\sum_{k=1}^{k_{max}} \hat{A}_k (\delta_k - \alpha_k - \beta_k) = \frac{i}{2} \left[\sum_{k=1}^{k_{max}} \hat{A}_k \alpha_k, \sum_{k=1}^{k_{max}} \hat{A}_k \beta_k \right] + \cdots$$

ist, wobei die Punkte für Terme höherer Ordnung in α und β stehen, die aber ebenfalls durch Kommutatoren ausgedrückt werden können (vgl. Baker-Campbell-Hausdorff-Formel). Da dies für alle α und β gelten muss, muss es ein f_{klm} geben, so dass

$$\left[\hat{A}_k, \hat{A}_l \right] = i \sum_{k=1}^{k_{max}} f_{klm} \hat{A}_m$$

gilt. Man sagt, die Generatoren bilden eine **Algebra.** Die Algebra der Generatoren heißt **Lie-Algebra.** Nach dem oben Gesagten legt der Kommutator bereits das gesamte Gruppenmultiplikationsgesetz fest. Es ist daher äquivalent zu sagen, dass V_k mit $k = 1, 2, 3$ ein Vektor unter Rotationen ist, wenn

$$V_k' = \sum_{l=1}^{3} R_{kl}^{(\mathbf{n},\alpha)} V_l \quad \text{oder} \quad \left[\hat{L}_k, V_l \right] = i\hbar \sum_{k=1}^{3} \epsilon_{klm} V_m \tag{8.7}$$

gilt, was direkt aus Gl. (8.2) und (8.3), entwickelt zu erster Ordnung in α, folgt. Als Skalare bezeichnet man solche Objekte, die sich unter Drehungen nicht ändern (Abschnitt 8.3). Aus den obigen Überlegungen folgt sofort für den Skalar s

$$\left[\hat{L}_k, s\right] = 0. \tag{8.8}$$

Gl. (8.8) gilt auch, wenn sich s aus Vektoren zusammensetzt, die Gl. (8.7) genügen, denn z. B. aus $s = \mathbf{V}_1 \cdot \mathbf{V}_2$ folgt dann

$$\left[\hat{L}_k, s\right] = \sum_i \left((V_1)_i \left[\hat{L}_k, (V_2)_i\right] + \left[\hat{L}_k, (V_1)_i\right](V_2)_i\right)$$

$$= i\hbar \sum_{ij} \epsilon_{kij} \left((V_1)_i (V_2)_j + (V_1)_j (V_2)_i\right) = 0.$$

Enthält s jedoch Vektoren, für die Gl. (8.7) nicht gilt, dann gilt auch Gl. (8.8) nicht. Dementsprechend gilt sie nicht, für den Skalar aus Gl. (4.28), in dem $\mathbf{B}$ ein externes Magnetfeld beschreibt (▶ *Aufgabe 8.4*).

Wie oben erwähnt nennen wir eine Transformation dann eine Symmetrietransformation, wenn sie das Skalarprodukt erhält und sie mit $\hat{H}$ vertauscht. Offensichtlich impliziert Letzteres, dass ihre Generatoren mit dem Hamilton-Operator vertauschen müssen: $[\hat{A}, \hat{H}] = 0$. Für Transformationen, die nicht explizit zeitabhängig sind, bedeutet dies, wie in Abschnitt 2.5 besprochen, dass die zur Transformation gehörenden Quantenzahlen erhalten sind und zur Kennzeichnung von Zuständen verwendet werden können. Die Tatsache, dass die Elemente einer Symmetriegruppe unitär, sind impliziert nach Gl. (8.6), dass $\hat{A}_k = \hat{A}_k^\dagger$ ist. Damit gilt:

> Die Generatoren von Symmetrietransformationen sind Observable.

Die Vektoren $\hat{\mathbf{J}}$ bilden die Generatoren der Drehgruppe. Wie bereits in Abschnitt 4.2 besprochen, bildet die Menge der Zustände zu festem J ein sogenanntes Multiplett. Mit Hilfe der Leiteroperatoren können alle Zustände des Multipletts erreicht werden – allerdings kann man es nicht verlassen, da die Leiteroperatoren mit $\mathbf{J}^2$ vertauschen. Jedes Multiplett ist gekennzeichnet durch den Eigenwert von $\hat{\mathbf{J}}^2$, der mit jeder Komponente von $\hat{\mathbf{J}}$ vertauscht. Einen Operator mit dieser Eigenschaft, der aus den Generatoren der Guppe konstruiert ist, bezeichnet man als **Casimir-Operator.** Da es in der Gruppe $SU(2)$ nur einen Casimir-Operator gibt, sind die Multipletts eindimensional. Andere Gruppen haben mehrere Casimir-Operatoren und entsprechend mehrdimensionale Multipletts (eine exzellente Diskussion zur Gruppentheorie in der Physik findet sich in [10]). Aus dem in Abschnitt 8.1 Gesagten folgt, dass, wenn $[\hat{\mathbf{J}}, \hat{H}] = 0$ ist, wie das z. B. bei rotationssymmetrischen Problemen der Fall ist, die Energien aller Zustände eines Multipletts entartet sind.

Ist eine Basis für ein gegebenes J festgelegt, so entsprechen die sich ergebenden Matrizen der Vektoren $\mathbf{J}$ einer **irreduziblen Darstellung** der Drehimpulsgruppe SU(2). Diese entsprechen den zuvor bereits diskutierten Multipletts und zeichnen sich dadurch aus, dass alle ihre Elemente mit Hilfe der Leiteroperatoren $\hat{\mathbf{J}}_{pm}$ erreicht werden können. Wie wir in Abschnitt 6.2 gesehen haben, ist die Darstellung, die sich aus dem Produkt zweier Multipletts ergibt, in der Regel reduzibel, d. h., es lässt sich in mehrere irreduzible Darstellungen zerlegen.

Beispiel 8.1: Isospinsymmetrie

Ein Beispiel für eine Symmetrie der Natur, die in guter Näherung realisiert ist, ist die **Isospinsymmetrie.** Sie beruht darauf, dass die starke Wechselwirkung, die die Quarks in Protonen und Neutronen bindet, aber auch Protonen und Neutronen in Kernen zusammenhält, nicht zwischen den verschiedenen Quarks unterscheidet. Damit wird die Isospinsymmetrie exakt, sobald man die Massenunterschiede der Up- und Down-Quarks sowie ihre Ladungen außer Acht lässt, was wir in diesem Beispiel tun wollen. Auf die in der Regel sehr kleine Brechung der Isospinsymmetrie werden wir in Beispiel 10.6 eingehen. In dieser Situation können Proton und Neutron zu dem Isospinduplet des **Nukleons** zusammengefasst werden: Das Proton ist dann ein Nukleon mit dritter Komponente des Isospins gleich $+1/2$, das Neutron mit $-1/2$. Die Physik darf sich nicht ändern, wenn eine Rotation beliebigen Winkels, vermittelt durch Matrizen des Typs aus Gl. (8.4), nur eben im Isospinraum operierend, durchgeführt wird, da wie bei allen rotationssymmetrischen Problemen auch hier die Wahl der z-Achse willkürlich war (solange Quarkladungen und Massenunterschiede vernachlässigt werden). Häufig bezeichnet man zur Unterscheidung des Spinraumes vom Isospinraum die Pauli-Matrizen im letzteren mit τ, den Gesamtisospin mit T und dessen dritte Komponente mit T_3. Der Isospin kann wie eine weitere Quantenzahl behandelt werden.

8.3   Sphärische Tensoren und das Wigner-Eckert-Theorem

Operatoren können nach ihrem Verhalten bei Rotationen klassifiziert werden. Ändert sich z. B. ein Operator nicht, wenn eine Rotation angewandt wird, so ist es ein **Skalar.** Verhält sich der Operator so wie der Ortsvektor $\mathbf{x}$, so ist es ein **Vektoroperator.** Und hat er mehrere Indizes, die sich jeweils wie Vektoren verhalten, so ist es ein **Tensor höherer Stufe.** Des Weiteren ist es häufig üblich, auch noch nach dem Verhalten unter der Paritätstransformation $\mathbf{x} \to -\mathbf{x}$ zu unterscheiden. Skalare (Vektoren), die unter der Parität ihr Vorzeichen ändern (nicht ändern), nennt man Pseudoskalare (Pseudo- oder Axialvektoren). Beispiele hierfür sind:

$$\text{Skalare: Ladung,}\quad i\hbar\frac{\partial}{\partial t},\quad \mathbf{x}\cdot\mathbf{p},\quad \mathbf{S}\cdot\mathbf{L}$$
$$\text{Pseudoskalare: } \mathbf{S}\cdot\mathbf{x},\quad \mathbf{S}\cdot\mathbf{p}$$
$$\text{Vektoren: } \mathbf{x},\quad \mathbf{p}$$
$$\text{Axialvektoren: } \mathbf{L}=\mathbf{x}\times\mathbf{p},\quad \mathbf{S}$$
$$\text{Tensoroperator Rang 2: } T(\mathbf{a},\mathbf{b})_{ij}=a_ib_j+a_jb_i-\frac{2}{3}\delta_{ij}(\mathbf{a}\cdot\mathbf{b})$$

Der Tensoroperator von Rang 2 ist so konstruiert, dass er symmetrisch und spurfrei ist. Damit hat die entsprechende Matrix fünf Freiheitsgrade, was genau der Anzahl der m Projektionen eines Objekts mit $J = 2$ entspricht. Dass dies kein Zufall ist, wird im Folgenden deutlich werden. Ein Beispiel für einen solchen Operator ist das elektrische **Quadrupolmoment** $Q_{ij} = T(\mathbf{x}, \mathbf{x})_{ij}$.

Das Gesagte kann folgendermaßen formalisiert werden: Eine Menge von $(2j+1)$ Operatoren $\hat{O}_{jm}$ mit $m = -j, .., j$ wird **sphärischer Tensoroperator** vom Rang j genannt, wenn

$$[\hat{J}_3, \hat{O}_{jm}] = \hbar m \hat{O}_{jm} \quad \text{und} \quad [\hat{J}_\pm, \hat{O}_{jm}] = \hbar \sqrt{j(j+1) - m(m\pm1)}\, \hat{O}_{j(m\pm1)} \quad (8.9)$$

gilt, also wenn sich seine Komponenten entsprechend der Eigenfunktionen des Drehimpulses (Gl. (4.18)) verhalten. Hier treten Kommutatoren auf, da so lediglich die Wirkung des Drehimpulsoperators auf den Tensor berechnet wird, die Wirkung der Drehimpulskomponenten auf die evtl. dahinter auftretende Wellenfunktion jedoch abgezogen wird. Betrachten wir als Beispiel den Ortsoperator $\mathbf{x}$. Dessen sphärische Komponenten sind

$$\hat{x}_+ = -\frac{1}{\sqrt{2}}(x + iy), \quad \hat{x}_- = \frac{1}{\sqrt{2}}(x - iy), \quad \hat{x}_0 = z, \quad (8.10)$$

was sich unter Verwendung der Kugelflächenfunktionen kompakter schreiben lässt als

$$\hat{x}_\lambda = \sqrt{\frac{4\pi}{3}} |\mathbf{x}| Y_{1\lambda}(\Omega). \quad (8.11)$$

Um einen Tensor von höherem Rang, der in kartesischen Koordinaten gegeben ist, als sphärischen Tensor zu schreiben, müssen lediglich die Komponenten gemäß Gl. (8.10) auf die sphärische Basis übertragen und im Anschluss mit Hilfe der Clebsch-Gordon-Koeffizienten zum geeigneten j gekoppelt werden (▶ *Aufgabe 8.5*).

Das Skalarprodukt kann direkt von kartesischen Koordinaten (Index i) in sphärische (Index λ) übertragen werden:

$$\mathbf{a} \cdot \mathbf{b} = \sum_{i=1}^{3} a_i b_i = \sum_{\lambda=-1}^{1} a_\lambda^* b_\lambda \quad (8.12)$$

Des Weiteren findet man

$$(\mathbf{a} \times \mathbf{b}) \cdot \mathbf{c} = \sum_{i,j,k=1}^{3} \epsilon_{ijk}\, a_i b_j c_k = i \sum_{\mu,\nu,\lambda=-1}^{1} \epsilon_{\mu\nu\lambda}\, a_\mu b_\nu c_\lambda^*, \quad (8.13)$$

wobei $\epsilon_{(+1)0(-1)} = 1$ und $\epsilon_{(-1)0(+1)} = -1$ gelten. Die gleichen Ausdrücke gelten für die Komponenten, in denen die Indizes zyklisch vertauscht werden. Alle anderen Komponenten verschwinden.

Die Einstufung/Konstruktion als sphärische Tensoren ist nicht nur eine hilfreiche Klassifizierung, sondern sie erlaubt auch eine sehr stark vereinfachte Berechnung von Matrixelementen, denn es gilt:

Wigner-Eckert-Theorem

$$\langle n'J'M' | \hat{O}_{j\lambda} |nJM \rangle = \langle J'M'|j\lambda, JM \rangle \langle n'J'|| \hat{O}_j ||nJ \rangle \qquad (8.14)$$

Dabei bezeichnen die Parameter n' und n alle nicht explizit angezeigten Quantenzahlen, und $\langle .||.||. \rangle$ gibt das sogenannte **reduzierte Matrixelement** an, das nicht von den magnetischen Quatenzahlen M und M' abhängt. Zum Beweis von Gl. (8.14) genügt es zu zeigen, dass $\hat{O}_{j\lambda} |nJM\rangle$ sich genauso verhält wie ein Produktzustand eines Objekts mit Drehimpuls j und eines mit Drehimpuls J (mehr Details hierzu finden sich z. B. in [22]).

Mit Hilfe von Gl. (8.14) kann man also für eine beliebige, nicht verschwindende Kombination der Projektionen M', M und λ das Matrixelement auf der linken Seite der Gleichung ausrechnen und erhält alle übrigen erlaubten Kombinationen ohne Aufwand. Des Weiteren führt Gl. (8.14) direkt zu den sogenannten Auswahlregeln, die in Abschnitt 8.4 beschrieben werden.

Beispiel 8.2: Integral über drei Kugelflächenfunktionen

Da die Kugelflächenfunktionen sphärische Tensoren sind, kann man das Wigner-Eckert-Theorem direkt auf das Integral dreier Kugelflächenfunktionen anwenden, und man erhält

$$\int d\Omega \, Y_{l_3m_3}(\Omega)^* Y_{l_2m_2}(\Omega) Y_{l_1m_1}(\Omega) = \langle l_3m_3|l_1m_1, l_2m_2 \rangle R_{l_3,l_2l_1}. \qquad (8.15)$$

Zur Berechnung des reduzierten Matrixelements R_{l_3,l_2l_1} kann man nun eine beliebige Kombination von m-Werten, die zu einem nicht verschwindenden Matrixelement führt, wählen. Nach [7] ist

$$R_{l_3,l_2l_1} = \sqrt{\frac{(2l_1 + 2)(2l_2 + 1)}{4\pi(2l_3 + 1)}} \langle l_30|l_10, l_20 \rangle.$$

Das Integral aus Gl. (8.15) wird z. B. in Beispiel 10.7 benötigt.

8.4   Auswahlregeln

Wenn ein Matrixelement des Typs $\langle n'J'M' | \hat{O}_{j\lambda} |nJM \rangle$ verschwindet, dann vermittelt der Operator $\hat{O}$ keinen Übergang zwischen dem Eingangs- und dem

Ausgangszustand. Nach dem Wigner-Eckert-Theorem entscheidet hierüber zum einen das reduzierte Matrixelement, zum anderen der entsprechende Clebsch-Gordan-Koeffizient. Die Regeln hinter dem Verschwinden bzw. Nichtverschwinden heißen **Auswahlregeln.** Dies soll nun an zwei Beispielen illustriert werden.

Beispiel 8.3: Spinorkopplungen

Betrachten wir zunächst die durch die starke Wechselwirkung vermittelte Kopplung eines pseudoskalaren Teilchens an ein Spin-1/2-Teilchen, die z. B. bei der Kopplung eines π-Mesons an Nukleonen auftritt. Die starke Wechselwirkung ändert sich nicht unter Paritätstransformationen und ist auch invariant unter Rotationen. Auf den hier betrachteten Fall übertragen, bedeutet dies, da ein Pseudoskalar eine negative intrinsische Parität hat (Abschnitt 4.1), dass der die Kopplung vermittelnde Operator ebenfalls ein Pseudoskalar sein muss. Nach den Ausführungen zu Anfang von Abschnitt 8.3 ist ein Kandidat hierfür $\mathbf{S} \cdot \mathbf{p}$, wobei $\mathbf{p}$ den Impuls des auslaufenden Pseudoskalars bezeichne. Damit erhalten wir als Ansatz für das Matrixelement:

$$M_{\lambda'\lambda} = \chi_{\lambda'}^{\dagger} \left(\boldsymbol{\sigma} \cdot \hat{\mathbf{p}} \right) \chi_{\lambda} = \sqrt{3}\, \hat{p}_{(\lambda-\lambda')} \left\langle \frac{1}{2}\lambda', 1(\lambda-\lambda') \middle| \frac{1}{2}\lambda \right\rangle \tag{8.16}$$

Um die Normierung zu fixieren, genügt es nach dem Wigner-Eckert-Theorem das Matrixelement für eine spezielle Wahl von λ und λ' unter Verwendung der expliziten Matrixdarstellung (vgl. Gl. (6.4)) zu berechnen. Alle anderen Übergänge lassen sich dann hieraus mit Hilfe des Clebsch-Gordan-Koeffizienten bestimmen (▶ *Aufgabe 8.6*). Aus Gl. (8.16) lässt sich nun z. B. direkt ablesen, dass für Impulse entlang der Quantisierungsachse das Matrixelement nur dann nicht verschwindet, wenn $\lambda = \lambda'$ gilt.

Beispiel 8.4: Elektrische Dipolübergänge

Betrachten wir als weiteres Beispiel das Matrixelement aus Gl. (7.23), wobei nun ein konkreter Übergang im Wasserstoffatom betrachtet werden soll:

$$M_D = \left\langle n'l'm' \middle| x_{\lambda} \middle| nlm \right\rangle \tag{8.17}$$

Dabei bezeichnen n (n'), l (l') und m (m') die Hauptquantenzahl, den Drehimpuls und die magnetische Quantenzahl des Eingangs-(End-)Zustands und der Ortsoperator sei bereits in sphärischen Koordinaten ausgedrückt. Es sei außerdem daran erinnert, dass $\mathbf{x}$ ein Vektoroperator ($l = 1$) ist. Schreibt man das Matrixelement im Ortsraum aus, so stellt man zunächst fest, dass $l + l'$ ungerade sein muss, da der Integrand als Ganzes positive Partiät haben muss und x ungerade ist. Des Weiteren verschwindet der entsprechende Kopplungskoeffizient, wenn $|l - l'| > 1$ ist. Also sind nur Dipolübergänge erlaubt, bei denen sich der Bahndrehimpuls um eine Einheit von $\hbar$ ändert, also $|l - l'| = 1$.

8.5   Diskrete Symmetrien

Diskrete Symmetrien, die in der nichtrelativistischen Quantenmechanik eine Rolle spielen, sind einerseits die Parität und andererseits die Zeitumkehr. Wie in Abschnitt 8.1 betont, gilt das Noether-Theorem der klassischen Physik nur für kontinuierliche Symmetrien. Dementsprechend erlauben die diskreten Symmetrien auch in der Quantenmechanik nur bedingt Aussagen über das Spektrum. Trotzdem ist es hilfreich, auch die diskreten Symmetrien eines Systems bzw. einer Wechselwirkung zu verstehen, da diese ebenfalls weiterreichende Einsichten erlauben, wie in diesem Abschnitt deutlich werden wird.

Alle Wechselwirkungen des Standardmodells außer der schwachen Wechselwirkung sind invariant sowohl unter der Paritäts- als auch der Zeitumkehrtransformation. Daher müssen dies auch die entsprechenden Wechselwirkungen der nichtrelativistischen Quantenmechanik sein. Die Implikationen dieser Betrachtungen sollen im Folgenden an zwei Beispielen illustriert werden.

Beispiel 8.5: Runge-Lenz-Vektor

Zunächst wollen wir uns das Entartungsmuster im Spektrum der Wasserstoffatoms anschauen (Abb. 4.3a). Zusätzlich zur Rotationssymmetrie, die sich in $[\hat{H}, \hat{\mathbf{L}}] = 0$ manifestiert, hat das Wasserstoffatom eine weitere Symmetrie, denn es ist

$$[\hat{H}, \hat{\mathbf{R}}] = 0,$$

wobei $\hat{\mathbf{R}}$ den Runge-Lenz-Vektor bezeichnet (Tab. 8.1). Das heißt, wenn $\psi_{nl}(\mathbf{x})$ eine Eigenfunktion des Hamilton-Operators ist, dann sind auch die $\tilde{\psi}_{nl,i}(\mathbf{x}) = \hat{R}_i \psi_{nl}(\mathbf{x})$ Eigenfunktionen zur gleichen Energie. Nun hat aber $\hat{\mathbf{R}}$ negative Parität, und damit sind die Paritäten von $\tilde{\psi}_{nl,i}(\mathbf{x})$ und $\psi_{nl}(\mathbf{x})$ unterschiedlich (Abschnitt 4.1). Das impliziert natürlich, dass (▶ *Aufgabe 8.7*)

$$[\hat{\mathbf{L}}^2, \hat{\mathbf{R}}] \neq 0$$

Tab. 8.1 Verhalten verschiedener Operatoren unter Parität und Zeitumkehr

Bezeichung	Operator	Verhalten unter	
		Parität	Zeitumkehr
Ort	$\mathbf{x}$	−	+
Impuls	$\hat{\mathbf{p}}$	−	−
Bahndrehimpuls	$\hat{\mathbf{L}}$	+	−
Spin	$\hat{\mathbf{S}}$	+	−
Vektorpotential	$\hat{\mathbf{A}}$	−	−
Skalares Potential	ϕ	+	+
Elektrisches Feld	$\hat{\mathbf{E}} = -\frac{\partial}{\partial t}\hat{\mathbf{A}} - \nabla\phi$	−	+
Magnetfeld	$\hat{\mathbf{B}} = \nabla \times \hat{\mathbf{A}}$	+	−
Runge-Lenz-Vektor	$\hat{\mathbf{R}} = \frac{1}{2m_e}\left(\hat{\mathbf{p}}\times\hat{\mathbf{L}} - \hat{\mathbf{L}}\times\hat{\mathbf{p}}\right) - \alpha(\hbar c)\frac{\mathbf{x}}{|\mathbf{x}|}$	−	+

ist, da $\hat{P}\psi_{nl}(\mathbf{x}) = (-1)^l \psi_{nl}(\mathbf{x})$ und Operatoren, die mit $\hat{L}^2$ vertauschen, das Multiplett nicht verlassen können. Also sind im Spektrum des nichtrelativistischen Wasserstoffs Zustände mit verschiedenem Drehimpuls und insbesondere mit unterschiedlicher Parität entartet (wie wir in Beispiel 10.3 sehen werden, ist diese Entartung in der Natur z. B. durch spinabhängige Wechselwirkungen aufgehoben). Im Umkehrschluss konnte man also schon aus der Entartung von Zuständen unterschiedlicher Parität ablesen, dass es eine Symmetrie des Hamilton-Operators zum Wasserstoffproblem geben muss, deren Operator negative Parität hat.

Beispiel 8.6: Entartung im dreidimensionalen harmonischen Oszillator

Wie in Beispiel 4.3 diskutiert hat auch der dreidimensionale harmonische Oszillator einen hohen Entartungsgrad. Insbesondere sind wie im Wasserstoff auch hier Zustände mit verschiedenen Werten von l entartet, hier allerdings nach ihrer Parität sortiert (Abb. 4.3b).

Aus Gl. (4.57) lässt sich leicht ablesen, dass sich die der Entartung zu Grunde liegende Symmetrie daraus ergibt, dass man die Anregungen zwischen den drei ungekoppelten Oszillatoren hin und her schieben kann. In Operatorsprache bedeutet dies, dass die Operatoren des Typs $\hat{a}_k^\dagger \hat{a}_m$ mit dem Hamilton-Operator

$$\hat{H} = \hbar\omega \left(\sum_{i=1}^{3} \hat{a}_i^\dagger \hat{a}_i + \frac{3}{2} \right)$$

vertauschen, was man mit Hilfe der fundamentalen Kommutatoren (Gl. (3.19)), die im dreidimensionalen Fall

$$\left[\hat{a}_i, \hat{a}_j^\dagger \right] = \delta_{ij} \quad \text{und} \quad [\hat{a}_i, \hat{a}_j] = \left[\hat{a}_i^\dagger, \hat{a}_j^\dagger \right] = 0$$

lauten, leicht nachrechnet. Da die Spur von $\hat{a}_k^\dagger \hat{a}_m$ bis auf eine Konstante dem Hamilton-Operator entspricht, liefert diese nichts Neues. Setzt man die Definition der Erzeuger und Vernichter gemäß Gl. (3.18) ein, so erhält man für den spurfreien Teil (▶ *Aufgabe 8.8*)

$$\left(\hat{a}_k^\dagger \hat{a}_m - \frac{1}{3}\delta_{km} \sum_{i=1}^{3} \hat{a}_i^\dagger \hat{a}_i \right) = \frac{1}{2\hbar} \left(\hat{T}_{km}^{(2)} + i\epsilon_{kmr}\hat{L}_r \right), \tag{8.18}$$

wobei $\hat{\mathbf{L}}$ für den Bahndrehimpulsoperator steht und

$$\hat{T}_{km}^{(2)} = M\omega \left(\hat{x}_k \hat{x}_m - \frac{1}{3}\delta_{km}\hat{\mathbf{x}}^2 \right) + \frac{1}{M\omega} \left(\hat{p}_k \hat{p}_m - \frac{1}{3}\delta_{km}\hat{\mathbf{p}}^2 \right)$$

ein Tensoroperator von Rang 2 ist (Abschnitt 8.3). Offensichtlich hat $\hat{T}_{km}^{(2)}$ gerade Parität, so dass er nur auf Entartungen von Zuständen gleicher Parität führen kann. Außerdem vertauscht er nicht mit $\hat{\mathbf{L}}^2$ und kann somit Zustände mit $\Delta l = 2$ miteinander verbinden, wie wir es im Spektrum des harmonischen Oszillators tatsächlich beobachten.

8.6   Zusammenfassung und Antworten

- *Was versteht man unter einer Symmetrie, und welche Konsequenz hat diese im Allgemeinen auf das Spektrum eines Systems?*
  Wenn zwei Zustände A und B durch einen Operator $\hat{U}$ ineinander überführt werden, der mit dem Hamilton-Operator vertauscht, dann spricht man von einer Symmetrie. In der Regel sind dann diese beiden Zustände entartet (es sei denn, es liegt eine spontane Symmetriebrechung vor).
- *Was ist der Generator eine kontinuierlichen Symmetriegruppe und was die zugehörige Algebra?*
  Wenn der Symmetrieoperator durch einen kontinuierlichen Parameter (wie z. B. einen Drehwinkel) kontrolliert wird, spricht man von einer kontinuierlichen Symmetrie. Die Symmetrieoperatoren bilden eine Lie-Gruppe. Aus den zugehörigen infinitesimalen Transformationen kann man dann für die meisten relevanten Gruppen die Generatoren der Symmetriegruppe ablesen, die einen Vektorraum aufspannen. Die Kommutatoren der Generatoren bilden die Lie-Algebra und kontrollieren die Gruppe in einer Umgebung um die Identität vollständig. Das Rechnen mit den Generatoren ist im Allgemeinen sehr viel einfacher als mit den Gruppenelementen.
- *Was besagt das Wigner-Eckert-Theorem?*
  Das Wigner-Eckert-Theorem erlaubt es, Matrixelemente, die durch Symmetrietransformationen ineinander überführt werden können, auf ein einziges sogenanntes reduziertes Matrixelement zurückzuführen.
- *Was kann man daraus ableiten, wenn in einem System Zustände unterschiedlicher Parität (nahezu) entartet sind?*
  Aus dem Entartungsmuster eines physikalischen Systems kann man schon einiges über die dem System zu Grunde liegenden Symmetrien ableiten. Wenn zum Beispiel zwei Zustände unterschiedlicher Parität entartet sind, bedeutet das, dass der zugehörige Hamilton-Operator mit einem Operator negativer Parität vertauscht.

8.7   Aufgaben

8.1 Zeigen Sie, dass Zustände, die durch eine Symmetrietransformation ineinander überführt werden können, entartet sind.

8.2 Zeigen Sie, dass Gl. (8.5) gilt.

8.3 Konstruieren Sie explizit die Eigenvektoren zu S_y, $\chi^y_{\frac{1}{2}}(\pm)$.

8.4 Berechnen Sie $\left[\hat{L}_i, \hat{\mathbf{L}} \cdot \mathbf{B}\right]$ und $\left[\hat{L}_i, \hat{\mathbf{L}} \cdot \mathbf{V}\right]$ unter der Annahme, dass $\mathbf{B}$ ein externer Vektor, $\mathbf{V}$ hingegen ein interner Vektor ist, für den $[\hat{L}_i, V_j] = i\hbar \sum_{lm} \epsilon_{lmk} V_k$ gilt.

8.5 Zerlegen Sie $x_i p_j$ in seine Anteile zu $J = 2$, $J = 1$ und $J = 0$.

8.6 Zeigen Sie, dass Gl. (8.16) gilt.
Hinweis: Es bietet sich an, die Rechnung für $\lambda = \lambda' = 1/2$ explizit durchzuführen. Es gilt $\langle 1/2\ 1/2, 1\ 0 | 1/2\ 1/2 \rangle = \sqrt{1/3}$.

8.7 Zeigen Sie, dass $\hat{\mathbf{R}}$ für das Wasserstoffatom mit $\hat{H}$, nicht aber mit $\hat{\mathbf{L}}^2$ kommutiert. *Hinweis:* Es hilft, die Kommutatoren auf elementare zurückzuführen. Es bietet sich in diesem Zusammenhang an, Gl. (8.7) in der Form $\left[\hat{L}_k, \hat{R}_l\right] = i\hbar \sum_{k=1}^{3} \epsilon_{klm} \hat{R}_m$ zu benutzen.

8.8 Zeigen Sie, dass Gl. (8.18) gilt.

Mehrteilchensysteme

9

Zusammenfassung

Dieses Kapitel gibt Antworten auf folgende Fragen:

- Wie ist in Abwesenheit einer Wechselwirkung der Teilchen untereinander aus N Einteilchenwellenfunktionen eine N-Teilchenwellenfunktion zu bilden?
- Was bedeutet das Prinzip der Ununterscheidbarkeit, und was ist seine Ursache?
- Was sind Bosonen, was sind Fermionen, und was lässt sich über die Symmetrie derer Wellenfunktionen sagen?
- Welche beobachtbaren Effekte hat diese Symmetrie?
- Was versteht man unter zweiter Quantisierung, und worin besteht ihr Nutzen?
- Was versteht man unter spontaner Symmetriebrechung?

9.1 Allgemeine Überlegungen

Aus der Statistik ist bekannt, dass die kombinierte Wahrscheinlichkeit zweier unabhängiger Ereignisse gegeben ist durch das Produkt der Einzelwahrscheinlichkeiten. Dementsprechend erhalten wir die Gesamtwellenfunktion eines nicht wechselwirkenden N-Teilchensystems durch das **Tensorprodukt** der Einteilchenwellenfunktionen:

$$\Psi^N(\mathbf{r}_1, \cdots, \mathbf{r}_N) = \psi_{\kappa_1}(\mathbf{r}_1) \otimes \cdots \otimes \psi_{\kappa_N}(\mathbf{r}_N) \tag{9.1}$$

In der Ket-Notation können wir dies schreiben als

$$|\kappa_1 \cdots \kappa_N\rangle \quad \text{mit} \quad \Psi^N(\mathbf{r}_1, \cdots, \mathbf{r}_N) = \langle \mathbf{r}_1 \cdots \mathbf{r}_N | \kappa_1 \cdots \kappa_N \rangle, \tag{9.2}$$

wobei die Multiindizes κ_i die Quantenzahlen beschreiben. Der Ausdruck Tensorprodukt bedeutet, dass die Einteilchenwellenfunktionen als Objekte in getrennten

© Springer-Verlag GmbH Deutschland, ein Teil von Springer Nature 2020
C. Hanhart, *kurz & knapp: Quantenmechanik*,
https://doi.org/10.1007/978-3-662-60702-2_9

Räumen verstanden werden. Entsprechend werden Operatoren, die nur in den Ein-
teilchenräumen wirken, auf den N-Teilchenraum ausgedehnt, indem ihre Wirkung
in den zustätzlichen Teilchenräumen als Identität interpretiert wird. Dadurch hat die
Matrixdarstellung solcher Operatoren bezüglich der Basis aus Gl. (9.1) eine Dia-
gonalform. Natürlich generieren Wechselwirkungen zwischen den Teilchen auch
Beiträge außerhalb der Diagonalen.

Alles, was zur statistischen Interpretation von Wellenfunktionen gesagt wurde,
überträgt sich eins zu eins auf die Mehrteilchenzustände. Des Weiteren, wenn die
Einteilchenzustände normiert sind, sind es die N-Teilchenzustände des Typs von
Gl. (9.1) automatisch auch.

Ein wichtiger neuer Effekt kommt in quantenmechanischen Systemen jedoch
hinzu, wenn zwei oder mehr Teilchen gleichen Typs (z. B. mehrere Elektronen oder
mehrere Protonen) anwesend sind: die **Ununterscheidbarkeit.** In klassischen Systemen kann man (zumindest im Prinzip) die Bahn jedes Teilchens nachverfolgen.
Nimmt man zwei gleiche Bälle, die sich von A und B nach C und D bewegen, so
ist es zu jedem Zeitpunkt eindeutig klar, welcher Ball wo gestartet ist. Das gilt bei
quantenmechanischen Systemen, sobald die Wellenfunktionen zweier gleicher Teilchen überlappen, nicht mehr. Dann ist es grundsätzlich nicht möglich zu sagen, ob
das Teilchen, das bei C ankommt, bei A oder B gestartet ist.

Um zu sehen, was das bedeutet, betrachten wir einen Zustand aus N identischen
Teilchen, gemäß Gl. (9.2), und einen Permutationsoperator $\hat{P}(\pi)$, so dass

$$\hat{P}(\pi)|\kappa_1 \cdots \kappa_N\rangle = |\kappa_{\pi(1)} \cdots \kappa_{\pi(N)}\rangle$$

gilt. Die Gruppe der Permutationen auf dem N-dimensionalen Raum, die sogenannte
symmetrische Gruppe S_N, enthält $N!$ Elemente. Bezeichne nun π_{ij} die Vertauschung
der Indizes i und j und sei $\hat{P}(\pi_{ij}) = \hat{P}_{ij}$, dann gilt $[\hat{P}_{ij}, \hat{P}_{ik}] \neq 0$ für $j \neq k$. Gemäß
Definition gilt $\hat{P}(\pi)^2 = 1$. Also können die Eigenwerte von $\hat{P}(\pi)$ für jedes gegebene
π nur ± 1 sein.

Wenn die Teilchen eines N-Teilchensystems ununterscheidbar sind, dann darf
auch keine Observable zwischen ihnen unterscheiden. Das heißt, für alle Operatoren
$\hat{A}$, die das System beschreiben, muss $[\hat{P}(\pi), \hat{A}] = 0$ gelten, und zwar für alle
Permutationen π aus S_N. Das bedeutet natürlich, dass die Symmetrie eines Zustands
durch die Anwendung von $\hat{A}$ nicht geändert wird.

9.2   Identische Teilchen: Bosonen und Fermionen

Nun ist es so, dass die Symmetrie der Gesamtwellenfunktion eine observable Größe
ist. Um dies zu sehen, betrachten wir die normierten Zweiteilchenwellenfunktionen

$$\psi_\pm(\mathbf{r}_1, \mathbf{r}_2) = \frac{1}{\sqrt{2}} \left(\psi_1(\mathbf{r}_1)\psi_2(\mathbf{r}_2) \pm \psi_2(\mathbf{r}_1)\psi_1(\mathbf{r}_2) \right),$$

wobei die Indizes die Quantenzahlen bezeichnen und $\langle\psi_1|\psi_2\rangle = 0$ gelten soll. Für diese Wellenfunktionen ist die Wahrscheinlichkeit, eines der Teilchen in einem kleinen Volumen um $\mathbf{r}_1$ und das andere in einem Volumen um $\mathbf{r}_2$ zu finden, gegeben durch

$$\|\psi_{\pm}(\mathbf{r}_1, \mathbf{r}_2)\|^2 \, d^3r_1 \, d^3r_2 = \frac{1}{2} \left(|\psi_1(\mathbf{r}_1)|^2 \, |\psi_2(\mathbf{r}_2)|^2 + |\psi_2(\mathbf{r}_1)|^2 \, |\psi_1(\mathbf{r}_2)|^2 \right.$$
$$\left. \pm 2\mathrm{Re} \left(\psi_1(\mathbf{r}_1)^* \psi_2(\mathbf{r}_2)^* \psi_2(\mathbf{r}_1) \psi_1(\mathbf{r}_2) \right) \right) d^3r_1 \, d^3r_2.$$

Die Abhängigkeit dieses Ausdrucks von der Symmetrie der Wellenfunktion wird besonders deutlich im Grenzwert $\mathbf{r}_1 \rightarrow \mathbf{r}_2$, da dann

$$\|\psi(\mathbf{r}_2, \mathbf{r}_2)\|^2 = |\psi_1(\mathbf{r}_2)|^2 \, |\psi_2(\mathbf{r}_2)|^2 \, (1 \pm 1)$$

gilt. Das in der Quantenmechanik notwendige Konzept der Ununterscheidbarkeit von Teilchen ist also nur dann sinnvoll, wenn es gleichzeitig eine Regel gibt, die das Verhalten von Mehrteilchenwellenfunktionen unter Vertauschung der Teilchen festlegt – und diese Regel existiert tatsächlich: In der relativistischen Quantenmechanik kann gezeigt werden, dass die Wahrung der Kausalität (d. h. keine Übertragung von Information mit Geschwindigkeiten schneller als der Lichtgeschwindigkeit) nur möglich ist, wenn Folgendes gilt:

Spin-Statistik-Theorem
Die Gesamtwellenfunktion von Ensembles von identischen Teilchen mit halbzahligem Spin (**Fermionen**) ist **antisymmetrisch** unter paarweiser Vertauschung der Teilchen und **symmetrisch** für Teilchen mit ganzzahligem Spin (**Bosonen**).

Zwar ist der Beweis dieses Theorems nur in der relativistischen Quantenmechanik möglich, gelten muss es allerdings auch in der nichtrelativistischen. Der Zusammenhang von Spin und Statistik gilt natürlich sowohl für elementare Objekte (wie Elektronen) als auch für zusammengesetzte Objekte wie Protonen und Neutronen (die drei Quarks enthalten) oder Atomkerne (die wiederum Protonen und Neutronen enthalten) (▶ *Aufgabe 9.1*).

Die Grundbausteine der Materie (Leptonen und Quarks) sind allesamt Fermionen, haben also antisymmetrische Wellenfunktionen. Damit greift für diese das **Pauli-Prinzip:** In einem System dürfen keine zwei Fermionen in allen Quantenzahlen übereinstimmen, denn dieses Teilchenpaar wäre dann automatisch symmetrisch unter Vertauschungen. Das Pauli-Prinzip hat drastische Auswirkungen auf die Struktur der Materie und insbesondere auf die Chemie: Wegen des Pauli-Prinzips ist die Anzahl der Elektronen, die sich in einem Hüllenniveau mit gegebener Hauptquantenzahl befinden können, begrenzt. So dürfen sich in einem atomaren Niveau mit $n = 1$

lediglich zwei Elektronen aufhalten, in dem mit $n = 2$ insgesamt acht, zwei mit $L = 0$ und sechs mit $L = 1$ usw. Die Auswirkung der Symmetrie der Wellenfunktion auf atomare und molekulare Spektren wird in Beispiel 10.8 und in Beispiel 10.9 diskutiert. Es folgt noch ein Beispiel aus der Kernphysik.

Beispiel 9.1: Mehrnukleonsysteme

Mit Hilfe dieses Freiheitsgrades Isospin (Beispiel 8.1) kann man z. B. Protonen und Neutronen als identische Teilchen betrachten, die als Nukleonen bezeichnet werden. Der Isospinraum geht in die Berechnung der Gesamtsymmetrie der Zustände ein. Betrachten wir nun als Beispiel ein System aus zwei Nukleonen. Diese tragen sowohl Spin als auch Isospin $1/2$. Daraus lassen sich jeweils Gesamtspin und -isospin von 0 und 1 bilden, wobei nach den Regeln der Drehimpulskopplung ersterer Zustand antisymmetrisch und letzterer symmetrisch ist, da er das maximale Gewicht enthält (Abschnitt 6.2). Daher kann ein Zweinukleonenzustand mit verschwindendem Bahndrehimpuls ($L = 0$), also symmetrischer Ortsraumwellenfunktion, nur entweder im Zustand ($S = 0$, $T = 1$) oder im Zustand ($S = 1$, $T = 0$) sein, damit die Gesamtwellenfunktion antisymmetrisch ist. Empirisch wissen wir, dass es mit dem Deuteron nur mit letzteren Quantenzahlen einen Bindungszustand gibt. Um das Pauli-Prinzip zu erfüllen, muss für ein Zweinukleonenzustand die Bedingung $L + S + T = ungerade$ gelten (▶ *Aufgabe 9.2*).

Da Deuteronen Bosonen sind, muss ein Zweideuteronenzustand hingegen eine symmetrische Wellenfunktion haben. Da Deuteronen $T = 0$ haben, ist der Isospinanteil der Wellenfunktion symmetrisch. Beschränken wir uns wiederum auf einen Bahndrehimpuls zwischen den Kernen von $L = 0$, dann erhalten wir, dass der Gesamtspin des Zweideuteronensystems 0 oder 2 sein muss. Spin-1-Zustände können nur mit ungeradem Drehimpuls kombiniert werden.

Eine vollständig antisymmetrische N-Teilchenwellenfunktion aus identischen Fermionen lässt sich mit Hilfe der **Slater-Determinante,**

$$\Psi_{\kappa_1,\cdots,\kappa_N}(\mathbf{x}_1,\cdots,\mathbf{x}_N) = \frac{1}{\sqrt{N!}}\det\begin{pmatrix} \psi_{\kappa_1}(\mathbf{x}_1) & \cdots & \psi_{\kappa_1}(\mathbf{x}_N) \\ \vdots & \ddots & \vdots \\ \psi_{\kappa_N}(\mathbf{x}_1) & \cdots & \psi_{\kappa_N}(\mathbf{x}_N) \end{pmatrix},$$

konstruieren, die identisch verschwindet, sobald $\kappa_i = \kappa_j$ für $i \neq j$ gilt.

Andererseits bilden Paare aus Fermionen Bosonen. Solche Paare können sich im gleichen Zustand befinden, was durchaus makroskopische Phänomene nach sich ziehen kann, wie die Supraleitung, getrieben von den sogenannten Cooper-Paaren aus Elektronen, die über eine Wechselwirkung mit dem Gitter eines Festkörpers gebunden werden. Ein System, in dem sich eine große Anzahl von Bosonen im gleichen Quantenzustand befinden, was zu makroskopischen Phänomenen führen kann, wird auch als **Bose-Einstein-Kondensat** bezeichnet. Neben der Supraleitung ist auch die Suprafluidität ein solches Phänomen.

9.3 Zweite Quantisierung

Eine elegante Methode zur Implementierung der Vertauschungssymmetrie der verschiedenen Teilchentypen ist die **zweite Quantisierung**. Der Formalismus entspricht für Bosonen der in Abschnitt 7.3 vorgestellten Methode zur Quantisierung des elektromagnetischen Feldes. Für Fermionen sind die fundamentalen Kommutatoren der Erzeuger und Vernichter durch Antikommutatoren zu ersetzen (eine ausführliche Diskussion findet sich in [24]). Dieser Ansatz, der auch die Grundlage für die moderne relativistische Quantenfeldtheorie bildet, wird im Folgenden kurz skizziert.

Die Quanteneffekte werden relativ zum Vakuum berechnet. Also bildet der Vakuumzustand

$$|0\rangle \quad \text{mit} \quad \langle 0|0\rangle = 1$$

den Ausgangspunkt der Konstruktion. Wie in Abschnitt 7.3 führen wir nun Erzeugungs- und Vernichtungsoperatoren über

$$a_\kappa^\dagger(\mathbf{p})|0\rangle = |\mathbf{p}\,\kappa\rangle \quad \text{und} \quad a_\kappa(\mathbf{p})|0\rangle = 0$$

ein: Die Anwendung von $a_\kappa^\dagger(\mathbf{p})$ auf den Vakuumzustand generiert einen Zustand mit Impuls $\mathbf{p}$ und Quantenzahlen κ. Der entsprechende Vernichtungsoperator annihiliert das Vakuum. Also erhöht die Anwendung des Erzeugungsoperators die Teilchenzahl im System um 1 und, wie wir sehen werden, reduziert der Vernichtungsoperator diese um 1. In Analogie zu Gl. (3.25) gilt demnach für einen nicht wechselwirkenden N-Teilchenzustand

$$|\mathbf{p}_1\kappa_1, \cdots, \mathbf{p}_N\kappa_N\rangle = \frac{1}{\sqrt{N!}} a_{\kappa_1}^\dagger(\mathbf{p}_1) \cdots a_{\kappa_N}^\dagger(\mathbf{p}_N)|0\rangle \tag{9.3}$$

und

$$\langle \mathbf{p}_1\kappa_1, \cdots, \mathbf{p}_N\kappa_N| = \frac{1}{\sqrt{N!}} \langle 0| \left(a_{\kappa_1}^\dagger(\mathbf{p}_1) \cdots a_{\kappa_N}^\dagger(\mathbf{p}_N) \right)^\dagger = \frac{1}{\sqrt{N!}} \langle 0| a_{\kappa_N}(\mathbf{p}_N) \cdots a_{\kappa_1}(\mathbf{p}_1) . \tag{9.4}$$

Hierbei ist zu beachten, dass für Fermionen die Reihenfolge der Erzeuger bzw. Vernichter das Vorzeichen des Zustands bestimmt. Im Formalismus wird das dadurch realisiert, dass in Analogie zu Gl. (7.20)

$$\left[\hat{a}_{\kappa_i}(\mathbf{p}_i), \hat{a}_{\kappa_j}^\dagger(\mathbf{p}_j) \right]_\pm = \delta_{\kappa_i\kappa_j}(2\pi\hbar)^3\delta(\mathbf{p}_i - \mathbf{p}_j), \tag{9.5}$$

sowie

$$\left[\hat{a}_{\kappa_i}^\dagger(\mathbf{p}_i), \hat{a}_{\kappa_j}^\dagger(\mathbf{p}_j) \right]_\pm = \left[\hat{a}_{\kappa_i}(\mathbf{p}_i), \hat{a}_{\kappa_j}(\mathbf{p}_j) \right]_\pm = 0 \tag{9.6}$$

gilt, wobei $[.\,,.]_+$ für den Antikommutator, der für die Fermionenfelder anzuwenden ist, und $[.\,,.]_-$ für den Kommutator, der für die Bosonenfelder zur Anwendung kommt, steht. Damit gilt insbesondere

$$\langle \mathbf{p}'; \kappa'|\mathbf{p}; \kappa\rangle = \langle 0|a_{\kappa'}(\mathbf{p}')a_\kappa^\dagger(\mathbf{p}')|0\rangle$$
$$= \delta_{\kappa\kappa'}(2\pi\hbar)^3\delta^{(3)}(\mathbf{p} - \mathbf{p}'). \tag{9.7}$$

Im Prinzip kann man nun einen Zustand nach den Besetzungszahlen der einzelnen Quantenzahlen kennzeichnen, wobei für Fermionen nur die Besetzungszahlen 1 und 0 zulässig sind [24]. Gl. (9.5) gilt, wenn die Basis nach Impulseigenzuständen entwickelt wird – im Falle von diskreten Zuständen entfällt der Faktor $(2\pi\hbar)^3\delta(\mathbf{p}_i - \mathbf{p}_j)$. Im Falle wechselwirkender Systeme ist der Ausdruck aus Gl. (9.3) durch Wellenfunktionen zu ergänzen. Im Beispiel 9.2 wird dies anhand des Deuterons demonstriert.

Durch Anwendung der fundamentalen (Anti-)Kommutatoren findet man

$$
a_\kappa(\mathbf{p})\,|\mathbf{p}_1\kappa_1,\cdots,\mathbf{p}_N\kappa_N\rangle = \frac{1}{\sqrt{N}}\sum_{k=1}^{N}\delta_{\kappa\kappa_k}(2\pi\hbar)^3\delta(\mathbf{p}-\mathbf{p}_k)(\mp 1)^{(k+1)}
$$
$$
\times\,\left|\mathbf{p}_1\kappa_1,\cdots,\mathbf{p}_{k-1}\kappa_{k-1},\mathbf{p}_{k+1}\kappa_{k+1},\cdots,\mathbf{p}_N\kappa_N\right\rangle,\quad (9.8)
$$

wobei der Normierungsfaktor den Unterschied der Normierung des N und des $(N-1)$-Teilchenzustands erfasst. Hierbei gilt das obere (untere) Vorzeichen der Phase für Fermionen (Bosonen).

Die Projektion auf den Impulsraum erfolgt in diesem Formalismus über die naheliegende Verallgemeinerung von Gl. (5.15):

$$
\frac{1}{n!}\sum_{\kappa_1}\int\frac{d^3p_1}{(2\pi\hbar)^3}\cdots\sum_{\kappa_n}\int\frac{d^3p_n}{(2\pi\hbar)^3}
$$
$$
\times\,a_{\kappa_n}^\dagger(\mathbf{p}_n)\cdots a_{\kappa_1}^\dagger(\mathbf{p}_1)|0\rangle\langle 0|a_{\kappa_1}(\mathbf{p}_1)\cdots a_{\kappa_n}(\mathbf{p}_n)\qquad (9.9)
$$

Operatoren werden in der zweiten Quantisierung ebenfalls durch die Erzeuger und Vernichter dargestellt. Als Einteilchenoperator bezeichnet man einen Operator, der lediglich auf jeweils einen Zustand im N-Teilchenensemble wirkt. Dementsprechend verbindet ein n-Teilchenoperator n Zustände mit n Zuständen. Also erhalten wir

$$
\hat{A}^n = \frac{1}{n!}\sum_{\kappa_1'}\int\frac{d^3p_1'}{(2\pi\hbar)^3}\cdots\sum_{\kappa_n'}\int\frac{d^3p_n'}{(2\pi\hbar)^3}\sum_{\kappa_1}\int\frac{d^3p_1}{(2\pi\hbar)^3}\cdots\sum_{\kappa_n}\int\frac{d^3p_n}{(2\pi\hbar)^3}
$$
$$
\times\,a_{\kappa_n'}^\dagger(\mathbf{p}_n')\cdots a_{\kappa_1'}^\dagger(\mathbf{p}_1')\langle\mathbf{p}_1'\kappa_1',\cdots\mathbf{p}_n'\kappa_n'|\hat{A}|\mathbf{p}_1\kappa_1,\cdots\mathbf{p}_n\kappa_n\rangle
$$
$$
\times\,a_{\kappa_1}(\mathbf{p}_1)\cdots a_{\kappa_n}(\mathbf{p}_n).\qquad (9.10)
$$

Hierbei ist es wichtig, dass wie zuvor alle Vernichter rechts und alle Erzeuger links stehen. Wenn Bosonen, wie z. B. Photonen, involviert sind, kann sich auch die Teilchenzahl bei Einwirkung des Operators ändern, wie wir in Beispiel 9.2 und Abschnitt 10.1 sehen werden. An Gl. (9.10) erkennt man deutlich die drastische Vereinfachung, die der Formalismus darstellt: Auch für $N\gg n$ ist es lediglich notwendig, ein n-Teilchenmatrixelement zu berechnen. Die Einbettung desselben in den N-Teilchenzustand erfolgt dann durch den Formalismus der Erzeuger und Vernichter. Wie das funktioniert, soll nun an einem einfachen Beispiel illustriert werden.

Beispiel 9.2: Ladungsformfaktor des Deuterons

Wie in Beispiel 9.1 erwähnt ist das Deuteron ein Bindungszustand aus einem Proton und einem Neutron mit Isospin 0 und Spin 1 in einer relativen S-Welle ($L = 0$). Der dominante Term des Vektorformfaktors ist ein Einteilchenoperator des Typs

$$\hat{V}^0(\mathbf{q}) = \sum_{\kappa,\kappa'} \int \frac{d^3p'}{(2\pi\hbar)^3} \int \frac{d^3p}{(2\pi\hbar)^3} a_{\kappa'}(\mathbf{p}') \langle \mathbf{p}'\kappa', \mathbf{q} | \hat{Q}\phi | \mathbf{p}\kappa \rangle a_\kappa^\dagger(\mathbf{p}).$$

Wie in Beispiel 7.1 ausgeführt, kann die Zeitabhängigkeit separat betrachtet werden (Kap. 10), so dass wir das Matrixelement hier bei $t = 0$ auswerten können. Des Weiteren gilt

$$\hat{Q} = \frac{e}{2}(1 + \tau_3),$$

wobei hier e positiv gewählt ist, so dass unter Benutzung von Gl. (5.16) und (8.16) gilt:

$$\langle \mathbf{p}'\kappa', \mathbf{q} | \hat{Q}\phi | \mathbf{p}\kappa \rangle = \delta_{s's} \left\langle \frac{1}{2}t' \middle| \hat{Q} \middle| \frac{1}{2}t \right\rangle c \sqrt{\frac{\hbar}{2\epsilon_0\omega_q}} \int d^3x \, \langle \mathbf{p}' | \mathbf{x} \rangle e^{i\mathbf{q}\cdot\mathbf{x}/\hbar} \langle \mathbf{x} | \mathbf{p} \rangle$$

$$= ec \sqrt{\frac{\hbar}{2\epsilon_0\omega_q}} \delta_{s's}\delta_{t't} \left(\frac{1}{2} + t \right) (2\pi\hbar)^3 \delta^{(3)}(\mathbf{p}' - \mathbf{p} + \mathbf{q}) \qquad (9.11)$$

Die Deuteronwellenfunktion schreibt sich als ($\blacktriangleright$ *Aufgabe 9.2*)

$$|\psi(\mathbf{P}_d; 1\,M_s)\rangle = \frac{1}{\sqrt{2}} \sum_{\kappa_1,\kappa_2} \int \frac{d^3p_1}{(2\pi\hbar)^3} \int \frac{d^3p_2}{(2\pi\hbar)^3} a_{\kappa_1}^\dagger(\mathbf{p}_1) a_{\kappa_2}^\dagger(\mathbf{p}_2) |0\rangle \psi((\mathbf{p}_1 - \mathbf{p}_2)/2)$$

$$\times (2\pi\hbar)^3 \delta^{(3)}(\mathbf{p}_1 + \mathbf{p}_2 - \mathbf{P}_d) \left\langle \frac{1}{2}t_1, \frac{1}{2}t_2 \middle| 00 \right\rangle \left\langle \frac{1}{2}s_1, \frac{1}{2}s_2 \middle| 1M_S \right\rangle$$

$$(9.12)$$

mit

$$\langle \psi(\mathbf{P}_d'; 1M_S') | \psi(\mathbf{P}_d; 1\,M_s) \rangle = (2\pi\hbar)^3 \delta_{M_S M_S'} \delta^{(3)}(\mathbf{P}_d - \mathbf{P}_d'),$$

so dass die Normierung der Deuteronwellenfunktion der der Einteilchenzustände entspricht; vgl. Gl. (9.7). Da der Operator $\hat{V}^0$ unabhängig vom Spin ist, muss die Spinprojektion unverändert bleiben. Des Weiteren können wir deren Wert beliebig wählen und erhalten z. B. für $M_S = M_S' = 1$

$$\left\langle \psi(\mathbf{P}'_d; 11)\right| \hat{V}^0(\mathbf{q}) \left|\psi(\mathbf{P}_d; 1\,1)\right\rangle$$

$$= \frac{1}{2}\int \frac{d^3p}{(2\pi\hbar)^3}\int \frac{d^3p'}{(2\pi\hbar)^3}\int \frac{d^3p'_1}{(2\pi\hbar)^3}\int \frac{d^3p'_2}{(2\pi\hbar)^3}\int \frac{d^3p_1}{(2\pi\hbar)^3}\int \frac{d^3p_2}{(2\pi\hbar)^3}$$

$$\times \sum_{\kappa}\sum_{\kappa_1,\kappa_2}\sum_{\kappa'_1,\kappa'_2} ec\sqrt{\frac{\hbar}{2\epsilon_0\omega_q}}\left(\frac{1}{2}+t\right)\left\langle 00\left|\frac{1}{2}t'_1,\frac{1}{2}t'_2\right\rangle\left\langle\frac{1}{2}t_1,\frac{1}{2}t_2\right|00\right\rangle$$

$$\times \psi((\mathbf{p}'_1-\mathbf{p}'_2)/2)^*(2\pi\hbar)^3\delta^{(3)}(\mathbf{p}'-\mathbf{p}+\mathbf{q})\psi((\mathbf{p}_1-\mathbf{p}_2)/2)$$

$$\times (2\pi\hbar)^3\delta^{(3)}(\mathbf{p}_1+\mathbf{p}_2-\mathbf{P}_d)\,(2\pi\hbar)^3\delta^{(3)}(\mathbf{p}'_1+\mathbf{p}'_2-\mathbf{P}'_d)$$

$$\times \langle 0|a_{\kappa'_2}(\mathbf{p}'_2)a_{\kappa'_1}(\mathbf{p}'_1)a^\dagger_\kappa(\mathbf{p}')a_\kappa(\mathbf{p})a^\dagger_{\kappa_1}(\mathbf{p}_1)a^\dagger_{\kappa_2}(\mathbf{p}_2)|0\rangle\,,\tag{9.13}$$

wobei $\kappa = (s,t)$ und $\kappa_i = (s_i,t_i)$ usw. ist. In Gl. (9.13) sorgen die Clebsch-Gordan-Koeffizienten dafür, dass $t_1 = -t_2$ und $t'_1 = -t'_2$ sind. Außerdem wurde bereits benutzt, dass alle Spinprojektionen $+1/2$ sein müssen und die zugehörigen Clebsch-Gordan-Koeffizienten gleich eins sind. Nun gilt

$$\langle 0|a_{\kappa'_2}(\mathbf{p}'_2)a_{\kappa'_1}(\mathbf{p}'_1)a^\dagger_\kappa(\mathbf{p}')a_\kappa(\mathbf{p})a^\dagger_{\kappa_1}(\mathbf{p}_1)a^\dagger_{\kappa_2}(\mathbf{p}_2)|0\rangle = (2\pi\hbar)^9$$

$$\times \Big\{ +\delta_{\kappa'_2\kappa_2}\delta^{(3)}(\mathbf{p}'_2-\mathbf{p}_2)\delta_{\kappa'_1\kappa}\delta^{(3)}(\mathbf{p}'_1-\mathbf{p}')\delta_{\kappa\kappa_1}\delta^{(3)}(\mathbf{p}-\mathbf{p}_1)$$

$$-\delta_{\kappa'_2\kappa}\delta^{(3)}(\mathbf{p}'_2-\mathbf{p}')\delta_{\kappa'_1\kappa_2}\delta^{(3)}(\mathbf{p}'_1-\mathbf{p}_2)\delta_{\kappa\kappa_1}\delta^{(3)}(\mathbf{p}-\mathbf{p}_1)$$

$$-\delta_{\kappa'_2\kappa_1}\delta^{(3)}(\mathbf{p}'_2-\mathbf{p}_1)\delta_{\kappa'_1\kappa}\delta^{(3)}(\mathbf{p}'_1-\mathbf{p}')\delta_{\kappa\kappa_2}\delta^{(3)}(\mathbf{p}-\mathbf{p}_2)$$

$$+\delta_{\kappa'_2\kappa}\delta^{(3)}(\mathbf{p}'_2-\mathbf{p}')\delta_{\kappa'_1\kappa_1}\delta^{(3)}(\mathbf{p}'_1-\mathbf{p}_1)\delta_{\kappa\kappa_2}\delta^{(3)}(\mathbf{p}-\mathbf{p}_2)\Big\}\,.\tag{9.14}$$

Hier wird nun also der Antisymmetrisierung Rechnung getragen. Es zeigt sich, dass das Produkt der Isospin-Clebsch-Gordan-Koeffizienten $\pm(1/2)$ ist, wobei das Vorzeichen für jeden Term genau das Gesamtvorzeichen des jeweiligen Terms ausgleicht. Der Faktor $(1/2+t)$ in der zweiten Zeile zählt die Protonen im System. Für Kerne mit höherer Ladung erzeugt er einen Faktor Z. Gleichzeitig legt er $t = +1/2$ fest. Damit ergeben alle vier Terme in Gl. (9.14) das gleiche Ergebnis und wir finden nach einem Übergang in Schwerpunkt- und Relativkoordinaten (▶ *Aufgabe 9.2*) (Abb. 9.1)

Abb. 9.1 Zur Berechnung des Deuteronformfaktors: Der Impuls $\mathbf{q}$ ist auslaufend gewählt und
$\mathbf{p}_1=\mathbf{k}+\mathbf{q}/2+\mathbf{P}_d/2$ und
$\mathbf{p}'_1=\mathbf{k}-\mathbf{q}/2+\mathbf{P}_d/2$ sowie
$\mathbf{p}_2=-\mathbf{k}-\mathbf{q}/2+\mathbf{P}_d/2$ gilt

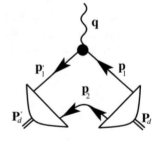

$$\langle\psi|\,\hat{V}^0(\mathbf{q})\,|\psi\rangle = ec\,\sqrt{\frac{\hbar}{2\epsilon_0\omega_q}}\,\delta^{(3)}\big(\mathbf{P}'_d+\mathbf{q}-\mathbf{P}_d\big)\int d^3k\,\psi(\mathbf{k})^*\psi(\mathbf{k}+\mathbf{q}/2)$$

$$= ec\,\sqrt{\frac{\hbar}{2\epsilon_0\omega_q}}\,(2\pi\hbar)^3\delta^{(3)}\big(\mathbf{P}'_d+\mathbf{q}-\mathbf{P}_d\big)\,F(\mathbf{q}^2)\ . \tag{9.15}$$

Für Kerne mit größerer Kernladung ist dieser Ausdruck noch mit Z zu multiplizieren. In der zweiten Zeile wurde der **Formfaktor** $F\left(\mathbf{q}^2\right)$ via

$$F(\mathbf{q}^2) = \int \frac{d^3k}{(2\pi\hbar)^3}\,\psi(\mathbf{k})^*\psi(\mathbf{k}+\mathbf{q}/2) = \int d^3x\,\psi(\mathbf{x})^*e^{-i\mathbf{q}\cdot\mathbf{x}/(2\hbar)}\psi(\mathbf{x}) \tag{9.16}$$

definiert, wobei der Übergang zum Ortsraum in letzten Schritt mit Hilfe von Gl. (1.7) durchgeführt wurde. Für Kerne mit mehr als zwei Nukleonen ist außerdem noch über alle nicht beteiligte Nukleonkoordinaten zu integrieren, wobei nun nicht mehr auf eine Antisymmetrisierung zu achten ist. Da die Wellenfunktion normiert ist, gilt $F\left(\mathbf{0}\right) = 1$. Der Formfaktor berücksichtigt, dass das Deuteron kein Punktteilchen ist, sondern eine **Ladungsverteilung** hat, die durch die Wellenfunktion bestimmt ist. Diese Interpretation wird auch aus dem Vergleich von Gl. (9.15) mit Gl. (11.16) deutlich.

Der Formfaktor $F(\mathbf{q}^2)$, der, wie aus Gl. (9.16) abzulesen ist, Informationen über die Kernstruktur enthält, kann z. B. in Elektron-Kern-Streuung vermessen werden. Auf den Einfluss eines nicht konstanten Formfaktors auf atomare Spektren kommen wir in Beispiel 10.1 zurück.

9.4   Dynamische oder spontane Symmetriebrechung

Mit den in diesem Kapitel eingeführten Methoden sind wir nun in der Lage, ein Phänomen zu diskutieren, das in der modernen Teilchenphysik eine sehr zentrale Rolle spielt: die **spontane Symmetriebrechung.** Sie tritt auf, wann immer der Hamilton-Operator zwar mit einer Symmetrietransformation kommutiert, der Vakuumzustand aber nicht invariant unter der Symmetrieoperation ist. Zur Illustration ist das Prinzip in Abb. 9.2 gezeigt.

Abb. 9.2 Illustration der spontanen Symmetriebrechung

Um zu sehen, wo in Gl. (8.1) eine Annahme einging, behandeln wir nun einen
beliebigen Einteilchenzustand konstruiert mit Hilfe der Erzeugungsoperatoren, die
in Abschnitt 9.2 eingeführt wurden, für den Fall, dass

$$\hat{\mathcal{U}} a_A^\dagger \hat{\mathcal{U}}^\dagger = a_B^\dagger \quad \text{mit} \quad a_A^\dagger |0\rangle = |A\rangle, \ a_B^\dagger |0\rangle = |B\rangle$$

gilt. Des Weiteren gelte immer noch

$$[\hat{\mathcal{U}}, \hat{H}] = 0,$$

so dass

$$\hat{H}|A\rangle = E_A|A\rangle \Longrightarrow \hat{H} \underbrace{\hat{\mathcal{U}} a_A^\dagger \hat{\mathcal{U}}^\dagger}_{a_B^\dagger} \hat{\mathcal{U}}|0\rangle = E_A \underbrace{\hat{\mathcal{U}} a_A^\dagger \hat{\mathcal{U}}^\dagger}_{a_B^\dagger} \hat{\mathcal{U}}|0\rangle$$

ist. Der rechte Ausdruck entspricht jedoch nur dann $\hat{H}|B\rangle = E_A|B\rangle$, wenn $\hat{\mathcal{U}}|0\rangle = |0\rangle$ ist, und ansonsten eben nicht – dann sind die Zustände A und B auch nicht
entartet. Diesen Mechanismus nennt man **spontane Symmetriebrechung.** Er tritt
immer dann auf, wenn die Symmetrie des Vakuums geringer ist als die des Hamilton-
Operators. Er wird am besten anhand eines Sombrero-Potentials (in der englisch-
sprachigen Literatur wird diese Illustration als Maxican Hat Potential bezeichnet)
illustriert (Abb. 9.2): Der Hut, der das Potential symbolisiert, ist symmetrisch unter
Rotationen um die z-Achse. Wenn man jedoch eine Kugel auf der Spitze des Hutes
platziert, dann ist nicht vorgegeben, wohin die Kugel fällt. Wenn sie aber erst einmal
eine Position mit minimaler Energie eingenommen hat, dann ist der Grundzustand
nicht mehr symmetrisch unter Rotationen um die Symmetrieachse des Hutes – die
Symmetrie wurde spontan (durch den Fall der Kugel) gebrochen. Eine spontane
Symmetriebrechung liegt zum Beispiel einem Permanentmagneten zu Grunde, spielt
aber auch in der Teilchenphysik eine wichtige Rolle.

An Abb. 9.2 kann man ein weiteres Phänomen ablesen, das mit spontaner Symmetriebrechung einhergeht: Offensichtlich kostet es keine Energie, die Kugel im Rand
des Sombreros zu bewegen. Quantenmechanisch bedeutet dies, dass die möglichen
Vakuumzustände zueinander entartet sind. Dies führt zu nichttrivialen Konsequenzen, deren Beschreibung hier jedoch zu weit ginge.

9.5   Zusammenfassung und Antworten

In diesem Kapitel haben wir diskutiert, wie Mehrteilchensysteme quantenmechanisch behandelt werden können. Insbesondere wurden die eingangs aufgeworfenen
Fragen folgendermaßen beantwortet:

- *Wie ist in Abwesenheit einer Wechselwirkung der Teilchen untereinander aus N
  Einteilchenwellenfunktionen eine N-Teilchenwellenfunktion zu bilden?*
  Die Wellenfunktion eines Systems aus N-Teilchen, die untereinander nicht wech-
  selwirken, ist das Produkt der N Einteilchenwellenfunktionen. Diese Produktzu-
  stände bilden auch eine geeignete Basis für wechselwirkende N-Teilchensysteme.

- *Was bedeutet das Prinzip der Ununterscheidbarkeit, und was ist seine Ursache?*
  In der Quantenmechanik ist zu beachten, dass es prinzipiell unmöglich ist, die
  Bahn zweier gleicher Teilchen, die sich nahegekommen sind, getrennt zu verfol-
  gen. Dies führt zwangsläufig auf das Prinzip der Ununterscheidbarkeit, das zur
  Folge hat, dass N-Teichenwellenfunktionen gewissen Symmetrieeigenschaften
  genügen müssen.
- *Was sind Bosonen, was sind Fermionen, und was lässt sich über die Symmetrie
  derer Wellenfunktionen sagen?*
  In der relativistischen Quantenmechanik lässt sich das Spin-Statistik-Theorem
  beweisen. Danach müssen Systeme aus identischen Teilchen mit halbzahligem
  (ganzzahligem) Spin eine Wellenfunktion haben, die antisymmetrisch (symmetrisch) unter paarweiser Vertauschung dieser Teilchen ist. Teilchen mit halbzahligem (ganzzahligem) Spin bezeichnet man als Fermionen (Bosonen).
- *Welche beobachtbaren Effekte hat diese Symmetrie?*
  Mehreilchensysteme aus Fermionen und Bosonen verhalten sich sehr unterschiedlich, da zwei Fermionen nicht im gleichen Zustand sein dürfen, zwei Bosonen das
  jedoch bevorzugen. Das bedeutet, dass z. B. die Elektronen in der Atomhülle die
  erlaubten Atomniveaus sukzessive auffüllen müssen. Dies führt zu einem che-
  mischen Verhalten, dass stark von der Kernladungszahl abhängt. Andererseits
  können Bosonen sogenannte Kondensate bilden, die sich sogar in makroskopischen Phänomenen wie Supraleitung oder Superfluidität zeigen können.
- *Was versteht man unter zweiter Quantisierung, und worin besteht ihr Nutzen?*
  Die zweite Quantisierung erlaubt es, die Symmetrie von Mehrteilchenwellenfunktionen bequem zu berücksichtigen. Insbesondere ist dank ihrer Hilfe die Auswertung von z. B. Ein- oder Zweiteilchenoperatoren in N-Teilchenwellenfunktionen
  dramatisch vereinfacht.
- *Was versteht man unter spontaner Symmetriebrechung?*
  Ein interessantes Phänomen ist die spontane Symmetriebrechung. Sie liegt vor,
  wenn die Symmetriegruppe des Hamilton-Operators höher dimensional ist als die
  des Vakuums. In einem solchen Fall sind Zustände, die durch spontan gebrochene
  Generatoren ineinander überführt werden, nicht mehr entartet.

9.6   Aufgaben

9.1 Zeigen Sie am Beispiel eines Zweiteilchensystems, dass sich das Spin-Statistik-
Theorem auch auf zusammengesetzte Objekte überträgt.

9.2 Zeigen Sie, dass Zustand $|\Psi(\mathbf{P}_{2N}; S\, M_s, T\, T_3)\rangle$, der in direkter Verallgemeine-
rung von Gl. (9.12) einen Zweinukleonenbindungszustand beschreibt, für nor-
mierte Wellenfunktionen $\Psi(\mathbf{p})$ normiert ist.

Störungstheorie
10

Zusammenfassung

Thema dieses Kapitel sind Näherungsmethoden, die es erlauben, zusätzliche Einflüsse auf lösbare Systeme quantitativ zu berücksichtigen. Ein Beispiel hierfür sind Korrekturen zur Wechselwirkung von Elektronen mit dem Atomkern in wasserstoffähnlichen Atomen. Neben der für dieses Beispiel notwendigen zeitunabhängigen Störungstheorie werden die Variationsmethode, die Born-Oppenheimer-Näherung und die zeitabhängige Störungstheorie vorgestellt und anhand von verschiedenen Beispielen illustriert. Dieses Kapitel gibt Antworten auf folgende Fragen:

- Worauf ist bei der Identifikation eines Entwicklungsparameters für die störungstheoretische Betrachtung eines Systems zu achten?
- Welcher Parameter kontrolliert den durch einen Störoperator induzierten Einfluss anderer Zustände auf den betrachteten?
- Was ist im Falle eines entarteten Unterraumes zu tun?
- Wie kann man in der Störungstheorie Übergänge berücksichtigen?
- Warum hat die Spinwellenfunktion auf das Spektrum von Atomen großen Einfluss, selbst wenn die spinabhängigen Wechselwirkungen vernachlässigt werden?
- Was ist der Zeeman-Effekt und was der Paschen-Beck-Effekt?
- Unter welcher Voraussetzung kann es bei schwachen Feldern einen linearen Stark-Effekt geben?
- Wann kann die Born-Oppenheimer-Näherung verwendet werden?
- Was versteht man unter induzierter Emission/Absorption?
- Welchen Effekt hat eine instantan einsetzende Störung auf ein quantenmechanisches System?

Nur wenige Probleme sind exakt lösbar. In der Regel ist es notwendig, geeignete Näherungen an die vollständige Lösung zu finden – das macht aber nichts, da es für

© Springer-Verlag GmbH Deutschland, ein Teil von Springer Nature 2020
C. Hanhart, *kurz & knapp: Quantenmechanik*,
https://doi.org/10.1007/978-3-662-60702-2_10

den Physiker gar nicht notwendig ist, Rechnungen exakt durchzuführen. Es reicht durchaus, etwas genauer zu sein als das entsprechende Experiment. Allerdings ist es immer notwendig, die Genauigkeit des Ergebnisses zuverlässig abzuschätzen. Dies leistet die Störungstheorie.

In diesem Kapitel wird lediglich eine Auswahl an Näherungsmethoden vorgestellt. Aber natürlich gibt es viele weitere. Als Beispiel sei die WKB-Methode genannt, die es erlaubt, Teilchen hoher Energie zu untersuchen. Diese wird z. B. in [22] beschrieben.

10.1 Zeitunabhängige Störungstheorie

Wir werden nun einen Formalismus entwickeln, der es erlaubt, den Effekt eines beliebigen, jedoch schwachen (wie „schwach" zu quantifizieren ist, werden wir später sehen), zeitunabhängigen Störpotentials zu untersuchen. Wir betrachten also ein System mit $\hat{H} = \hat{H}_0 + \hat{V}$, wobei das Spektrum, $E_n^{(0)}$, und die Eigenfunktionen, $|n^{(0)}\rangle$, von $\hat{H}_0$ bekannt seien. Des Weiteren wollen wir ohne Beschränkung der Allgemeinheit annehmen, dass die Eigenzustände zu $\hat{H}_0$ orthonormal aufeinander stehen. Zur Herleitung der relevanten Formeln wird nun ein reeller Parameter λ eingeführt, so dass

$$\hat{H} = \hat{H}_0 + \lambda \hat{V}$$

gelte. Wir machen nun den Ansatz

$$E_n = \sum_{k=0}^{\infty} E_n^{(k)} \lambda^k \quad \text{und} \quad |n\rangle = N \sum_{k=0}^{\infty} \lambda^k |n^{(k)}\rangle \quad \text{mit} \quad \hat{H}|n\rangle = E_n |n\rangle, \qquad (10.1)$$

wobei N eine Normierungskonstante ist. Die Entwicklungsterme der Wellenfunktionen können wir ohne Beschränkung der Allgemeinheit so wählen, dass (▶ *Aufgabe 10.1*)

$$\langle n^{(0)}|n^{(k)}\rangle = 0 \qquad (10.2)$$

ist. Nun fordern wir, dass die Schrödinger-Gleichung für beliebige Werte von λ gelöst werden solle, auch wenn $\lambda = 1$ der physikalische Wert ist. Das bedeutet, wenn man die Ansätze in die Schrödinger-Gleichung (10.1) einsetzt, dass auf beiden Seiten die Terme zu jeder gegebenen Ordnung in λ übereinstimmen müssen. Der Einfachheit halber wollen wir uns darauf beschränken, die Korrekturen für gebundene Zustände auszurechnen.

Da gemäß Konstruktion die zu λ^k gehörenden Terme von V^k generiert sein müssen, sollte für schwache Störungen (was das bedeutet, ist noch zu bestimmen) bereits wenige Terme in der gegebenen Reihe genügen, um die volle Wellenfunktion in guter Näherung zu berechnen. Einsetzen ergibt zur Ordnung λ^0, λ^1 und λ^2

$$(\hat{H}_0 - E_n^{(0)})|n^{(0)}\rangle = 0,$$
$$(\hat{H}_0 - E_n^{(0)})|n^{(1)}\rangle = -\hat{V}|n^{(0)}\rangle + E_n^{(1)}|n^{(0)}\rangle,$$
$$(\hat{H}_0 - E_n^{(0)})|n^{(2)}\rangle = -\hat{V}|n^{(1)}\rangle + E_n^{(1)}|n^{(1)}\rangle + E_n^{(2)}|n^{(0)}\rangle.$$

Nun wird jede dieser Gleichungen von links auf $\langle m^{(0)}|$ projiziert, und wir bekommen dadurch aus der zweiten und der dritten

$$(E_m^{(0)} - E_n^{(0)})\langle m^{(0)}|n^{(1)}\rangle = -\langle m^{(0)}|\hat{V}|n^{(0)}\rangle + E_n^{(1)}\delta_{nm}, \tag{10.3}$$
$$(E_m^{(0)} - E_n^{(0)})\langle m^{(0)}|n^{(2)}\rangle = -\langle m^{(0)}|\hat{V}|n^{(1)}\rangle + E_n^{(1)}\langle m^{(0)}|n^{(1)}\rangle + E_n^{(2)}\delta_{nm}. \tag{10.4}$$

Hier sehen wir, dass das Verfahren nur dann funktionieren kann, wenn die Eigenzustände, die ein nicht verschwindendes Matrixelement mit $\hat{V}$ haben ($\langle m^{(0)}|\hat{V}|n^{(0)}\rangle \neq 0$), **nicht entartet** sind. Das wollen wir nun zunächst als gegeben annehmen. Auf den entarteten Fall kommen wir weiter unten in diesem Kapitel zurück. Damit liefert Gl. (10.3) für $n = m$ und $n \neq m$

$$E_n^{(1)} = V_{nn} \quad \text{und} \quad \langle m^{(0)}|n^{(1)}\rangle = \frac{V_{mn}}{E_n^{(0)} - E_m^{(0)}}, \tag{10.5}$$

wobei wir die Matrixschreibweise aus Abschnitt 5.5, $V_{mn} = \langle m^{(0)}|\hat{V}|n^{(0)}\rangle$, benutzt haben. Für $n = m$ liefert Gl. (10.4) durch Einschieben einer Identität gemäß Gl. (5.19) und unter Verwendung von Gl. (10.2) und (10.5)

$$E_n^{(2)} = \langle n^{(0)}|\hat{V}|n^{(1)}\rangle$$
$$= \sum_{n \neq m} \frac{|V_{mn}|^2}{E_n^{(0)} - E_m^{(0)}} + \int \frac{d^3 p}{(2\pi\hbar)^3} \frac{|V_{pn}|^2}{E_n^{(0)} - E(p)}, \tag{10.6}$$

wobei $E(p)$ die Energie des Zwischenzustands mit Impuls **p** bezeichne. Zunächst wollen wir der Einfachheit halber den Beitrag des Kontinuums weglassen – wir werden dessen Rolle in Abschnitt 10.2 wieder aufgreifen. Dann bekommen wir aus Gl. (10.4) außerdem

$$\langle m^{(0)}|n^{(2)}\rangle = \sum_{n \neq l} \frac{V_{ml}V_{ln}}{(E_n^{(0)} - E_m^{(0)})(E_n^{(0)} - E_l^{(0)})} - \frac{V_{nn}V_{mn}}{(E_n^{(0)} - E_m^{(0)})^2}. \tag{10.7}$$

Da die ungestörten Zustände ein vollständiges System bilden, erhalten wir nun explizite Ausdrücke für die **Zustände und die Energien** bis zur zweiten Ordnung in V in der zeitunabhängigen Störungstheorie:

$$|n\rangle = |n^{(0)}\rangle + \sum_{n \neq m} |m^{(0)}\rangle \left\{ \frac{V_{mn}}{E_n^{(0)} - E_m^{(0)}} - \frac{V_{mn}(V_{nn} - V_{mm})}{(E_n^{(0)} - E_m^{(0)})^2} \right.$$

$$\left. + \sum_{\substack{n \neq l \\ m \neq l}} \frac{V_{ml}V_{ln}}{(E_n^{(0)} - E_m^{(0)})(E_n^{(0)} - E_l^{(0)})} \right\} + \mathcal{O}\left(\frac{V^3}{\Lambda^3}\right) \qquad (10.8)$$

$$E_n = E_n^{(0)} + V_{nn} + \sum_{n \neq m} \frac{|V_{nm}|^2}{E_n^{(0)} - E_m^{(0)}} + \mathcal{O}\left(\frac{V^3}{\Lambda^2}\right) \qquad (10.9)$$

Dabei wurde benutzt, dass $\lambda = 1$ dem physikalischen Wert entspricht. Die Abschätzung der fehlenden Terme wurde hier generisch mit (V^k/Λ^m) bezeichnet. Dabei steht V für ein typisches Matrixelement von V (diagonal oder nichtdiagonal) und Λ für die relevante Energieskala – hier zu identifizieren mit dem typischen Abstand zwischen den ungestörten Energieniveaus. Diese Zuordnung kann man aus Gl. (10.8) und (10.9) ablesen. In der ersten Zeile von Gl. (10.8) erkennt man die Verallgemeinerung der Terme, die wir im Zweizustandssystem für kleine Störungen gefunden haben (▶ *Aufgabe 10.2*, Gl. (11.15)). Die zweite Zeile quantifiziert den Einfluss der weiteren Zustände.

Die beschriebene Methode liefert also ein systematisches Verfahren, um den Effekt eines Störpotentials $\hat{V}$ auf ein gegebenes System zu einer gewünschten Genauigkeit zu berechnen, die sich durch Potenzen von (V/Λ) abschätzen lässt, wobei V ein typisches Matrixelement von $\hat{V}$ beschreibt. Unsere Betrachtungen haben ergeben, dass Λ durch typische Massenaufspaltungen zwischen den ungestörten Energieniveaus gegeben ist. Wir sehen also, dass die Aussage, dass V klein sein soll, damit die Reihe schnell konvergiert, so keinen Sinn ergibt. Zu fordern ist, dass V sehr viel kleiner als Λ ist. Daher gilt:

Um die Relevanz einer Störung abzuschätzen, ist es notwendig, geeignete dimensionslose Parameter zu identifizieren.

An verschiedenen Beispielen in diesem Kapitel wird sich zeigen, dass die Identifikation eines dimensionslosen Parameters in der Tat eine sehr zuverlässige Methode darstellt, um den Effekt einer Störung abzuschätzen. So werden wir sehen, dass der Einfluss einer endlichen Kernausdehnung auf atomare Energieniveaus mit dem Verhältnis des Kernradius ($\sim 10^{-15}$ m) zum atomaren Radius ($\sim 10^{-10}$ m) skaliert (um dies zu sehen muss man etwas in die Rechnung einsteigen). Somit ist von vorne herein klar, dass wir hier von einem sehr kleinen Effekt sprechen.

Beispiel 10.1: Endliche Ausdehnung des Atomkerns

Aus dem Vergleich von Gl. (9.15) mit den Ausdruck für die Wechselwirkung eines Photons mit einem punktförmigen Teilchen (▶ *Aufgabe 10.3*) wird deutlich, dass der Einfluss der endlichen Kernausdehnung auf die Wechselwirkung von Photonen mit Kernen durch den Formfaktor $F(\mathbf{q}^2)$ parametrisiert wird (Bsp. 9.2). Mit Hilfe der zeitunabhängigen Störungstheorie können wir nun dessen Einfluss auf das Spektrum berechnen. Da ein punktförmiger Kern $F(\mathbf{q}^2) = 1$ entspricht, ist der Ströroperator auf die Elektronenwellenfunktion

$$- \hbar^2 \left(\frac{Ze^2}{\epsilon_0} \right) \frac{1}{\mathbf{q}^2} \left(F(\mathbf{q}^2) - 1 \right) \approx \left(\frac{Ze^2}{8\epsilon_0} \right) \langle x^2 \cos^2(\theta) \rangle_\Psi , \qquad (10.10)$$

wobei gemäß Gl. (9.16) die Mittelung über die Kernwellenfunktion Ψ zu nehmen ist, θ den durch $\mathbf{x}$ und $\mathbf{q}$ eingeschlossenen Winkel bezeichnet und benutzt wurde, dass

$$e^{-i(\mathbf{q}\cdot\mathbf{x})/(2\hbar)} = 1 - \frac{i}{2\hbar}(\mathbf{q} \cdot \mathbf{x}) - \frac{1}{8\hbar^2}(\mathbf{q} \cdot \mathbf{x})^2 + \mathcal{O}\left((\mathbf{q} \cdot \mathbf{x})^3\right)$$

gilt und dass der Erwartungswert von ungeraden Potenzen von $(\mathbf{q} \cdot \mathbf{x})$ verschwinden. Dies ist der Grund, warum die Kernausdehnung quadratisch in die Korrektur eingeht. Da der Operator aus Gl. (10.10) von $\mathbf{q}$ unabhängig ist, ist seine Fourier-Transformation in den Ortsraum nach Gl. (1.8) eine δ-Distribution, so dass

$$V_{\text{Kernausd.}}(\mathbf{x}) = \left(\frac{Ze^2}{8\epsilon_0} \right) \langle x^2 \cos^2(\theta) \rangle_\Psi \, \delta^{(3)}(\mathbf{x})$$

ist. Da durch die Zentrifugalbarriere lediglich s-Wellen ($l = 0$) eine nicht verschwindende Wellenfunktion am Ursprung haben (vgl. Gl. (4.34)), spüren auch lediglich diese die endliche Kernausdehnung. Damit ist die Berechnung des Winkelintegrals einfach, und wir erhalten nach Gl. (10.5) für die Energieverschiebung in führender Ordnung

$$\delta E_{\text{Kernausd.}} = \frac{2}{3} \left(\frac{Ze^2}{8\epsilon_0} \right) \langle x^2 \rangle_\Psi \, |\psi_{nlm}(0)|^2 ,$$

wobei $\psi_{nlm}(0)$ die entsprechende Elektronenwellenfunktion am Ursprung bezeichnet. Den Effekt der endlichen Kernausdehnung auf den Grundzustand eines wasserstoffartigen Atoms kann man also mit

$$\psi_{nlm}(\mathbf{x}) = Y_{lm}(\Omega) \lim_{r \to 0} (u_{nl}(r, Z)/r)$$

direkt aus Gl. (4.51) ablesen, und wir erhalten

$$\frac{\delta E_{\text{Kernausd.}}}{|E_1^H(Z)|} = \frac{1}{|E_1^H(Z)|} \left(\frac{Ze^2}{12\epsilon_0} \right) \langle x^2 \rangle_\Psi \frac{1}{\pi a_Z^3} = \frac{2}{3} \frac{\langle x^2 \rangle_\Psi}{a_Z^2} ,$$

wobei $E_1^H(Z)$ die Grundzustandsenergie für einen punktförmigen Kern bezeichnet und benutzt wurde, dass $2|E_1^H(Z)| = e^2/(4\pi\epsilon_0 a_Z)$ ist. Um ein Gefühl für die Größe des Effekts zu bekommen, wollen wir nun das Deuteron mit $Z = 1$ und einer Bindungsenergie von $E_d = 2,3$ MeV betrachten. Wir können also unter Benutzung von Gl. (4.32) $\langle x^2 \rangle_\Psi$ abschätzen als $\hbar^2/(M_p E_d) \approx 20$ [fm^2], wobei $M_p c^2 = 939$ MeV die Ruheenergie des Protons bezeichne. Damit erhalten wir also in diesem Falle:

$$\frac{\langle x^2 \rangle_\Psi}{a_1^2} \approx \frac{\alpha^2 m_e^2 c^2}{M_p E_d} \approx 6 \times 10^{-9}$$

Die Korrektur der endlichen Kernausdehnung auf das Spektrum ist also selbst für das recht große Deuteron winzig.

Wie zu Beginn dieses Kapitels ausgeführt ist die Größe der Korrektur der endlichen Kernausdehnung bis auf den Faktor 2/3, der durch die Winkelmittelung hereinkam, durch den dimensionslosen Parameter gegeben, den man von vornherein auch erwartet hätte, nämlich durch das Verhältnis der Quadrate von Kernausdehnung und Atomausdehnung. Dies zeigt deutlich, wie nützlich die quantitative Analyse eines erwarteten Effekts ist, bevor man eine komplizierte Rechnung angeht – nicht nur, um die Größenordnung des Ergebnisses zu überprüfen, sondern auch, um gewisse Rechnungen gar nicht erst auszuführen.

Beispiel 10.2: Das Heliumatom (Teil I)

Das **Heliumatom** ist zusammengesetzt aus einem zweifach geladenen Kern, bestehend aus zwei Protonen und zwei Neutronen, sowie zwei Elektronen. Da der Kern sehr viel schwerer ist als die Elektronen, können wir ihn als statisch betrachten, so dass der Hamilton-Operator die Form

$$\hat{H} = \frac{\hat{\mathbf{p}}_1}{2m_e} + \frac{\hat{\mathbf{p}}_2}{2m_e} - \frac{Ze^2}{4\pi\epsilon_0}\frac{1}{r_1} - \frac{Ze^2}{4\pi\epsilon_0}\frac{1}{r_2} + \frac{e^2}{4\pi\epsilon_0}\frac{1}{|\mathbf{x}_1 - \mathbf{x}_2|} \qquad (10.11)$$

hat, wobei $r_i = |\mathbf{x}_i|$ ist. Hier wollen wir die spinabhängigen Wechselwirkungen vernachlässigen, da sie um einen Faktor α^2 unterdrückt sind (Beispiel 10.3). Trotzdem spielt der Spin der Elektronen eine wichtige Rolle: Da die Elektronen ununterscheidbare Fermionen sind, muss ihre Gesamtwellenfunktion antisymmetrisch sein. Wir erhalten also unter Benutzung der Notation aus Gl. (6.13) und (6.14)

$$\Psi_O(\mathbf{x}_1, \mathbf{x}_2, M_S) = \psi_-(\mathbf{r}_1, \mathbf{r}_2)|1\,M_S\rangle \quad \text{und} \quad \Psi_P(\mathbf{x}_1, \mathbf{x}_2) = \psi_+(\mathbf{r}_1, \mathbf{r}_2)|0\,0\rangle,$$

wobei ψ_- (ψ_+) für einen antisymmetrischen (symmetrischen) Ortsanteil steht. Die Zustände mit Spin 1 bezeichnet man als **Orthohelium,** die mit Spin 0 als **Parahelium.** Übergänge zwischen diesen sind, da der Dipoloperator spinunabhängig ist (vgl. Gl. (7.23)) und somit die Symmetrie der Spinwellenfunktion nicht ändern kann, stark unterdrückt – dies bezeichnet man als **Interkombinationsverbot.** Daher ist der Grundzustand des Orthoheliums metastabil, d. h. sehr langlebig.

Der Zusammenhang zwischen Übergangsmatrixelementen und Lebensdauern von Zuständen wird am Ende dieses Kapitels noch ausführlich diskutiert.

Im Folgenden wollen wir die Elektron-Elektron-Wechselwirkung als Störung betrachten und wählen daher als Basiszustände

$$\psi_{\pm}(\mathbf{x}_1, \mathbf{x}_2)_{\kappa_1, \kappa_2} = N_{\kappa_1, \kappa_2} \left(\psi_{\kappa_1}(\mathbf{x}_1)\psi_{\kappa_2}(\mathbf{x}_2) \pm \psi_{\kappa_1}(\mathbf{x}_2)\psi_{\kappa_2}(\mathbf{x}_1) \right),$$

wobei $N_{\kappa_1, \kappa_2} = \sqrt{2 - \delta_{\kappa_1 \kappa_2}}/2$ ist, und

$$\hat{H}_i \psi_\kappa(\mathbf{x}_i) = \left(\frac{\hat{\mathbf{p}}_i}{2m_e} - \frac{Ze^2}{4\pi\epsilon_0} \frac{1}{r_i} \right) \psi_\kappa(\mathbf{x}_i) = E^H_{n_\kappa}(Z) \psi_\kappa(\mathbf{x}_i),$$

wobei, gemäß Gl. (4.48), $E^H_{n_\kappa}(Z) = -(Z\alpha)^2 m_e c^2/(2n_\kappa^2) = -13{,}6\, Z^2/n_\kappa^2$ eV ist. Damit ergibt sich für die ungestörte Gesamtenergie

$$E^{(0)}_{\kappa_1, \kappa_2} = E^H_{n_1}(Z) + E^H_{n_2}(Z) = E^H_1(Z) \left(\frac{1}{n_1^2} + \frac{1}{n_2^2} \right).$$

Im Parahelium können beide Elektronen im Grundzustand sein, und wir erhalten als ungestörte Bindungsenergie $-108{,}8$ eV. Im Grundzustand des Orthoheliums muss hingegen ein Elektron in einem angeregten Zustand sein, so dass der niedrigste Zustand, solange die Abstoßung zwischen den Elektronen vernachlässigt wird, bei -68 eV liegt.

Klarerweise sind die wahren Bindungsenergien der Grundzustände kleiner, da die Abstoßung zwischen den Elektronen die Gesamtbindung herabsetzt. Diese Korrektur wird in diesem Beispiel mit Hilfe der zeitunabhängigen Störungstheorie berücksichtigt, und wir erhalten

$$E^{(1)}_{\pm, \kappa_1, \kappa_2} = \left\langle \frac{e^2}{4\pi\epsilon_0} \frac{1}{|\mathbf{x}_1 - \mathbf{x}_2|} \right\rangle_{\psi_{\pm, \kappa_1, \kappa_2}}.$$

Beachten Sie, dass die Kopplungsstärke dieses Terms im Hamilton-Operator (Gl. (10.11)) gegenüber den bereits berücksichtigten Termen lediglich um einen Faktor $1/Z = 1/2$ unterdrückt ist. Es gibt also keine deutliche parametrische Unterdrückung des Störterms gegenüber dem vollständig berücksichtigten Beitrag, und wir erwarten daher eine schlechte Konvergenz der Störungsreihe.

Im Folgenden werden wir uns auf die Zustände beschränken, in denen eines der Elektronen im Grundzustand verbleibt, also $\kappa_1 = (n_1, l_1, m_1) = (100)$. Des Weiteren kann die Energiekorrektur wegen der Kugelsymmetrie des Problems nicht vom m-Wert abhängen. Es genügt also, die relevanten Integrale mit n und l des angeregten Zustands zu indizieren, und wir erhalten unter Verwendung von

$$e^2/(4\pi\epsilon_0 a_Z) = -2E^H_1(Z)/Z$$

für die Energiekorrektur in erster Ordnung Störungstheorie

$$E^{(1)}_{\pm,10,nl} = -2N^2_{10,nl}(2E^H_1(Z))\left(\frac{1}{Z}\right)(D_{nl} \pm A_{nl})$$

mit dem direkten Term

$$D_{nl} = \int d^3x_1\, d^3x_2 |\psi_{100}(\mathbf{x}_1, Z)|^2 |\psi_{nlm}(\mathbf{x}_2, Z)|^2 \frac{a_Z}{|\mathbf{x}_1 - \mathbf{x}_2|}$$

und dem Austauschterm

$$A_{nl} = \int d^3x_1\, d^3x_2\, \psi_{100}(\mathbf{x}_1, Z)^* \psi_{100}(\mathbf{x}_2, Z)\psi_{nlm}(\mathbf{x}_2, Z)^* \psi_{nlm}(\mathbf{x}_1, Z)\frac{a_Z}{|\mathbf{x}_1 - \mathbf{x}_2|}$$

gilt. Zur Berechnung dieser Ausdrücke verwenden wir nun Gl. (4.29),

$$\psi_{nlm}(\mathbf{x}, Z) = \frac{u_{nl}(r, z)}{r} Y_{lm}(\Omega), \tag{10.12}$$

wobei $r = |\mathbf{x}|$ ist, sowie die Zerlegung des Nenners via [7]

$$\frac{1}{|\mathbf{x}_1 - \mathbf{x}_2|} = \sum_{l=0}^{\infty} \frac{r^l_<}{r^{l+1}_>} P_l(\cos(\theta_{12})) = \sum_{l=0}^{\infty} \frac{4\pi}{2l+1} \frac{r^l_<}{r^{l+1}_>} \sum_{m=-l}^{l} Y_{lm}(\Omega_1)^* Y_{lm}(\Omega_2),$$
$$\tag{10.13}$$

so dass

$$D_{nl} = a_Z \int_0^{\infty} dr_1\, u_{10}(r_1, Z)^2$$
$$\times \left\{ \int_0^{r_1} dr_2\, u_{nl}(r_2, Z)^2 \frac{1}{r_1} + \int_{r_1}^{\infty} dr_2\, u_{nl}(r_2, Z)^2 \frac{1}{r_2} \right\}$$

und

$$A_{nl} = \frac{a_Z}{2l+1} \int_0^{\infty} dr_1\, u_{10}(r_1, Z)u_{nl}(r_1, Z)$$
$$\times \left\{ \int_0^{r_1} dr_2\, u_{nl}(r_2, Z)u_{10}(r_2, Z)\frac{r_2^l}{r_1^{l+1}} + \int_{r_1}^{\infty} dr_2\, u_{nl}(r_2, Z)u_{10}(r_2, Z)\frac{r_1^l}{r_2^{l+1}} \right\}.$$

Da die Z-Abhängigkeit in den Funktionen $u_{nl}(r, Z)$ lediglich durch das dimensionsbehaftete a_Z eingeht und die Integrale für D_{nl} und A_{nl} dimensionslos sind, können sie keine a_Z und damit auch keine Z-Abhängigkeit enthalten – sie sind reine Zahlen. Zur Illustration betrachten wir $nl = 10$, $nl = 20$ und $nl = 21$ und erhalten unter Verwendung von Gl. (4.51) die folgenden Ergebnisse:

$$D_{10} = A_{10} = \frac{5}{8} \tag{10.14}$$

$$D_{20} = \frac{17}{81} \quad \text{und} \quad A_{20} = \frac{16}{729} \tag{10.15}$$

$$D_{21} = \frac{59}{243} \quad \text{und} \quad A_{21} = \frac{112}{6561} \tag{10.16}$$

In erster Ordnung Störungstheorie gilt demnach

$$E_{+,10,10} = E_{10,10}^{(0)} + E_{+,10,10}^{(1)} = -108,8\,\text{eV} + 34\,\text{eV} = -74,8\,\text{eV}$$

und $E_{-,10,10} = 0$. Wir erwartet ist die erste Korrektur zur Grundzustandsenergie des Paraheliums mit 30 % sehr groß (erwartet waren sogar 50 %). Allerdings bringt uns dieser Term immerhin auf 5 % an den experimentellen Wert von $-78,975\,\text{eV}$ heran, was auf den ersten Blick überrascht, da naiv betrachtet hier noch eine Korrektur von 25 % zu erwarten gewesen wäre. Der Grund hierfür ist jedoch keine parametrische Unterdrückung, wie oben bereits ausgeführt, sondern reflektiert, dass Wellenfunktionen mit höheren radialen Anregungen mehr Knoten haben (Abschnitt 2.1), so dass ihr effektiver Überlapp mit der Grundzustandswellenfunktion mit wachsendem n sinkt (Beispiel 4.2).

Für die ersten Anregungen des Paraheliums bzw. den Grundzustand und die erste Anregung des Orthoheliums bekommen wir

$$E_{\pm,10,20} = (-68 + 11,4 \pm 1,2)\,\text{eV} \quad \text{und} \quad E_{\pm,10,21} = (-68 + 13,2 \pm 0,9)\,\text{eV}.$$

Die positiven Vorzeichen der Austauschintegrale ergeben, dass die $(1s)^1(2l)^1$-Zustände des Paraheliums (symmetrische Ortsfunktion) weniger gebunden sind als die des Orthoheliums, wobei hier in den Klammern zunächst die Hauptquantenzahl und dann der Bahndrehimpuls, gemäß Gl. (4.23), angezeigt sind. Das ist auch leicht zu verstehen: Da die antisymmetrische Ortsfunktion zwischen den beiden Atomen verschwindet, kann sich die Abstoßung zwischen den Elektronen bei dieser nicht so sehr auswirken (die Symmetrie der Ortsraumwellenfunktion wirkt sich im Falle der molekularen Bindung des H_2^+ genau umgekehrt aus; Beispiel 10.9). Daher hat der Austauschterm, der kein klassisches Analogon besitzt, eine direkte, beobachtbare Auswirkung. Das Pauli-Prinzip beeinflusst also messbar die Spektren, selbst wenn spinabhängige Kräfte vernachlässigt werden. Zwar gibt die Störungstheorie die richtige Ordnung für die Zustände, allerdings finden wir eine Abweichung zwischen den gemessenen und den berechneten Werten von $1,5 - 4\,\text{eV}$ (Abb. 10.1), also eine Annäherung auf 3–7 %, was jedoch signifikant besser ist als das, was für eine Rechnung mit Entwicklungsparameter 1/2 zu erwarten war. Auch hier könnte der Grund für die bessere Konvergenz im schnell abnehmenden Überlapp der Wellenfunktionen untereinander zu suchen sein.

Abb. 10.1 Die niedrigsten Zustände des Heliums zu erster Ordnung Störungstheorie im Vergleich zu den experimentellen Werten. Die erste und zweite Spalte zeigen die berechneten und gemessenen Spektren des Paraheliums (antisymmetrische Spinfunktion, symmetrische Ortsfunktion) und die dritte und vierte die des Orthoheliums (symmetrische Spinfunktion, antisymmetrische Ortsfunktion)

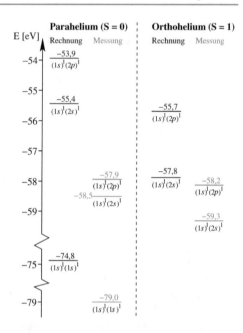

Des Weiteren sehen wir, dass auf Grund der Abstoßung zwischen den Elektronen die dem Wasserstoffspektrum eigene Entartung von von s- und p-Wellen aufgehoben wird. Auch dies ist plausibel, da, wie in Beispiel 8.5 ausgeführt, diese Entartung eine sehr spezielle Eigenschaft des $1/r$-Potentials ist und die Radialabhängigkeit des Potentials natürlich durch die Coulomb-Abstoßung der Elektronen gestört wird.

Effektiv ist die Bindung eines der Elektronen an den Kern herabgesetzt, weil ein Teil der Kernladung durch das andere Elektron abgeschirmt wird. Diese physikalische Einsicht kann auch zur Abschätzung der Bindungsenergie mit Hilfe des Variationsverfahrens genutzt werden. Darauf kommen wir in Beispiel 10.8 zurück.

Beispiel 10.3: Wasserstoffatom (Teil II): Spinabhängige Wechselwirkungen

Der Hamilton-Operator des Wasserstoffatoms, der in Beispiel 4.2 diskutiert wurde, ist natürlich nicht vollständig. Die wichtigsten Korrekturen findet man, wenn man die relativistische Gleichung für die Bewegung eines Elektrons in einem elektromagnetischen Feld, die **Dirac-Gleichung,** mit Hilfe der Foldy-Wouthuysen-Transformation in eine Reihe in $1/m_e$ entwickelt (z. B. [3]). Dies ergibt

$$\hat{H} = \frac{(\hat{\mathbf{p}} - e\mathbf{A})^2}{2m_e} - \frac{\hat{\mathbf{p}}^4}{8m_e^3 c^2} + V(r) - g_e \frac{\mu_e}{\hbar}\mathbf{S} \cdot \mathbf{B}$$

$$+ \frac{e}{4m_e^2 c^2}\mathbf{S} \cdot (\hat{\mathbf{p}} \times \mathbf{E}) - \frac{e}{2m_e^2 c^2}\mathbf{S} \cdot (\mathbf{E} \times \hat{\mathbf{p}}) - \frac{ie\hbar}{8m_e^2 c^2}\hat{\mathbf{p}} \cdot \mathbf{E}, \quad (10.17)$$

wobei $\mu_e = e\hbar/(2m_e)$ das Bohr'sche Magneton und g_e den **g-Faktor des Elektrons,** den die Dirac-Gleichung mit 2 richtig vorhersagt[1], bezeichnet. Des Weiteren ist $V(r) = -Ze^2/(4\pi\epsilon_0 r)$ das Coulomb-Potential aus Gl. (4.44) und $\mathbf{S} = (\hbar/2)\boldsymbol{\sigma}$. Die Kraft auf das Elektron im wasserstoffähnlichen Atom berechnet sich nach

$$e\mathbf{E} = -\nabla V(r) = -\frac{1}{r}\frac{\partial}{\partial r}V(r)\,\mathbf{r} = -\frac{Ze^2}{4\pi\epsilon_0\,r^3}\,\mathbf{r}.$$

Damit gilt auch $\nabla \times \mathbf{E} = 0$. Für schwache, homogene Magnetfelder können wir nun Gl. (7.7) bzw. Gl. (7.8) benutzen sowie Terme quadratisch in $\mathbf{A}$ vernachlässigen. Dann erhalten wir unter Verwendung von $\nabla^2(1/r) = -4\pi\delta^{(3)}(\mathbf{x})^2$ für den Störterm

$$\hat{H}' = -\frac{(\hat{H}_0 - V(r))^2}{2m_ec^2} + \frac{Z\alpha\hbar}{2m_e^2cr^3}\mathbf{S}\cdot\mathbf{L} + \frac{\pi Z\alpha\hbar^3}{2m_e^2c}\delta^{(3)}(\mathbf{x})$$

$$-\frac{\mu_e}{\hbar}(\mathbf{L} + g_e\mathbf{S})\cdot\mathbf{B}, \quad (10.18)$$

wobei als ungestörter Hamilton-Operator $\hat{H}_0 = \hat{\mathbf{p}}^2/(2m_e) + V(r)$ zu verwenden ist. Die Terme in der ersten Zeile erzeugen die **Feinstruktur** im Spektrum des Wasserstoffatoms, der Term in der zweiten Zeile führt zur **Hyperfeinstruktur,** denn er beschreibt die Wechselwirkung des Hüllenelektrons mit dem durch den Spin des Kernes erzeugten Magnetfeld. Dieser Effekt ist sehr klein, da er mit dem Kernmagneton und damit mit $1/M_{\text{Kern}}$ skaliert. Die Hyperfeinstruktur wird hier nicht näher diskutiert (eine ausführliche Diskussion findet sich z. B. in [21]). Der Term in der zweiten Zeile kontrolliert auch die Reaktion des Atoms auf ein externes Magnetfeld – darauf wird in Beispiel 10.4 näher eingegangen.

Hier wollen wir den Einfluss der Terme der ersten Zeile auf das Spektrum wasserstoffähnlicher Atome in erster Ordnung Störungstheorie betrachten. Vor der expliziten Rechnung wollen wir jedoch wieder mit einer Abschätzung der Größenordnung des Effekts beginnen. Dazu stellen wir folgende Betrachtung an:

$$\hat{\mathbf{p}}^2 \sim \hbar^2/a_Z^2, \ r \sim a_Z, \ |\hat{\mathbf{L}}| \sim |\mathbf{S}| \sim \hbar \implies \left\langle\hat{H}'\right\rangle \sim (Z\alpha)^2|E_1^H(Z)|$$

Also sind die Terme aus $\hat{H}'$ in der Tat eine kleine Korrektur zur führenden Ordnung – zumindest für $Z \ll 1/\alpha = 137$. Zunächst fällt auf, dass nun mit $\hat{\mathbf{L}}\cdot\mathbf{S}$ eine neue Struktur auftritt. Insbesondere kommutiert $\hat{L}_z$ nicht mehr mit dem Hamilton-Operator. Andererseits ist das Problem in Abwesenheit externer Felder

---

[1]Die Quantenfeldtheorie zeigt, dass es zu diesem Wert Korrekturen gibt – die führende wurde von Schwinger zu α/π berechnet.
[2]Um dies zu sehen, beachte, dass nach Gl. (11.19) die Fourier-Transformation von $1/r$, $\mathcal{F}[1/r]$, durch $4\pi\hbar^2/\mathbf{q}^2$ gegeben ist und dass $\mathcal{F}[\nabla^2(1/r)] = -\mathbf{q}^2/\hbar^2\mathcal{F}[1/r]$ gilt. Für die Rücktransformation ist dann Gl. (1.8) zu nutzen.

natürlich immer noch kugelsymmetrisch. In Abschnitt 8.2 wurde gezeigt, dass im Beisein von Spindrehungen nicht von $\hat{\mathbf{L}}$, sondern von

$$\hat{\mathbf{J}} = \hat{\mathbf{L}} + \mathbf{S}$$

erzeugt werden. Daher bietet sich ein Basiswechsel hin zu Zuständen mit festem J und M an. Gemäß Gl. (6.9) können wir

$$|J\,M\,(s\,l)\rangle = \sum_{m_l=-l}^{l} \sum_{m_s=-s}^{s} |l\,m_l\rangle\,|s\,m_s\rangle\,\langle l\,m_l, s\,m_s | J\,M\rangle \qquad (10.19)$$

schreiben, wobei hier s fest auf dem Wert 1/2 verbleibt. Offensichtlich ist $\hat{H}_0$ in dieser Basis diagonal. Es ist aber auch $\hat{H}'$ diagonal, denn es gilt

$$\left\langle \hat{\mathbf{L}} \cdot \mathbf{S} \right\rangle = \frac{1}{2}\left(\left\langle \hat{\mathbf{J}}^2 \right\rangle - \left\langle \hat{\mathbf{L}}^2 \right\rangle - \left\langle \mathbf{S}^2 \right\rangle \right) = \frac{\hbar^2}{2}\left(J(J+1) - l(l+1) - \frac{3}{4} \right). \tag{10.20}$$

Damit reduziert sich die Rechnung auf die Auswertung der radialen Erwartungswerte $\langle 1/r^k \rangle$ mit $k = 1, 2, 3$ (▶ *Aufgabe 10.4*)

$$\left\langle \frac{1}{r} \right\rangle_\Psi = \frac{1}{a_1 n^2}, \quad \left\langle \frac{1}{r^2} \right\rangle_\Psi = \frac{1}{a_1^2 n^3 (l+1/2)}, \quad \left\langle \frac{1}{r^3} \right\rangle_\Psi = \frac{1}{a_1^3 n^3\, l(l+1)(l+1/2)}, \tag{10.21}$$

wobei der letzte Ausdruck nur für $l > 0$ definiert ist. Der Zähler dieses Terms verschwindet jedoch linear mit l^3. Damit erhalten wir nach längerer Rechnung zu erster Ordnung Störungstheorie

$$\Delta E_{nJ}^{(1)} = \left\langle \hat{H}' \right\rangle_{\Psi_{nJM(ls)}} = -E_n^H(Z)\frac{(Z\alpha)^2}{n^2}\left(\frac{3}{4} - \frac{n}{J+1/2} \right). \tag{10.22}$$

Zunächst einmal sehen wir die ursprüngliche Abschätzung für die Größe der Korrektur bestätigt. Die exakte Lösung der Dirac-Gleichung liefert [3]

$$E_{nJ} = m_e c^2 \left(\left(1 + (Z\alpha)^2 / \left(n - J - 1/2 + \sqrt{(J+1/2)^2 - \alpha^2} \right)^2 \right)^{-1/2} - 1 \right), \tag{10.23}$$

was bis zur Ordnung $(Z\alpha)^4$ genau dem Ergebnis der Störungsrechnung entspricht. Um den Effekt der Korrektur ΔE_{nJ} zu sehen, betrachten wir beispielhaft das System mit $n = 2$. In führender Ordnung fanden wir, dass die beiden $2s$-Zustände

---

[3]Um dies zu sehen, beachte Zähler und Nenner als Funktion einer kontinuierlichen Variable l. Dann folgt aus $l \to 0$ mit $J = l + 1/2$, gemäß Gl. (10.20), $\langle \hat{\mathbf{L}} \cdot \mathbf{S} \rangle \to \hbar^2 l/2$.

und die sechs $2p$-Zustände entartet waren. Unter Hinzunahme der Terme der Ordnung $(Z\alpha)^2$ spalten diese nun auf in die fünf $2p$-Zustände mit $J = 3/2$ einerseits und viert entartete Zustände mit $J = 1/2$ andererseits, und zwar den beiden $2s$-Zuständen und den verbleibenden $2p$-Zuständen.

Natürlich ist auch das Ergebnis aus Gl. (10.23) noch immer nicht exakt. Neben der oben erwähnten Hyperfeinstruktur, dem Effekt der endlichen Kernmasse M (die obigen Ergebnisse sind für $m_e/M \to 0$ angegeben; siehe hierzu die Diskussion am Anfang von Beispiel 4.2) und dem Effekt der endlichen Kernausdehnung (Beispiel 10.1) gibt es noch Effekte der Quantenfeldtheorie wie die Lamb-Verschiebung sowie Einflüsse z. B. der schwachen Wechselwirkung und der starken Wechselwirkung, die jedoch alle gegenüber den hier diskutierten Effekten deutlich unterdrückt sind.

Beispiel 10.4: Atome in externen magnetischen Feldern

Nun kommt der Term in der zweiten Zeile von Gl. (10.18) zum Tragen. Da dieser Operator mit $\hat{\mathbf{L}}^2$ kommutiert, koppelt er keine Zustände mit verschiedenem Bahndrehimpuls l – daher können wir, obwohl wir den Effekt des Operators auf die Zustände wasserstoffähnlicher Atome untersuchen werden, mit der Störungstheorie ohne Entartung arbeiten. Das Folgende orientiert sich an [22].

Bei der Berechnung des Erwartungswertes von $(\hat{\mathbf{L}} + g_e\mathbf{S}) \cdot \mathbf{B}$ sind zwei Fälle zu unterscheiden: Falls $\mathbf{B}$ so schwach ist, dass sein Effekt deutlich kleiner ist als der der ersten Zeile von Gl. (10.18), dann koppelt zunächst der Bahndrehimpuls des Elektrons mit dessen Spin zum Gesamtdrehimpuls $\hat{\mathbf{J}}$, an dem dann das Magnetfeld angreifen kann. In diesem Falle spricht man vom **anomalen Zeeman-Effekt** (der Ursprung des Namens wird unten klar werden). Falls andererseits $\mathbf{B}$ so stark ist, dass der Effekt der zweiten Zeile von Gl. (10.18) deutlich größer ist als der der ersten (aber immer noch schwächer als die Aufspaltung zwischen den ungestörten Zuständen), dann findet keine Kopplung zu einem Gesamtdrehimpuls statt und m_s und m_l sind weiterhin gute Quantenzahlen. In diesem Falle ist

$$\left\langle -\frac{\mu_e}{\hbar}(\mathbf{L} + g_e\mathbf{S}) \cdot \mathbf{B} \right\rangle_{\Psi_{nJM}} = -\mu_e B(m_l + g_e m_S). \qquad (10.24)$$

Diesen Effekt bezeichnet man als **Paschen-Back-Effekt.**

Wenden wir uns nun den schwachen B-Feldern zu. Nach dem Wigner-Eckert-Theorem (Abschnitt 8.3) können wir den Ansatz

$$\left\langle nJM'(ls) \left| \hat{\mathbf{L}} + g_e\mathbf{S} \right| nJM(ls) \right\rangle = g_{Jl} \left\langle nJM'(ls) \left| \hat{\mathbf{J}} \right| nJM(ls) \right\rangle$$

machen, der für alle M und M' gelten muss. Hier haben wir bereits bei der Bezeichnung des **Landé-Faktors,** g_{Jl}, benutzt, dass er unabhängig von n ist. Da $\hat{\mathbf{J}}^2$ mit $\hat{\mathbf{J}}$ kommutiert, lässt sich $\hat{\mathbf{J}}|nJM(ls)\rangle$ als Linearkombination der $|nJM''(ls)\rangle$ schreiben, so dass wir das gesuchte g_{Jl} auch aus

$$\left\langle nJM'(ls) \left| (\hat{\mathbf{L}} + g_e\mathbf{S}) \cdot \hat{\mathbf{J}} \right| nJM''(ls) \right\rangle = g_{Jl} \left\langle nJM'(ls) \left| \hat{\mathbf{J}}^2 \right| nJM''(ls) \right\rangle$$

extrahieren können. Nun sind die Operatoren bezüglich der gewählten Basis auf beiden Seiten bereits diagonal, denn mit Gl. (10.20) erhält man

$$(\hat{\mathbf{L}} + g_e\mathbf{S}) \cdot \hat{\mathbf{J}} = \hat{\mathbf{J}}^2 + (g_e-1)\left(\mathbf{S} \cdot (\hat{\mathbf{L}} + \mathbf{S})\right) = \hat{\mathbf{J}}^2 + \frac{g_e-1}{2}\left(\hat{\mathbf{J}}^2 - \hat{\mathbf{L}}^2 + \mathbf{S}^2\right)$$
(10.25)

und damit, unter Verwendung von $g_e = 2$,

$$g_{Jl} = \frac{3}{2} + \frac{S(S+1) - l(l+1)}{2J(J+1)}.$$

Diese Formel gilt allgemein – insbesondere auch für Atome mit mehreren Elektronen. Im Falle von $S = 1/2$ lässt sich dies zu

$$g_{Jl} = 1 \pm \frac{1}{2l+1} \text{ für } J = l\pm 1/2$$

vereinfachen. Andererseits wäre nach Gl. (10.25) für $g_e = 1$ der Faktor $g_{Jl} = 1$, unabhängig von S, J und l. Das ist, was klassisch erwartet worden wäre und ist als **normaler Zeeman-Effekt** bekannt (das ist auch, was man unter Vernachlässigung des Spins bzw. in Mehrelektronensystemen mit $\langle \mathbf{S} \rangle = 0$ bekommt). Wir erhalten also

$$\left\langle -\frac{\mu_e}{\hbar}(\hat{\mathbf{L}} + g_e\mathbf{S}) \cdot \mathbf{B} \right\rangle_{\Psi_{nJM}} = -\mu_e g_{Jl} BM = -\mu_e g_{Jl} B(m_l + m_S). \quad (10.26)$$

Damit spaltet auch in einem schwachen Magnetfeld eine Linie zu gegebenem J in $2J + 1$ Linien auf, wobei die Stärke der Aufspaltung nun jedoch nicht nur von der Stärke des Magnetfeldes, sondern auch vom Landé-Faktor abhängt. Mit zunehmendem Magnetfeld geht die durch das externe Magnetfeld erzeugte Aufspaltung der Energieniveaus von Gl. (10.26) zu Gl. (10.24) über – dies ist in Abb. 10.2 graphisch für das Niveau mit $n = 2$ dargestellt. Wie man sieht, spaltet ein schwaches Magnetfeld die Niveaus ($J = 1/2$ mit $l = 0$ und $l = 1$ sowie $J = 3/2$ mit $l = 1$) in seine acht (allgemeiner $2n^2$; vgl. Gl. (4.49) unter Hinzunahme des Spins) Zustände auf, da für festes J der Landé-Faktor für jeden der Zustände mit gleicher Energie unterschiedlich ist. Im Bereich stärkerer Felder findet man hingegen nur fünf (allgemeiner: $2(n-1) + 3$) Zustände; dies ist die Zahl der möglichen Werte für $m_l + 2m_s$, da $l_{max} = n - 1$ ist). Es ist zu beachten, dass die Zustände zu den in Abb. 10.2 gezeigten Energieniveaus entlang der abgebildeten Trajektorien mischen (▶ *Aufgabe 10.2*): Während auf der linken Seite die Zustände für festes l und s noch mit J, M_J klassifiziert sind, sind die auf der rechten mit m_s und m_l klassifiziert – hier überführt also das sich verändernde Magnetfeld eine Basis in die andere.

Abschließend sei noch erwähnt, dass das Verhalten der Spektrallinien für Magnetfelder, die größer sind als die Niveauaufspaltung zwischen den Hauptquantenzahlen, auch Gl. (10.24) nicht mehr gilt, da nun das externe Feld nicht mehr als

Abb. 10.2 Skizze der Verschiebung der Energieniveaus wasserstoffähnlicher Atome als Funktion der Stärke eines externen Magnetfeldes am Beispiel der Zustände mit $n = 2$. Hierbei ist $\Delta E = \Delta E^{(1)}_{2\frac{3}{2}} - \Delta E^{(1)}_{2\frac{1}{2}}$ (vgl. Gl. (10.22)). Für die Landé-Faktoren gilt $g_{\frac{3}{2},1} = 4/3$, $g_{\frac{1}{2},1} = 2/3$ und $g_{\frac{1}{2},0} = 2$. Die Linien zu $l = 0$ ($l = 1$) sind gestrichelt (durchgezogen) gezeichnet. Die gepunktete Linie zeigt das $n = 2$ Energieniveau in Abwesenheit der Feinstruktur

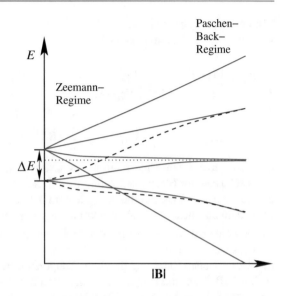

Störung betrachtet werden kann. Das ist typischerweise bei den äußeren Energieniveaus der Fall. Nun werden zunächst in der Hülle Gegenströme mit einer Stärke proportional zu B induziert (der Effekt ist klassisch als Lenz'sche Regel bekannt), an die dann das Magnetfeld koppelt – es kommt zum quadratischen Zeeman-Effekt.

Offensichtlich funktioniert die gerade beschriebene und in den Beispielen angewandte Methode nicht mehr, wenn die Zustände n und m, die durch das Potential $\hat{V}$ miteinander verknüpft werden können ($V_{nm} \neq 0$), entartet sind. Ebenso wird die Reihe in (V/Λ) nicht konvergieren, wenn für einen Unterraum der Zustände die **Aufspaltung kleiner ist als die Störung.** Andererseits gilt diese Bedingung typischerweise für einen endlichen Unterraum, der als U_V bezeichnet werden soll. Die Idee ist nun also, den vollen Hamilton-Operator zunächst in dem endlichen Unterraum U_V zu diagonalisieren (▶ *Aufgabe 10.2*), um dann mit den so gefundenen neuen Eigenvektoren, die jetzt nicht mehr entartet sind, Störungstheorie wie zuvor beschrieben zu betreiben.

Mathematisch beruht die Methode auf der Beobachtung, dass der Unterraum U_V durch die endlich vielen Basiszustände $|k^{(0)}\rangle$ mit $k = 1, \dots, N$ aufgespannt wird, wobei weiterhin $\hat{H}_0 |k^{(0)}\rangle = E_k^{(0)} |k^{(0)}\rangle$ gelten soll. Damit ist es aber, solange wir uns auf den Unterraum U_V beschränken, auch möglich, die Zustände $|n\rangle$ mit $\hat{H}|n\rangle = E_n |n\rangle$ nach diesen Basiszuständen zu entwickeln. Wir schreiben also

$$|n\rangle = \sum_{k=1}^{N} c_k^n |k^{(0)}\rangle$$

und erhalten, ausgehend von $\langle k^{(0)}|\hat{H}|n\rangle = E_n c_k^n$, die folgende Matrixgleichung zur Bestimmung der Koeffizienten c_k^n:

$$
\begin{pmatrix}
(E_1^{(0)}+V_{11}-E_n) & V_{12} & \cdots & V_{1N} \\
V_{21} & (E_2^{(0)}+V_{22}-E_n) & \cdots & V_{2N} \\
\vdots & \vdots & \ddots & \vdots \\
V_{N1} & V_{N2} & \cdots & (E_N^{(0)}+V_{NN}-E_n)
\end{pmatrix}
\begin{pmatrix}
c_1^n \\
c_2^n \\
\vdots \\
c_N^n
\end{pmatrix}
=: M\mathbf{c}^n = 0
$$

Das Problem auf dem Unterraum U_V ist also gelöst, sobald die Eigenwerte und die Eigenvektoren der Matrix M bestimmt sind. Sollte es Basiszustände $|\tilde{k}\rangle$ geben, für die, solange $\tilde{k} \neq k$ ist, sämtliche $V_{\tilde{k}k}$ in dem betrachteten Unterraum verschwinden, dann kann auf diese Zustände direkt die zuvor beschriebene Störungstheorie angewandt werden, da der Vektor mit den Einträgen $c_k^{\tilde{k}} = \delta_{k\tilde{k}}$ bereits Eigenvektor von M ist. Dies wurde bereits in Beispiel 10.4 benutzt. Für alle anderen Zustände wird die (näherungsweise) Entartung durch die Diagonalisierung von M aufgehoben.

Das Verfahren zum Umgang mit entarteten Zuständen wird nun, in Beispiel 10.5, zur Untersuchung des Stark-Effekts benutzt.

Beispiel 10.5: Atome in externen elektrischen Feldern

Der **Stark-Effekt** beschreibt die Verschiebung atomarer Energieniveaus unter dem Einfluß externer elektrischer Felder. In führender Ordnung wirkt das elektrische Feld auf das **elektrische Dipolmoment** (EDM), $\hat{\mathbf{d}} = \hat{Q}\mathbf{x}$, des Atoms, wobei $\hat{Q}$ den Ladungsoperator bezeichnet. Wir erhalten somit für das Wasserstoffatom mit $\hat{Q} = |e|$

$$
\hat{H}' = \boldsymbol{\mathcal{E}} \cdot \hat{\mathbf{d}} = e\mathcal{E}z = e\mathcal{E}r\sqrt{\frac{4\pi}{3}}Y_{10}(\Omega). \tag{10.27}
$$

In diesem Abschnitt werden elektrische Felder mit $\mathcal{E}$ bezeichnet, um Verwechslungen mit Energien zu vermeiden. Auch hier haben wir wieder die Feldrichtung mit der Quantisierungsachse, der z-Achse, identifiziert und im letzten Schritt Gl. (8.11) verwendet. Wie in Beispiel 8.4 im Detail diskutiert wurde, führt ein solcher Operator nur dann zu nicht verschwindenden Matrixelementen, wenn $|l - l'| = 1$. Insofern bekommt man für schwache Felder, also Felder, deren zugehörige Feldenergie sehr viel kleiner ist als die Feinstrukturaufspaltung (Abschnitt 10.3) und auf die wir uns hier beschränken wollen, nur dann einen Effekt in führender Ordnung Störungstheorie, wenn Zustände, die sich um eine Einheit in l unterscheiden, (nahezu) entartet sind. Also kann dieser Effekt in wasserstoffähnlichen Systemen für $n = 1$ und $n = 2$ mit $J = 3/2$ (da dieses Niveau nur $l = 1$ Zustände enthält) nicht auftreten, wohl aber für $n = 2$ und $J = 1/2$. Auf diesen Fall wollen wir uns konzentrieren. Da hier die Niveaus mit $l = 0$ und $l = 1$ entartet sind, müssen wir den Störterm im Unterraum mit $J = 1/2$ diagonalisieren. Danach könnte die Rechnung mit der Standardstörungstheorie weiter verbessert werden. Darauf wollen wir hier aber nicht eingehen.

Da der Störoperator spinunabhängig ist, bleibt der Spin erhalten, und da wir ihn nach Gl. (10.27) als Vektoroperator mit $M = 0$ schreiben konnten, sind, wie in Abschnitt 8.3 diskutiert, nur solche Matrixelemente nicht verschwindend, die Zustände mit identischer dritter Komponente des Drehimpulses verbinden. Damit muss in dem hier betrachteten Fall $m_l = 0$ sein, da einer der beteiligten Drehimpulse 0 ist. Also sind die einzigen nicht verschwindenden Übergangsmatrixelemente (► *Aufgabe 10.5*)

$$H'_{10}(M) = H'_{01}(M) = \left\langle \frac{1}{2} M \left(1 \frac{1}{2} \right) \right| \hat{H}' \left| \frac{1}{2} M \left(0 \frac{1}{2} \right) \right\rangle = 2Me\mathcal{E}\sqrt{3}\, a_Z,$$

(10.28)

wobei die Zustände mit J, M, l und s gekennzeichnet sind.

Die Basiszustände in dem hier zu betrachtenden Unterraum können als

$$c_1 \left| \frac{1}{2} M \left(0 \frac{1}{2} \right) \right\rangle + c_2 \left| \frac{1}{2} M \left(1 \frac{1}{2} \right) \right\rangle$$

geschrieben werden, was auf folgendes Eigenwertproblem führt:

$$\det \begin{pmatrix} 0 & H'_{01}(M) \\ H'_{10}(M) & 0 \end{pmatrix} \begin{pmatrix} c_1 \\ c_2 \end{pmatrix} = \Delta E \begin{pmatrix} c_1 \\ c_2 \end{pmatrix}$$

(10.29)

Dabei ist $\Delta E = E - E_0$, wobei E_0 für die ungestörte Energie der Zustände mit $J = 1/2$ und E für die gesuchten Energieniveaus unter Einwirkung des elektrischen Feldes stehen. Die beiden Eigenzustände sind

$$\frac{1}{\sqrt{2}} \begin{pmatrix} 1 \\ 1 \end{pmatrix} \quad \text{und} \quad \frac{1}{\sqrt{2}} \begin{pmatrix} 1 \\ -1 \end{pmatrix}$$

mit den Eigenwerten $\pm 2Me\mathcal{E}\sqrt{3}\, a_Z$ für $M = \pm 1/2$. Also spaltet die führende Ordnung Störungstheorie das Energieniveau mit $n = 2$ und $J = 1/2$ in zwei jeweils zweifach entartete Niveaus auf, wohingegen das Energieniveau mit $n = 2$ und $J = 3/2$ unverändert vierfach entartet bleibt. Also werden aus zwei Niveaus drei, wobei jedoch die Gesamtzahl der Zustände erhalten bleibt.

Das gerade hergeleitete Ergebnis gilt, wenn die Energie des Störterms kleiner ist als die Feinstrukturaufspaltung. Ist diese jedoch deutlich größer als die Feinstruktur, dann können wir die diese erzeugenden Operatoren vernachlässigen, und es kommt in Analogie zum Paschen-Back-Effekt gar nicht zur Kopplung von Spin und Bahndrehimpuls zu einem gemeinsamen Gesamtdrehimpuls J – die geeigneten Basiszustände werden dann durch m_l und m_s sowie l und s charakterisiert. Allerdings gilt weiterhin, dass nur die Komponenten mit $m_l = 0$ den Störoperator spüren und die entsprechenden Zustände mit $l = 1$ und $l = 0$ mit dem gleichen Muster wie zuvor mischen. Also erhalten wir in diesem Falle wiederum drei Niveaus, allerdings bleiben nun die vier Zustände mit $m_l = \pm 1$ auf der Energie $E_2^H(Z)$, die beiden mit $m_s = \pm 1/2$ und der symmetrischen Linearkombination

Abb. 10.3 Skizze des
Wassermoleküls. Auf Grund
der Anordnung der Atome,
die zu einer Polarisierung der
Elektronenwolken führt (in
der Skizze durch + und −
angedeutet) kann der
Ladungsverteilung ein
Vektor zugeordnet werden

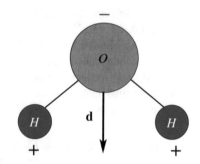

der Basiszustände mit $l = 0, m_l = 0$ und $l = 1, m_l = 0$ sind um $-e\mathcal{E}3\, a_Z$
verschoben und die zur antisymmetrischen um $e\mathcal{E}3\, a_Z$.

Nicht nur im Wasserstoffatom sind Zustände unterschiedlicher Parität nahezu
entartet, was, wie gerade gesehen, zu nicht verschwindenden elektrischen Dipol-
momenten führt. Auch in Molekülen ist diese Art Entartung häufig anzutref-
fen, was in manchen Fällen zu wichtigen makroskopischen Effekten führt. So ist
z. B. die Anordnung der Atome im Wassermolekül so, dass der Ladungsverteilung eine Richtung zugeordnet werden kann (Abb. 10.3), denn die Elektronen der
Wasserstoffatome befinden sich mit großer Wahrscheinlichkeit in der Nähe des
Sauerstoffatoms. Dies führt zu einem mit $38 \times 10^{-10}\, e$ cm ein recht großen elektrischen Dipolmoment.[4] Quantenmechanisch bedeutet dies, dass im Wassermolekül
Zustände unterschiedlicher Parität sehr nahe beieinander liegen, wobei in diesem
Falle „nahe" bedeutet, dass die Energiedifferenz dieser Niveaus deutlich kleiner
sein muss als die Energie des externen Feldes.

Bisher haben wir lediglich die führende Ordnung Störungstheorie und damit den
linearen Stark-Effekt diskutiert, der jedoch nur relevant ist, wenn Zustände unterschiedlicher Parität nahezu entartet sind. In nächster Ordnung Störungstheorie
tragen Terme quadratisch im Feld bei (Gl. (10.9)) und in dieser Ordnung kommt
es auch zu einer Verschiebung z. B. des Grundzustands. Diese Beiträge kann man
mit

$$\frac{V^2}{\Lambda} \approx \frac{(e\mathcal{E}a_Z)^2}{|E_1^H(Z)|}$$

abschätzen.

Interessant sind in diesem Zusammenhang die elektrischen Dipolmomente subatomarer Teilchen wie Elektronen, Protonen, Neutronen oder auch Deuteronen.
Nach dem Standardmodell der Elementarteilchen haben alle diese eine wohldefinierte Parität, und die Zustände höherer Parität sind so weit weg, dass der

---

[4]Die Einheiten e cm, mit e für den Betrag der Elementarladung, sind die in der Teilchenphysik
übliche. In der Molekülphysik hingegen ist die Einheit Debye etabliert mit

$$1\,\text{Debye} = 3{,}33564 \cdot 10^{-30}\,\text{Cm} = 20{,}819 \times 10^{-10}\,e\,\text{cm}.$$

quadratische Stark-Effekt einen unmessbar kleinen Beitrag liefert. Der einzige Vektor, der einem solchen System in Ruhe zugeordnet werden kann, ist **J**, der totale Drehimpuls, und wir erhalten nach dem Wigner-Eckert-Theorem (Abschnitt 8.3) den Ansatz

$$\left\langle \hat{\mathbf{d}} \right\rangle_\Psi = d \left\langle \hat{\mathbf{J}} \right\rangle_\Psi .$$

Nun sind aber die Verhalten von **x** und **J** sowohl unter Parität als auch unter Zeitumkehr unterschiedlich (Tab. 8.1), so dass $d \neq 0$ nur möglich ist, wenn es eine Wechselwirkung gibt, die die Symmetrien Parität und Zeitumkehr verletzt, aber gleichzeitig den Teilchentyp erhält. Im Standardmodell sind diese Art Wechselwirkungen dramatisch unterdrückt: Das EDM eines Nukleons aus dieser Wechselwirkung wird in der Größenordnung von 10^{-31} e cm erwartet. Daher verspricht man sich von der Suche nach EDMs subatomarer Teilchen Hinweise auf Physik jenseits des Standardmodells. Die gegenwärtig experimentell bestimmte obere Schranke des Neutron-EDM liegt bei $0{,}29 \times 10^{-25}$ e cm.

Wie erwähnt sind nur wenige Probleme in der Physik exakt lösbar. Andererseits ist es auch nicht notwendig, ein System zu sehr viel höherer Genauigkeit zu verstehen, als es experimentell zugänglich ist. Die Kunst des theoretischen Physikers besteht nun darin, ein System so gut wie nötig zu verstehen. Dazu gehört es auch, näherungsweise Symmetrien zu identifizieren und die Abweichung vom zugehörigen Symmetriepunkt, also die **explizite Symmetriebrechung,** systematisch mit Hilfe der Störungstheorie zu berücksichtigen. Dieses fundamental wichtige Vorgehen soll nun an einem Beispiel illustriert werden, das es uns erlaubt auch ohne Rechnung bereits spannende Einsichten zu erhalten.

Beispiel 10.6: Die Rolle des Quarkmassenterms

In Beispiel 8.1 wurde die Isospinsymmetrie eingeführt. Diese ist jedoch keine exakte Symmetrie, denn sie wird durch die unterschiedlichen Massen (m_u und m_d) und Ladungen (q_u und q_d) der Up- und Down-Quarks gebrochen. Isospinbrechende Effekte sind typischerweise in der Größenordnung von wenigen Prozent. Auf fundamentalem Niveau erscheint der Quarkmassenterm in den Bewegungsgleichungen der Quarks als

$$\hat{M} = \hat{M}_T + \hat{M}_{\bar{T}} = \left(\frac{m_u + m_d}{2} \right) \mathbf{1} + \left(\frac{m_u - m_d}{2} \right) \tau_3,$$

wobei τ_3 der Pauli-Matrix σ_3 identisch ist – die andere Bezeichnung soll lediglich ausdrücken, dass diese Matrix im Isospinraum und nicht im Spinraum operiert. Der erste Term ist isospinerhaltend, der zweite bricht die Isospinsymmetrie. Demnach erscheint auf Quarkniveau die Isospinbrechung in Form der dritten Komponente eines Isovektors. Diese Transformationseigenschaft überträgt sich auf die Ebene der aus Quarks zusammengesetzten Teilchen, der Hadronen.

Das π^- (gebildet aus einem Down-Quark und einem Anti-Up-Quark: $\bar{u}d$) ist das Antiteilchen des π^+ ($\bar{d}u$). Beide bilden, zusammen mit dem π^0 (bestehend aus $\bar{u}u$ und $\bar{d}d$), ein Isospintriplett. Nach dem Wigner-Eckert-Theorem gilt nun

$$\langle \pi^m | \hat{M}_{\Upsilon} | \pi^m \rangle = \langle 1m, 10|1m \rangle \, \langle \pi || \hat{M}_{\Upsilon} ||\pi \rangle \; .$$

Also folgt aus obiger Gleichung, da

$$\langle 11, 10|11 \rangle = 1/\sqrt{2} = -\langle 1-1, 10|1-1 \rangle$$

ist, dass das reduzierte Matrixelement verschwinden muss, da sonst Teilchen und Antiteilchen verschiedene Massen hätten, was nach unserem heutigen Verständnis der Physik verboten ist. In anderen Worten, die Massendifferenz zwischen dem neutralen und den geladenen Pionen

$$M_{\pi^\pm} - M_{\pi^0} = 4{,}6\,\text{MeV}$$

muss dominant aus der elektromagnetischen Wechselwirkung kommen (das obige Argument schließt zwar Effekte der Ordnung $(m_u - m_d)^2$ nicht aus, diese sollten jedoch sehr klein sein). Das obige Argument greift übrigens nicht für Kaonen, da $K^+ \sim \bar{s}u$ und $K^- \sim \bar{u}s$ ist – die Leiteroperatoren $T_\pm$ verknüpfen also nicht Kaon und Antikaon, sondern die geladenen mit den neutralen. Daher hat

$$M_{K^\pm} - M_{K^0} = -3{,}9\,\text{MeV}$$

Beiträge sowohl von der Quarkmassendifferenz als auch von elektromagnetischen Effekten. Es sei darauf hingewiesen, dass die elektromagnetischen Beiträge immer die Massen der geladenen Teilchen gegenüber den neutralen erhöhen. Daher sind geladene Pionen schwerer als neutrale. Die geladenen Kaonen sind nur deshalb leichter als die neutralen, weil das Up-Quark leichter ist als das Down-Quark. Es zeigt sich, dass die Quarkmasseneffekte, wenn sie erlaubt sind, gegen die elektromagnetischen Effekte gewinnen – und das ist gut so, denn sonst wäre das Proton schwerer als das Neutron und wegen des β-Zerfalls gäbe es im Universum keinen stabilen Wasserstoff – und wohl kein Leben.

10.2 Zur Rolle des Kontinuums

Gl. (10.6) enthält auch einen Beitrag des Kontinuums, der bisher unbeachtet blieb. Diesen wollen wir nun exemplarisch für das Wasserstoffatom (Bsp. 4.2) diskutieren. In diesem Falle beinhaltet der Kontiuumsbeitrag zum einen den Einfluss, den das (e^-p)-Kontinuum auf die Energieniveaus hat. Dieser ist ohne weitere Komplikationen berechenbar. Hier soll jedoch ein anderer Effekt diskutiert werden, der ebenfalls durch den letzten Term in Gl. (10.6) erfasst wird: die sogenannte **spontane**

Emission – der Übergang höherer Niveaus in niedrigere Niveaus unter Abstrahlung eines Photons. In den bisher diskutierten Fällen haben Störoperatoren gewirkt, die $(e^- p)$-Zustände (mit positiver Energie für das Kontinuum und negativer für die Bindungszustände) mit anderen $(e^- p)$-Zuständen verbunden haben. Für den jetzt zu diskutierenden Fall braucht es Operatoren, die den Zustandsraum der Bindungszustände mit dem aus (Bindungszustände + Photonen) verbindet. Einen solchen Operator haben wir in Gl. (7.22) bereits kennen gelernt. Der Eingangs- bzw. Zwischenzustand sei mit $|\psi_m\rangle$ bzw. $|\psi_n, \gamma\rangle$ bezeichnet. Dann erhalten wir für den, der Klarheit halber voll ausgeschriebenen Beitrag:

$$\delta E_m^{(2)} = \sum_{n\neq m} \sum_{\lambda} \int \frac{d^3 p}{(2\pi\hbar)^3} \frac{\langle\psi_m^{(0)}|\hat{V}|\psi_n^{(0)}, \gamma\rangle\langle\psi_n^{(0)}, \gamma|\hat{V}|\psi_m^{(0)}\rangle}{E_m^{(0)} - E_{(n,\gamma)}(p) + i\epsilon} \tag{10.30}$$

Hierbei ist $E_{(n,\gamma)}(p) = E_n^{(0)} + E_\gamma = E_n^{(0)} + cp$. Die Summe läuft über alle Zwischenzustände (n) und Photonpolarisationen (λ). Hierbei bezeichnet p den Relativimpuls zwischen dem Photon und dem n-ten $(e^- p)$-Bindungszustand. Im Nenner wurde die Boostenergie von letzterem vernachlässigt, da sie um einen Faktor m_e/M_p gegenüber den anderen Termen unterdrückt ist. Für alle $n < m$ kann der Nenner verschwinden – das Integral ist singulär. Der $i\epsilon$-Term ist eingefügt, um das Integral wohldefiniert zu machen. Wie wir sehen werden, berücksichtigt sein Vorzeichen die Randbedingungen. Am Ende der Rechnung ist der Grenzwert $\epsilon \to 0$ zu nehmen. Auf Grund seiner Singularität hat das obige Integral neben einem Realteil, dessen Berechnung aufwendig ist und auf den wir hier nicht weiter eingehen wollen, einen Imaginärteil, denn

$$\lim_{\epsilon\to 0}\left\{\mathrm{Im}\left(\frac{1}{E_0 - E(p) \pm i\epsilon}\right)\right\} = \lim_{\epsilon\to 0}\left\{\frac{\mp\epsilon}{(E_0 - E(p))^2 + \epsilon^2}\right\} = \mp\pi\,\delta(E_0 - E(p)). \tag{10.31}$$

Damit ergibt sich

$$\mathrm{Im}\left(\delta E_m^{(2)}\right) = -\frac{1}{8\pi^2\hbar c^3}\sum_{n<m}\omega_{nm}^2\sum_{\lambda}\int d\Omega_p\,\left|V_{m,n\gamma}\right|^2,$$

wobei die Frequenz des Photons über $\hbar\omega_{nm} = E_m^{(0)} - E_n^{(0)}$ eingeführt wurde und die Summe über alle Zustände läuft, deren Energie kleiner ist als $E_m^{(0)}$ (n ist hier also nicht mit der Hauptquantenzahl zu verwechseln). Nach dem Einsetzen des expliziten Ausdrucks für das Matrixelement (Gl. (7.23)), erhalten wir, mit Gl. (7.18) und $\int d\Omega_p\, p_i p_j = \frac{1}{3}\delta_{ij}\mathbf{p}^2$, so dass die Relation

$$\sum_{\lambda}\int d\Omega_p \epsilon_{\lambda i}(\mathbf{p})^* \epsilon_{\lambda j}(\mathbf{p}) = \frac{2}{3}(4\pi)\delta_{ij}$$

gilt, als Endergebnis

$$\mathrm{Im}\left(\delta E_m^{(2)}\right) = -\frac{2}{3}\frac{\alpha\hbar}{c^2}\sum_{n<m}\omega_{nm}^3\sum_{j=1}^{3}\left|\langle\psi_n\,|x_j\,|\,\psi_m\rangle\right|^2.$$

Dieser Imaginärteil ist leicht zu interpretieren: Die Zeitabhängigkeit des Zustands m ist gegeben durch $\exp(-i\,E_m t/\hbar)$. Berücksichtigen wir nun den gerade berechneten Term, erhalten wir einen Beitrag des Typs $\exp(\mathrm{Im}(\delta E_m^{(2)})t/\hbar)$. Das bedeutet für die Norm des Zustands

$$N_{nm}(t) = \langle \psi_m(t)|\psi_m(t)\rangle = e^{2\mathrm{Im}(\delta E_m^{(2)})t/\hbar}. \tag{10.32}$$

Demnach ist insbesondere die **Zerfallsrate** von Zustand m in Zustand n, also die Übergangsrate von Zustand m in den Zustand n, verbunden mit der spontanen Emission eines Photons:

$$R_{m\to n}^{\mathrm{spontan}} = \frac{\frac{d}{dt}N_{nm}(t)}{N_{nm}(t)} = \frac{2}{\hbar}\left|\mathrm{Im}(\delta E_m^{(2)})\right| = \frac{4}{3}\frac{\alpha\omega^3}{c^2}\sum_{j=1}^{3}\left|\langle \psi_n\,|x_j\,|\,\psi_m\rangle\right|^2 \tag{10.33}$$

An dieser Stelle wird nun auch deutlich, dass das Vorzeichen des $i\epsilon$-Terms in Gl. (10.30) richtig gewählt war: Ein Umdrehen dieses Vorzeichens hätte bewirkt, dass die Norm des angeregten Zustands in Gl. (10.32) wächst, anstatt zu fallen (vgl. Gl.(10.31)), was eindeutig unphysikalisch wäre. Gl. (10.33) erlaubt es, mit

$$\tau_m = \left(\sum_n R_{m\to n}^{\mathrm{spontan}}\right)^{-1} \tag{10.34}$$

eine **Lebensdauer** für den Zustand m zu definieren.

Beispiel 10.7: Lebensdauer der Rydberg-Zustände mit $l = n - 1$

Zur Illustration berechnen wir nun die Lebensdauer von Zuständen mit maximalem Drehimpuls ($l = n - 1$), was insbesondere für die hochangeregten Rydberg-Zustände, die bereits in Abschnitt 4.5 eingeführt wurden, relevant ist. Befindet sich der Ausgangszustand im Niveau $n = l + 1$, ist lediglich ein Übergang zu dem mit $n' = n - 1$ möglich, da, wie in Beispiel 8.4 gezeigt, Dipolübergänge den Drehimpuls um eine Einheit ändern. Dann gilt für die Kreisfrequenz des erlaubten Übergangs

$$\omega = \frac{1}{\hbar}\left(E_n^{\mathrm{Ryd}} - E_{(n-1)}^{\mathrm{Ryd}}\right) = \frac{E_1^H(1)}{\hbar}\left(\frac{1}{n^2} - \frac{1}{(n-1)^2}\right).$$

Da die Zerfallsrate aus Gl. (10.33) mit ω^3 skaliert, erwarten wir für große n sehr lange Lebensdauern der Zustände. Um zu sehen, wie lange diese wirklich sind, benötigen wir jedoch auch den Wert des zugehörigen Matrixelements.

Für das Winkelintegral des Matrixelements aus Gl. (10.33) erhalten wir in Analogie zur Rechnung in Beispiel 10.5 mit Gl. (8.15) und (8.11)

$$\sqrt{\frac{4\pi}{3}}\int d\Omega\, Y_{(n-2)m'}(\Omega)^* Y_{1\lambda}(\Omega) Y_{(n-1)m}(\Omega) =$$

$$\sqrt{\frac{2n-1}{2n-3}}\langle (n-2)0|(n-1)0, 10\rangle\langle (n-2)m'|(n-1)m, 1\lambda\rangle.$$

Für die radialen Integrale erhält man mit Gl. (4.52) unter Verwendung von Gl. (4.53)

$$\int dr\, u_{(n-1),(n-2)}(r)\, r\, u_{n,(n-1)}(r) = a_1 n^{n+1} \frac{(n-1)^{n+3/2}}{(n-1/2)^{2n+1/2}}.$$

Im unserem Beispiel möchten wir die über die $2l+1=2n-1$ verschiedenen Projektionen bzw. m-Quantenzahlen im Eingangskanal gemittelte Zerfallsrate ermitteln. Wir müssen also

$$\overline{|M|^2} = \frac{1}{2n-1} \sum_{\lambda=-1}^{1} \sum_{m=-(n-1)}^{(n-1)} \left| \left\langle \psi_{(n-1)(n-2)(m-\lambda)} \,|x_\lambda|\, \psi_{n(n-1)m} \right\rangle \right|^2$$

berechnen, wobei die Notation aus Gl. (4.29) verwendet wurde. Sobald über die m-Quantenzahlen gemittelt wird, kann das Matrixelement nicht mehr von λ abhängen, und es genügt, die innere Summe für $\lambda=0$ auszuwerten und das Ergebnis mit 3 zu multiplizieren. Unter Verwendung von

$$3 \sum_m |\langle (n-2)m|(n-1)m, 10\rangle|^2 = 2n - 3,$$

was direkt aus Gl. (6.16) und (6.11) folgt, erhalten wir unter Benutzung [7]

$$\langle (n-2)0|(n-1)0, 10\rangle = -\sqrt{\frac{n-1}{2n-1}}$$

für das gemittelte Matrixelement

$$\overline{|M|^2} = \frac{a_1^2}{2} \frac{n^{2n+2}(n-1)^{2n+4}}{(n-1/2)^{4n+2}}$$

und damit für die Lebensdauer der Zustände mit maximalem Drehimpuls

$$\bar{\tau}_{n\to(n-1)}^{\text{spontan}} = \left(\frac{3\hbar^3 c^2}{16\alpha|E_1^H(1)|^3 a_1^2} \right) \left(\frac{(n-1/2)^{4n-1} n^2}{(n^2-n)^{2n-2}} \right) = \left(\frac{3\hbar}{2\alpha^5 m_e c^2} \right) \left(\frac{(n-1/2)^{4n-1} n^2}{(n^2-n)^{2n-2}} \right)$$

$$= 0{,}95 \times 10^{-10} \left(\frac{(n-1/2)^{4n-1} n^2}{(n^2-n)^{2n-2}} \right) \text{ s}. \tag{10.35}$$

Für $n=2$, also den Übergang $2p\to 1s$ im Wasserstoffatom, erhalten wir mit Gl. (10.35) eine Lebensdauer von 1,6 ns. Da der Term in Klammern jedoch für große n wie n^5 skaliert, liefert die Formel für $n=10$ bereits 9 μs und für $n=30$ sogar 2 ms. In der Natur können solch lange Lebensdauern natürlich nur dann auftreten, wenn die angeregten Zustände nicht mit anderen Atomen zusammenstoßen. Daher wurden die entsprechend langen Lebensdauern zuerst in sehr dünnen Gasen im All entdeckt. Für eine detaillierte Diskussion, insbesondere experimenteller Aspekte von Rydberg-Zuständen, verweisen wir auf [9].

Es mag im ersten Moment befremdlich scheinen, dass nun komplexe Energien auftreten. Das bedeutet jedoch nicht, dass es keinen hermiteschen Hamilton-Operator mehr gibt. Vielmehr weist es darauf hin, dass eine vollständige Beschreibung des Systems eines Hilbertraumes bedarf, der sowohl $(e^- p)$-Zustände als auch $((e^- p)+\text{Photon})$-Zustände enthält. Der entsprechende Hamilton-Operator enthält dann auch Übergänge zwischen diesen Zustandsräumen und ist hermitesch – und das obwohl weiterhin die angeregten $(e^- p)$-Zustände eine endliche Lebensdauer aufweisen. Die betrachtete Störungstheorie stellt allerdings besonders im Falle der elektromagnetischen Wechselwirkung, da α sehr klein ist, eine gute Näherung an das volle Problem dar.

Abschließend sei noch angemerkt, dass man die Größe $R_{m \to n}^{\text{spontan}}$ auch direkt mit Hilfe der zeitabhängigen Störungstheorie, die in Abschnitt 10.5 diskutiert werden wird, hätte berechnen können, wie das z. B. in [20] explizit vorgeführt wird, was die intrinsische Konsistenz der Methoden deutlich macht.

10.3   Die Born-Oppenheimer-Näherung

Die Methode aus Abschnitt 10.1 erlaubt es, systematisch Korrekturen zu z. B. bereits bekannten Energieniveaus zu berechnen. Allerdings ist es mit dieser Art Störungstheorie nicht möglich, z. B. die Bindung aus zwei Wasserstoffatomen (dem Wasserstoffmolekül), also zusätzliche Zustände, zu berechnen. Andererseits sind Moleküle so kompliziert, dass es nicht ohne Weiteres möglich ist, einen hinreichend guten, vollständig lösbaren ungestörten Hamilton-Operator, wie das bei den Atomen möglich war, zu identifizieren. Bei Molekülen kann man das Problem jedoch schrittweise lösen – das Verfahren ist als **Born-Oppenheimer-Näherung** bekannt.

Die Logik funktioniert folgendermaßen: In einem gebundenen System sind die Impulse aller Bausteine von ähnlicher Größenordnung. Das bedeutet jedoch, dass die mittlere Geschwindigkeit der Kerne eines Moleküls sehr viel kleiner ist als die der Elektronen der Hülle, da die Masse der Kerne sehr viel größer ist als die der Elektronen:

$$m_e/M_p \approx 5 \times 10^{-4}$$

In guter Näherung stellen die Atomkerne also für die Elektronenhülle statische Quellen dar. Es scheint somit angebracht, zunächst für statische Kerne die Elektronenenergien zu berechnen, wobei die Kernabstände als Parameter erscheinen, um dann die Bindungsenergien der Kerne in dem durch die Elektronen erzeugten Potential zu betrachten. In letzterem Schritt „sehen" die Kerne lediglich ein mittleres Gesamtpotential, das von den sich sehr schnell bewegenden Elektronen erzeugt wird (Abb. 10.4).

Um diese Idee quantitativer zu machen, betrachten wir den vollen Hamilton-Operator für ein System aus Kernen (K) und Elektronen (e) (die Präsentation folgt der Darstellung in [21]):

$$\hat{H}_{\text{tot}} = T_e + T_K + V_{ee} + V_{eK} + V_{KK} \tag{10.36}$$

Abb. 10.4 Skizze zur Born-Oppenheimer-Näherung: Die $E_\alpha^e(X)$ und $E_\beta^e(X)$ sind die effektiven Potentiale für verschiedene Anregungen der Hülle, die gestrichelten und durchgezogenen Linien deuten die Vibrations- und Rotationsanregungen an

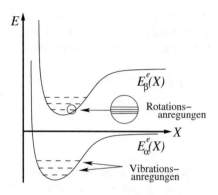

mit

$$T_e = \sum_i \frac{\mathbf{p}_i^2}{2m_e} \quad \text{und} \quad T_K = \sum_j \frac{\mathbf{P}_j^2}{2M_j},$$

wobei M_j die Massen der Kerne bezeichne, und

$$V_{ee}+V_{eK}+V_{KK} = \frac{e^2}{4\pi\epsilon_0}\left\{\frac{1}{2}\sum_{i\neq j}\frac{1}{|\mathbf{x}_i - \mathbf{x}_j|} - \sum_{i,j}\frac{Z_j}{|\mathbf{x}_i - \mathbf{X}_j|} + \frac{1}{2}\sum_{i,\neq j}\frac{Z_i Z_j}{|\mathbf{X}_i - \mathbf{X}_j|}\right\},$$

wobei Z_i die Ladung des Kerns i bezeichne. Im Folgenden sei $\mathbf{X}$ ($\mathbf{x}$) der Vektor, der alle Ortskoordinaten der Kerne (Elektronen) enthält. Dann machen wir folgenden Ansatz für die Gesamtwellenfunktion:

$$\Psi_\alpha(\mathbf{x}, \mathbf{X}) = \psi_{X,\alpha}(\mathbf{x})\phi_\alpha(\mathbf{X})$$

Dabei zeigt der Index X an der Elektronenwellenfunktion ψ an, dass die Elektronenhülle eine parametrische Abhängigkeit von der Anordnung der Kerne aufweist. Die Quantenzahlen der Hülle werden durch den Index α spezifiziert. Wie oben diskutiert, soll nun zunächst die kinetische Energie der Kerne vernachlässigt werden. Die Bestimmungsgleichung für die Elektronenhülle lautet also für einen gegebenen Vektor $\mathbf{X}$:

$$\hat{H}_e\psi_{X,\alpha}(\mathbf{x}) = (T_e+V_{ee}+V_{eK}+V_{KK})\,\psi_{X,\alpha}(\mathbf{x}) = E_\alpha^e(X)\psi_{X,\alpha}(\mathbf{x}) \qquad (10.37)$$

Da $\mathbf{X}$ mit diesem reduzierten Hamilton-Operator vertauscht, ist es in der Tat gerechtfertigt, X als gute Quantenzahl im reduzierten System zu betrachten. Damit folgt nach Einsetzen in $\hat{H}_{\text{tot}}\Psi_\alpha(\mathbf{x}, \mathbf{X}) = E_{\text{tot}}\Psi_\alpha(\mathbf{x}, \mathbf{X})$, Multiplikation mit $\psi_{X,\alpha}(\mathbf{x})^*$ und Integration über die gesamten Elektronenkoordinaten:

$$\left\{T_K+E_\alpha^e(X)-E_{\text{tot}}\right\}\phi_\alpha(\mathbf{X}) = -\int dx\,\psi_{X,\alpha}(\mathbf{x})^*\left[T_K, \psi_{X,\alpha}(\mathbf{x})\right]\phi_\alpha(\mathbf{X}) \qquad (10.38)$$

Dabei wurde angenommen, dass die $\psi_X(\mathbf{x})$ für jedes X normiert sind. Der Kommutator auf der rechten Seite erfasst den Effekt der Kernbewegung (Rotation und Vibration) auf die Elektronenwellenfunktion, denn es gilt

$$\int dx\,\psi_{X,\alpha}(\mathbf{x})^*\left[T_K,\psi_{X,\alpha}(\mathbf{x})\right]\phi_\alpha(\mathbf{X}) = \sum_j \frac{-\hbar^2}{2M_j}\left(\phi_\alpha(\mathbf{X})\int dx\,\psi_{X,\alpha}(\mathbf{x})^*\nabla_{X_j}^2\psi_{X,\alpha}(\mathbf{x})\right.$$

$$\left. + 2\nabla_X\phi_\alpha(\mathbf{X})\cdot\int dx\,\psi_{X,\alpha}(\mathbf{x})^*\nabla_{X_j}\psi_{X,\alpha}(\mathbf{x})\right).$$

$$(10.39)$$

Die Näherung besteht nun darin, diesen Term zu vernachlässigen. Damit lautet die Bestimmungsgleichung der Wellenfunktion der Kerne wie folgt:

Born-Oppenheimer-Näherung

$$\left\{T_K + E_\alpha^e(X) - E_{\text{tot}}\right\}\phi_\alpha(\mathbf{X}) = 0 \qquad (10.40)$$

Um die Güte dieser Näherung zu verstehen, machen wir folgende Abschätzung:

$$\int dx\,\psi_{X,\alpha}(\mathbf{x})^*\nabla_{X_j}\psi_{X,\alpha}(\mathbf{x}) \approx -\sum_i\int dx\,\psi_{X,\alpha}(\mathbf{x})^*\nabla_{x_i}\psi_{X,\alpha}(\mathbf{x}) \quad (10.41)$$

Hierbei haben wir benutzt, dass der Effekt eines Kerns auf ein beliebiges Elektron vom Abstand $|\mathbf{X}_j - \mathbf{x}_i|$ zwischen diesem Kern und dem Elektron abhängt, so dass eine Änderung in $\mathbf{X}_j$ auch als Änderung in $\mathbf{x}_i$ verstanden werden kann. Der Ausdruck auf der rechten Seite von Gl. (10.41) verschwindet im Allgemeinen nicht, da $\mathbf{X}$ eine Achse auszeichnet. Damit gilt jedoch

$$\frac{-\hbar^2}{2M_j}\int dx\,\psi_{X,\alpha}(\mathbf{x})^*\nabla_{X_j}^2\psi_{X,\alpha}(\mathbf{x}) \approx \frac{-\hbar^2}{2M_j}\sum_i\int dx\,\psi_{X,\alpha}(\mathbf{x})^*\nabla_{x_i}^2\psi_{X,\alpha}(\mathbf{x}) = \frac{m_e}{M_j}\langle T_e\rangle_{\psi_X}.$$

Da der Operator ∇_X^2 das Quadrat des Drehimpulsoperators enthält (Abschnitt 4.2), haben wir mit obiger Gleichung die Größenordnung von **Rotationsanregungen** abgeschätzt. Um den Term in der zweiten Zeile von Gl. (10.39) abzuschätzen, müssen wir Informationen über $\phi_\alpha(\mathbf{X})$ einbeziehen. Gemäß Gl. (10.40) bestimmt das effektive Potential $E_\alpha^e(X)$ die zugehörigen Energieniveaus. Zumindest die niedrig angeregten Zustände befinden sich in guter Näherung in einem harmonische Oszillatorpotential um das Minimum von $E_\alpha^e(X)$ (Abb. 10.4). Dementsprechend beschreibt dieser Term Vibrationen. Um die zugehörige Oszillatorfrequenz ω abzuschätzen, betrachten wir die Definitionsgleichung für das Minimum:

$$0 = \nabla_X E_\alpha^e(X) = \nabla_X \int dx \, \psi_{X,\alpha}(\mathbf{x})^* \{T_e + V_{ee} + V_{eK} + V_{KK}\} \, \psi_{X,\alpha}(\mathbf{x})$$

$$= E_\alpha^e(X) \nabla_X \int dx \, \psi_{X,\alpha}(\mathbf{x})^* \psi_{X,\alpha}(\mathbf{x})$$

$$+ \int dx \, \psi_{X,\alpha}(\mathbf{x})^* \left(\nabla_X \{V_{eK} + V_{KK}\}\right) \psi_{X,\alpha}(\mathbf{x}) \quad (10.42)$$

Der Term in der zweiten Zeile verschwindet, da die Norm der Zustände von $\mathbf{X}$ unabhängig ist. Die Tatsache, dass die Ableitung eines Erwartungswertes durch den Erwartungswert der Ableitung des Operators gegeben ist, ist als **Feynman-Hellmann-Theorem** bekannt. Demnach hängt die Gleichgewichtsbedingung nicht von der Ableitung der Elektronenwellenfunktionen ab, wodurch die Abschätzung von ω stark vereinfacht wird.

Die typische Längenskala der Elektronenhülle ist auch im Molekül der Bohr-Radius $a_1 = \hbar/(\alpha m_e c)$ (Gl. (4.50)). Damit ergibt sich für die typische Elektronenenergie

$$E_e \approx \frac{\gamma^2}{2m_e} = \frac{\hbar^2}{2m_e a_1^2}.$$

E_e ist die Skala für die Aufspaltung zwischen den verschiedenen Energieniveaus der Elektronenhülle – in Abb. 10.4 bezeichnet als $E_\alpha^e(X)$ und $E_\beta^e(X)$. Von gleicher Größenordnung sollte im Gleichgewicht die potentielle Energie der Kerne, $E_{\text{pot.}}^K$, sein, wenn diese um eine Strecke a_1 ausgelenkt werden. Wir können also in Oszillatornäherung

$$E_{\text{pot.}}^K = \frac{M}{2} \omega^2 a_1^2 \approx E_e \quad \Longrightarrow \quad \omega \approx \sqrt{\frac{m_e}{M}} \frac{\hbar}{m_e a_1^2} \quad (10.43)$$

schreiben, wobei in dieser Abschätzung hier M eine mittlere Kernmasse bezeichne. Damit bekommen wir unter Verwendung der Oszillatorwellenfunktion für $\phi_\alpha(\mathbf{X})$ (vgl. Gl. (3.17))

$$\nabla_X \phi_\alpha(\mathbf{X}) \nabla_{X_j} \psi_{X,\alpha}(\mathbf{x}) \approx -\frac{M\omega}{\hbar}(\mathbf{X} - \mathbf{X}_0)\phi_\alpha(\mathbf{X}) \cdot \nabla_x \psi_{X,\alpha}(\mathbf{x})$$

und somit als Abschätzung für die zweite Zeile von Gl. (10.39) unter Benutzung von $\nabla_x \psi_{X,\alpha}(\mathbf{x}) \sim \psi_{X,\alpha}(\mathbf{x})/a_1$ und für die typische Kernauslenkung $\mathbf{X} - \mathbf{X}_0 \approx a_1$

$$\frac{\hbar^2}{2M} \nabla_X \phi_\alpha(\mathbf{X}) \cdot \int dx \, \psi_{X,\alpha}(\mathbf{x})^* \nabla_{X_j} \psi_{X,\alpha}(\mathbf{x}) \sim \frac{\hbar^2}{2M} \frac{M\omega}{\hbar} = \sqrt{\frac{m_e}{M}} E_e.$$

Damit sind also die durch die Vibrationen um $\sqrt{m_e/M}$ gegenüber den Anregungen, die durch die Born-Oppenheimer-Näherung beschrieben werden, unterdrückt. Beide Effekte (Rotation wie Vibration) können also als Störung berücksichtigt werden. Gegen Ende des nächsten Abschnitts wird der Formalismus, kombiniert mit einem Variationsansatz, auf das Beispiel des H_2^+-Moleküls angewandt (Beispiel 10.9).

10.4 Variationsmethoden

Im Allgemeinen ist es in der Physik nicht möglich, exakte Lösungen für realistische Probleme zu finden. Wenn sich außerdem kein geeigneter kleiner dimensionsloser Parameter finden lässt, der es erlaubt, den Unterschied zwischen einem Problem mit bekannter Lösung und dem gegebenen zu quantifizieren, dann muss auf nicht störungstheoretische Methoden zurückgegriffen werden. Beispiele sind hierfür einerseits größere Moleküle in der Chemie oder Biologie und andererseits Probleme, die sich mit der subatomaren Physik befassen. In solchen Fällen ist man häufig auf aufwendige numerische Methoden angewiesen. Allerdings gibt es mit dem **Ritz'schen Variationsprinzip** zumindest für Grundzustände eine Alternative.

Das Prinzip beruht auf der Beobachtung, dass der Erwartungswert des vollen Hamilton-Operators, gebildet mit einer beliebigen Wellenfunktion, immer echt größer ist als die wahre Grundzustandsenergie. Um dies zu sehen, betrachten wir eine beliebige quadratintegrable Funktion Ψ, entwickelt nach den (unbekannten) zueinander orthogonalen Eigenfunktionen ψ_n des zu untersuchenden Hamilton-Operators $\hat{H}$ (Gl. (2.14)). Sowohl Ψ als auch die ψ_n seien normiert, so dass

$$\Psi(\mathbf{x}, t) = \sum_{n=0}^{\infty} c_n \psi_n(\mathbf{x}) e^{-i E_n t/\hbar} \quad \text{mit} \quad \sum_n c_n^2 = 1 \qquad (10.44)$$

gilt. Dann erhalten wir

$$E_\Psi = \langle \hat{H} \rangle_\Psi = \sum_{n=0}^{\infty} c_n^2 E_n \geqslant E_0, \qquad (10.45)$$

wobei E_0 die Grundzustandsenergie bezeichne und für die Ungleichung die Normierungsbedingung aus Gl. (10.44) sowie $E_n \geqslant E_0$ benutzt wurde. Gl. (10.45) beinhaltet zwei wichtige Informationen: Zum einen ist der Erwartungswert des vollen Hamilton-Operators, gebildet mit einer beliebigen quadratintegrablen Funktion, von unten durch die echte Grundzustandsenergie des Systems beschränkt. Außerdem ist dieser Erwartungswert umso näher an E_0, je größer $c_0 = \langle \psi_0 | \Psi \rangle$ (also der Überlapp der **Testwellenfunktion** mit der Grundzustandswellenfunktion) ist. Basierend auf dieser Beobachtung kann man also eine recht gute Abschätzung für die Grundzustandsenergie eines komplizierten Systems finden, indem man eine Testwellenfunktion definiert, deren Eigenschaften, wie die Lage der Extrema oder die räumliche Ausdehnung, als Parameter, λ_i, betrachtet werden. Diese Parameter sind nun so zu variieren (daher der Name der Methode), dass der Erwartungswert $\langle \hat{H} \rangle_{\Psi_\lambda}$ minimal wird. Klarerweise beschreibt die Testwellenfunktion den Grundzustands besser, die zu kleineren Energieerwartungswerten führt. Für diese sollte dann auch der Überlapp mit der wahren Grundzustandswellenfunktion am größten sein. Allerdings erlaubt dieses Verfahren nicht abzuschätzen, wie nah die berechnete Energie der wahren Grundzustandsenergie gekommen ist, da wir hierzu, gemäß Gl. (10.44), das Spektrum von $\hat{H}$ kennen müssten.

Wie aus der Herleitung deutlich geworden sein sollte, erlaubt die Variationsmethode übrigens nicht nur, eine Abschätzung für den Gesamtgrundzustand zu finden: Gibt es in dem System neben der Energie weitere gute Quantenzahlen (wie zum Beispiel den Gesamtdrehimpuls J), dann erhält man von einer Testwellenfunktion, die Eigenfunktion mit Eigenwert a zum zugehörigen Operator $\hat{A}$ mit $[\hat{A}, \hat{H}] = 0$ ist, eine Abschätzung für die niedrigste Energie, die zu dem Eigenwert a gehört, auch wenn dieser Wert nicht der des Grundzustands ist.

Beispiel 10.8: Heliumatom (Teil II)

Wie am Ende von Beispiel 10.2 ausgeführt, ist es physikalisch sinnvoll, die Reduktion der Bindungsenergie der Elektronen im Grundzustand des Heliumatoms durch eine reduzierte effektive Kernladung, Z^*, zu berücksichtigen, die erfasst, dass das jeweils andere Elektron den Kern gegenüber dem betrachteten abschirmt. Wir starten also, unter Verwendung von Gl. (10.12), von folgendem Ansatz für den Grundzustand,

$$\Psi(\mathbf{x}_1, \mathbf{x}_2, Z^*) = \psi_{100}(\mathbf{x}_1, Z^*)\psi_{100}(\mathbf{x}_2, Z^*),$$

und schreiben den Hamilton-Operator aus Gl. (10.11) als

$$\hat{H} = \frac{\hat{\mathbf{p}}_1}{2m_e} + \frac{\hat{\mathbf{p}}_2}{2m_e} - \frac{Z^*e^2}{4\pi\epsilon_0}\frac{1}{r_1} - \frac{Z^*e^2}{4\pi\epsilon_0}\frac{1}{r_2}$$
$$- \frac{(Z - Z^*)e^2}{4\pi\epsilon_0}\left(\frac{1}{r_1} + \frac{1}{r_2}\right) + \frac{e^2}{4\pi\epsilon_0}\frac{1}{|\mathbf{x}_1 - \mathbf{x}_2|}.$$

Alle relevanten Integrale sind bekannt (Beispiel 10.2), und wir erhalten

$$E_V = \left\langle\hat{H}\right\rangle_\Psi = E_1^H\left(2Z^{*2} + 4(Z - Z^*)Z^* - \frac{5}{4}Z^*\right),$$

wobei $\langle 1/r_1\rangle_\Psi = Z^*/a_0$ und $e^2/(4\pi\epsilon_0 a_0) = -2E_1^H$ verwendet wurde. Diese Energie hat ihr Minimum bei

$$Z^* = Z - \frac{5}{16} = 1{,}7 \implies E_V = \frac{729}{128}E_1^H = -77{,}5\,\text{eV}.$$

Wie zu erwarten war, liegt Z^* zwischen 1 und 2. Das Ergebnis für E_V ist deutlich besser als das der ersten Ordnung Störungstheorie (Beispiel 10.2), denn es weicht nur um 2 % vom experimentellen Ergebnis ab. Es ist zwar nicht möglich, das Ergebnis systematisch zu verbessern, aber man könnte den Ansatz noch mit einem Polynom in $|\mathbf{x}_1 - \mathbf{x}_2|$ multiplizieren und auch dessen Koeffizienten durch ein Variationsverfahren fixieren lassen [20]. Zwar weiß man nie, wie gut das Ergebnis wirklich ist, doch liefert die Variationsmethode bei geeignet gewählten Testwellenfunktionen im Allgemeinen recht gute Ergebnisse für die Grundzustandsenergien.

Beispiel 10.9: H_2^+-Molekül

Das H_2^+-Molekül besteht aus zwei Protonen und einem Elektron und ist das einfachst mögliche System, um die Born-Oppenheimer-Näherung in Kombination mit dem Variationsprinzip zu illustrieren (auch wenn dieses Problem noch exakt lösbar ist). Wir legen den Nullpunkt des Koordinatensystems in die Mitte zwischen die Kerne. Damit sind die Koordinaten der Kerne $\mathbf{X}/2$ und $-\mathbf{X}/2$, die des Elektrons $\mathbf{x}$. Damit lautet $\hat{H}_e$ (vgl. Gl. (10.37)) in diesem Falle

$$\hat{H}_e = -\frac{\hbar^2}{2m_e}\frac{\partial^2}{\partial \mathbf{x}^2} + \frac{e^2}{4\pi\epsilon_0}\left\{\frac{1}{X} - \frac{1}{|\mathbf{X}/2-\mathbf{x}|} - \frac{1}{|\mathbf{X}/2+\mathbf{x}|}\right\},$$

wobei $X = |\mathbf{X}|$ ist. Der erste Schritt zur Anwendung des Variationsprinzips ist die Auswahl einer geeigneten Testfunktion. Da wir die Grundzustandsenergie suchen, nehmen wir für die Testfunktion an, dass sich das Elektron im Grundzustand befindet, und zwar entweder bezüglich des einen oder des anderen Kerns. Wir machen also den Ansatz

$$\psi_\pm(\mathbf{x}) = N_\pm\left\{\psi(\mathbf{x}-\mathbf{X}/2) \pm \psi(\mathbf{x}+\mathbf{X}/2)\right\},$$

wobei $\psi(\mathbf{x}) = (\pi a_1^3)^{-1/2}\exp(-|\mathbf{x}|/a_1)$ ist[5], wie man mit $Y_{00} = 1/\sqrt{4\pi}$ direkt aus Gl. (4.51) abliest. Die Normierungsfaktoren $N_\pm$ müssen aus den Überlappintegralen berechnet werden, zu deren Auswertung sich **elliptische Koordinaten** anbieten (▶ *Aufgabe 10.6*). Man findet

$$\frac{1}{N_\pm^2} = 2(1 \pm S(R)) \quad \text{mit} \quad S(R) = \left(1 + R + \frac{1}{3}R^2\right)e^{-R},$$

wobei $R = X/a_1$ ist. Nun geht es darum, R so zu bestimmen, dass der Erwartungswert des Hamilton-Operators minimal wird. Also muss

$$\epsilon_\pm(R) = \left\langle\hat{H}_e\right\rangle_{\psi_\pm} = \frac{1}{1 \pm S(R)}\left\{I^D(R) \pm I^A(R)\right\}$$

untersucht werden, wobei der direkte Term durch

$$I^D(R)=\int d^3x\ \psi(\mathbf{x}-\mathbf{X}/2)^*\hat{H}_e\psi(\mathbf{x}-\mathbf{X}/2)=\left|E_1^H\right|\left(-1+2\left(\frac{1}{R}+1\right)e^{-2R}\right)$$

mit $e^2/(8\pi\epsilon_0 a_1) = E_1^H$ für die Grundzustandsenergie des Wasserstoffs und der Austauschterm durch

$$I^A(X)=\int d^3x\ \psi(\mathbf{x}-\mathbf{X}/2)^*\hat{H}_e\psi(\mathbf{x}+\mathbf{X}/2) = \left|E_1^H\right|\left(\left(-1+\frac{2}{R}\right)S(R) - 2(1+R)e^{-R}\right)$$

gegeben sind. In Abb. 10.5 sind $\epsilon_\pm(R)/\left|E_1^H\right| - 1$ sowie die unnormierten Wellenfunktionen für den Fall, dass $\mathbf{x}$ und $\mathbf{X}$ parallel sind, gezeigt. Abb. 10.5(a) ist

---

[5]Hier soll nur das Prinzip der Testfunktion illustriert werden. Es ist daher unerheblich, dass $\psi_-(\mathbf{x})$ für $\mathbf{X} = 0$ identisch verschwindet und damit nicht normierbar ist.

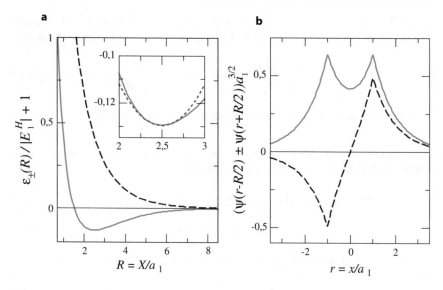

Abb. 10.5 H_2^+-Molekül. Bild (a): Das effektive Potential, wobei $\epsilon_+(R)$ als rote, durchgezogene Linie und $\epsilon_-(R)$ als schwarze, gestrichelte Linie gezeichnet sind. In dem eingefügten Diagramm sieht man, vergrößert, den Bereich um das Minimum von $\epsilon_+(R)$ zusammen mit dem im Minimum angepassten harmonischen Oszillatorpotential, gezeigt als blaue, punktierte Linie. Bild (b): Schnitt entlang der Kernachse für $|\mathbf{X}| = 2a_1$ durch die beiden unnormierten Elektronenwellenfunktionen, wobei $\psi_+(\mathbf{x})/N_+$ als rote, durchgezogene und $\psi_-(\mathbf{x})/N_-$ als schwarze, gestrichelte Linie gezeigt sind

zu entnehmen, dass nur $\psi_+(\mathbf{x})$ auf ein bindendes Potential führt, wobei sich das Minimum des Potentials bei $|\mathbf{X}| = 2,5\ a_1$ befindet.[6] Für diesen Wert von $|\mathbf{X}|$ ist in Teil (b) der Abbildung ein Schnitt durch die Wellenfunktionen entlang der Kernachse gezeigt. Hieraus lässt sich ablesen, warum nur die symmetrische Elektronenwellenfunktion bindet: Nur sie schirmt die Kernabstoßung für mittlere Abstände effektiv ab – die antisymmetrische Variante verschwindet hingegen zwischen den Kernen.

Für diesen konkreten Fall können wir nun die Abschätzung für die typischen Anregungsenergien aus Abschnitt 10.3 überprüfen. Dazu entwickeln wir das Potential $\epsilon_+(R)$ um sein Minimum und erhalten

$$\epsilon_+(R) - \epsilon_+^{\min} = 0,06 \left| E_1^H \right| \left(R - R^{\min} \right)^2 + \mathcal{O}\left(\left(R - R^{\min} \right)^3 \right), \quad (10.46)$$

wobei $R^{\min} = 2,5$ und der Koeffizient $0,06$ durch Anpassung der Parabel aus Gl. (10.46) an das volle Potential gefunden wurden (zur Illustration siehe eingefügtes Diagramm in Abb. 10.5). Wir können also im Bereich des Minimums das System der beiden Kerne als harmonischen Oszillator betrachten. Um die zugehörige Oszillatorfrequenz zu finden, müssen wir Gl. (10.46) mit

---

[6]Den Wert habe ich aus der Graphik abgelesen. Eine analytische Bestimmung ist nicht möglich.

$(1/2)M\omega(x - x_0)^2$ (Gl. (3.8)) vergleichen, wobei M hier die reduzierte Masse der beiden Kerne, also im H_2^+-Molekül $M_p/2$, bezeichnet. Damit erhalten wir

$$\omega^2 = \frac{4|E_1^H|0{,}06}{M_p a_1^2} \implies \hbar\omega = 0{,}7\sqrt{\frac{m_e}{M_p}}|E_1^H|, \tag{10.47}$$

in wunderbarem Einklang mit der Abschätzung aus Gl. (10.43).

10.5   Zeitabhängige Störungstheorie

Wir betrachten nun ein zeitabhängiges Störpotential, also

$$\hat{H}(t) = \hat{H}_0 + \hat{V}(t). \tag{10.48}$$

Des Weiteren bezeichnen $\Psi_n(\mathbf{x}, t)$ und $\psi_n(\mathbf{x})$ die Eigenfunktionen von $\hat{H}$ und $\hat{H}_0$, also

$$\hat{H}(t)\Psi_n(\mathbf{x}, t) = i\hbar\frac{\partial}{\partial t}\Psi_n(\mathbf{x}, t) \quad \text{und} \quad \hat{H}_0\psi_n(\mathbf{x}) = E_n^{(0)}\psi_n(\mathbf{x}).$$

Gemäß Gl. (2.14) können wir die vollen Lösungen nach den ungestörten entwickeln, also

$$\Psi_m(\mathbf{x}, t) = \sum_{n=0}^{\infty} c_{nm}(t)\psi_n(\mathbf{x})e^{-iE_n^{(0)}t/\hbar},$$

wobei die Zeitabhängigkeit von $\hat{V}$ eine Zeitabhängigkeit der Entwicklungskoeffizienten impliziert. Damit erhalten wir

$$(\hat{H}_0 + \hat{V}(t))\Psi_m(\mathbf{x}, t) = \sum_n \left(c_{nm}(t)E_n^{(0)} + c_{nm}(t)\hat{V}(t) \right)\psi_n(\mathbf{x})e^{-iE_n^{(0)}t/\hbar}$$

$$\frac{\partial}{\partial t}\Psi_m(\mathbf{x}, t) = \sum_n \left(\frac{d}{dt}c_{nm}(t) - i(E_n^{(0)}/\hbar)c_{nm}(t) \right)\psi_n(\mathbf{x})e^{-iE_n^{(0)}t/\hbar}$$

bzw. nach Gleichsetzen entsprechend der Schrödinger-Gleichung und Projektion von links auf den k-ten ungestörten Zustand (inklusive seiner Zeitabhängigkeit)

$$\dot{c}_{km}(t) = \frac{1}{i\hbar}\sum_n V_{kn}c_{nm}(t)e^{i\omega_{kn}t}, \tag{10.49}$$

wobei die Ableitung nach der Zeit durch einen Punkt abgekürzt wurde und $\omega_{kn} = (E_k^{(0)} - E_n^{(0)})/\hbar$ ist. Dies ist die exakte Gleichung für die Zeitabhängigkeit der Entwicklungskoeffizienten. Sie besagt, dass im Prinzip durch $\hat{V}(t)$ alle Zustände mit allen gekoppelt werden. Um die Methode zu illustrieren, wollen wir uns auf

$$\lim_{t \to -\infty} \Psi_m(\mathbf{x}, t) = \psi_m(\mathbf{x})e^{-iE_m^{(0)}t/\hbar} \quad \text{bzw.} \quad \lim_{t \to -\infty} c_{nm}(t) = \delta_{nm}$$

beschränken und nur den Fall berücksichtigen, in dem $\hat{V}$ nur einmal wirkt. Dann können wir auf der rechten Seite von Gl. (10.49) für c_{nm} die Anfangsbedingung einsetzen und erhalten

$$\dot{c}_{km}^{(1)}(t) = \frac{1}{i\hbar} V_{km}(t)e^{i\omega_{km}t} \implies c_{km}^{(1)}(T) = \frac{1}{i\hbar} \int_{-\infty}^{T} dt\, V_{km}(t)e^{i\omega_{km}t}, \quad (10.50)$$

wobei die hochgestellte (1) daran erinnert, dass dieser Ausdruck nur zur führenden Ordnung gilt. Die Zeit T bezeichnet hierbei den Zeitpunkt der Messung. Wir wollen dieses Ergebnis nun anhand von drei Beispielen diskutieren und interpretieren.

Beispiel 10.10: Periodische Störung

Wir betrachten nun das Potential:

$$\hat{V}(t) = \int \frac{d\omega}{2\pi} \hat{\tilde{V}}(\omega)e^{-i\omega t} \quad (10.51)$$

Physikalisch stellt dies ein Strahlungsfeld dar, das über den Operator $\hat{V}$ mit dem System in Wechselwirkung tritt. In führender Ordnung ist dies der Dipoloperator, der bereits in Abschnitt 7.3 im Detail diskutiert wurde. Einsetzen von Gl. (10.51) in Gl. (10.50) liefert mit

$$\int_{-\infty}^{\infty} dt\, e^{i\Delta t} = (2\pi)\delta(\Delta)$$

für große Zeiten

$$\lim_{T\to\infty} c_{km}^{(1)}(T) = \frac{1}{i\hbar} \tilde{V}_{km}(\omega_{km}).$$

Dies impliziert die Energieerhaltung: Ein Übergang zwischen den Niveaus k und m wird möglich durch die Abstrahlung/Absorption der Strahlung mit Frequenz $(E_k^{(0)} - E_m^{(0)})/\hbar$ – wie wahrscheinlich dieser Übergang stattfindet, ist im Matrixelement $\tilde{V}_{km}$ codiert. Um dies besser zu sehen, betrachte

$$\hat{V}(t) = 2\hat{V}_0 \cos(\omega_0 t) \implies \hat{\tilde{V}}(\omega) = (2\pi)\,\hat{V}_0 \left\{\delta(\omega - \omega_0) + \delta(\omega + \omega_0)\right\},$$

so dass

$$\lim_{T\to\infty} c_{km}^{(1)}(T) = \frac{2\pi}{i\hbar} (\tilde{V}_0)_{km} \left\{\delta(\omega_{km} - \omega_0) + \delta(\omega_{km} + \omega_0)\right\}$$

gilt. Damit die erste δ-Distribution beiträgt, muss die Ausgangsenergie $E_k^{(0)}$ gleich der Eingangsenergie $E_n^{(0)}$ zuzüglich $\hbar\omega_0$ sein – es wird also ein Strahlungsquant mit Frequenz ω_0 absorbiert. Entsprechend gehört die zweite δ-Distribution zur Emission. Wichtig ist, dass die beschriebenen Übergänge durch das Strahlungsfeld induziert sind – man spricht von **induzierter Emission** bzw. **Absorption**

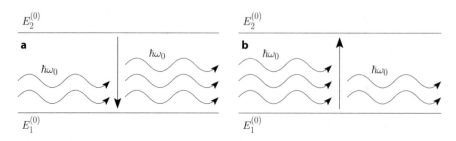

Abb. 10.6 Illustration von induzierter Emission (a) und Absorption (b). Dieser Prozess kann nur ablaufen, wenn $E_2^{(0)} = E_1^{(0)} + \hbar\omega_0$ ist

(Abb. 10.6). Des Weiteren ist z. B. die emittierte Strahlung in Phase (kohärent) zum auslösenden Strahlungsfeld. So kann man, indem man ein Material mit geeigneten Übergängen in einen Hohlraumresonator[7] bringt und z. B. durch thermische Anregung viele Atome in einen angeregten Zustand versetzt, eine Strahlungsquelle hoher Kohärenz mit wohldefinierter Frequenz generieren. Das ist das Prinzip des **Lasers.**

Wie in Abschnitt 1.3 beschrieben, sind die Betragsquadrate von Erwartungswerten als Messwerte zu interpretieren. Analog quantifizieren die Betragsquadrate von Übergangsmatrixelementen Übergangswahrscheinlichkeiten und somit $R_{m \to k} = |c_{km}(T)|^2/T$ für große T Übergangsraten. Um diese zu bekommen, müssen die δ-Distributionen quadriert werden. Hierzu dient **Fermis Trick,** der besagt (▶ *Aufgabe 10.7*), dass

$$(2\pi\delta(\omega - \omega_0))^2 = 2\pi T\delta(\omega - \omega_0) \qquad (10.52)$$

ist, so dass wir

$$R_{m \to k} = \frac{2\pi}{\hbar} \left|(\tilde{V}_0)_{km}\right|^2 \left\{ \delta(E_k^{(0)} - E_m^{(0)} - \hbar\omega_0) + \delta(E_k^{(0)} - E_n^{(0)} + \hbar\omega_0) \right\},$$
$$(10.53)$$

erhalten. Dabei wurde

$$\delta(g(x)) = \sum_{x_i} (1/g'(x_i))\delta(x - x_i)$$

mit $g(x_i) = 0$ und $g'(x_i) \neq 0$ benutzt. Gl. (10.53) ist die einfachste Variante von Fermis Goldener Regel. In dem Term

$$\left|(\tilde{V}_0)_{km}\right|^2 = \langle m|\hat{V}_0|k\rangle \langle k|\hat{V}_0|m\rangle$$

---

[7]Der Hohlraumresonator bewirkt, dass die induzierte Emission sehr viel häufiger auftritt als die spontane, die am Ende von Abschnitt 10.1 diskutiert wurde (Details in [14]).

Abb. 10.7 Zeitliche
Entwicklung des Potentials.
Die Größe von ΔT relativ
zur charakteristischen
Energieaufspaltung des
Systems entscheidet darüber,
ob die Störung als
adiabatisch, instantan oder
etwas dazwischen zu
betrachten ist

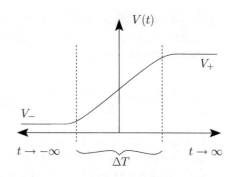

wird der Zustand $\hat{V}_0|m\rangle$ auf den Zustand $|k\rangle$ projeziert – die Rate $R_{m\to k}$ wird also bestimmt von dem Anteil in $\hat{V}_0|m\rangle$, der dem ungestörten Zustand $|k\rangle$ entspricht. Wenn der Übergang nicht in einen diskreten Zustand, sondern ins Kontinuum geht, dann ist in obigem Ausdruck lediglich der Projektor P_k, definiert in Gl. (5.20), durch sein Kontinuumgegenstück P_{V_p}, definiert ebenda, zu ersetzen. Dann gilt

$$\int_{V_p} \frac{d^3p}{(2\pi\hbar)^3}\delta(E_p^{(0)}-E_m^{(0)}\pm\hbar\omega_0) = \frac{M}{2\pi^2\hbar^3}\sqrt{2M(E_m^{(0)}\mp\hbar\omega_0)} =: \rho(E_m^{(0)}\mp\hbar\omega_0),$$

wobei $E_p^{(0)} = p^2/(2M)$ benutzt wurde und gelten sollte, dass das jeweilige V_p den Bereich einschließt, in dem das Argument der δ-Distribution verschwindet. Die Größe $\rho(E)$ wird als **Zustandsdichte** bezeichnet. Diese haben wir hier für einen Zustand im Kontinuum ohne Spin berechnet – natürlicherweise findet man für $\rho(E)$ andere Ausdrücke für andere Systeme wie z. B. Elektronen in Festkörpern. Damit ergibt sich also:

Fermis Goldene Regel

$$R_{m\to p_\pm} = \frac{2\pi}{\hbar}\left\{\left|(\tilde{V}_0)_{p_+m}\right|^2\rho(E_m^{(0)}+\hbar\omega_0) + \left|(\tilde{V}_0)_{p_-m}\right|^2\rho(E_m^{(0)}-\hbar\omega_0)\right\}$$

Dabei ist der Endzustand mit $p_\pm=\sqrt{2M(E_m^{(0)}\pm\hbar\omega_0)}$ gekennzeichnet.

Die verbleibenden beiden Beispiele befassen sich mit einem Potential, das von einem Wert V_- bei großen negativen Zeiten auf einen Wert V_+ bei großen positiven Zeiten geändert wird – die Zeitspanne, in der die Änderung zwischen den asymptotischen Werten stattfindet, sei mit ΔT bezeichnet (Abb. 10.7). Ausgangspunkt auch für diese Überlegungen ist wiederum Gl. (10.50). Wir werden sehen, dass der Wert von $\Delta T\,\omega_{kn}$ die relevante Größe ist, die entscheidet, wie das System auf die Störung reagiert.

Beispiel 10.11: Adiabatische Störung: $\Delta T\,\omega_{kn} \gg 1$

In dieser Situation nutzen wir die partielle Integration, um Gl. (10.50) für $k \neq m$ und nichtentartete Zustände als

$$c_{km}^{(1)}(T) = \left.\frac{V_{km}(t)e^{i\omega_{km}t}}{E_m^{(0)}-E_k^{(0)}}\right|_{-\infty}^{T} - \frac{1}{E_m^{(0)}-E_k^{(0)}}\int_{-\infty}^{T} dt\left(\frac{\partial V_{km}(t)}{\partial t}\right)e^{i\omega_{km}t}$$

zu schreiben. Der erste Term auf der rechten Seite ist (inklusive seiner Zeitabhängigkeit) identisch mit der führenden Korrektur der Wellenfunktion in der zeitunabhängigen Störungstheorie (Gl. (10.8)) Er beschreibt demnach, wie die einzelnen Zustände dem sich änderndem Potential folgen. Er beschreibt keine Übergänge. Diese können höchstens vom zweiten Term kommen. Allerdings oszilliert der Integrand des zweiten Integrals für $\Delta T\,\omega_{kn} \gg 1$ gegenüber der Änderung des Potentials sehr schnell, so dass das Integral in guter Näherung verschwindet: Im adiabatischen Fall folgt das System der Änderung des Potentials und es gibt keine Übergänge.

Beispiel 10.12: Instantane Störung: $\Delta T\,\omega_{kn} \ll 1$

In diesem Falle kann die Änderung des Potentials als Stufenfunktion bei $t = 0$ verstanden werden – der Einfachheit halber nehmen wir an, dass $\hat{V}_- = 0$ ist und somit $\hat{V}(t) = \Theta(t)\hat{V}_+$. Damit lässt sich Gl. (10.50) direkt integrieren, und wir erhalten

$$c_{km}^{(1)}(T) = \frac{(V_+)_{km}}{i\hbar}\int_0^T dt\, e^{i\omega_{km}t} = \frac{(V_+)_{km}}{E_m^{(0)}-E_k^{(0)}}\left(e^{i\omega_{km}T} - 1\right). \qquad (10.54)$$

Dies entspricht für $k \neq m$ zu erster Ordnung Störungstheorie der zeitlichen Entwicklung eines Eigenzustands des Hamilton-Operators $\hat{H}' = \hat{H}_0 + \hat{V}_+$ mit der Anfangsbedingung, dass zum Zeitpunkt $T = 0$ das System im Zustand m des ursprünglichen Hamilton-Operators $\hat{H}_0$ war, denn für

$$|k'(T)\rangle = e^{-iE_k^{(0)}T/\hbar}\left\{|k\rangle + \sum_{m\neq k}|m\rangle\left(e^{-i(E_m^{(0)}-E_k^{(0)})T/\hbar} - 1\right)\frac{(V_+)_{km}}{E_m-E_k}\right\}$$

gilt

$$\left(i\hbar\frac{\partial}{\partial t} - \hat{H}'\right)|k'(T)\rangle = \mathcal{O}\left(\frac{V^2}{\Lambda^2}\right) \quad \text{und} \quad \langle m|k'(0)\rangle = \delta_{mk},$$

wobei zur Benennung der Genauigkeit der Lösung auf die Notation aus Abschnitt 10.1 zurückgegriffen wurde. Damit ist die Physik auch für $\Delta T\,\omega_{kn} \ll 1$ klar: Bei einer instantanen Störung hat das System keine Zeit zu adaptieren. Ab $t = 0$ entwickelt es sich wie von $\hat{H}'$ vorgegeben. Daher ist die volle Lösung zu dem gegebenen Problem die Lösung der zeitabhängigen Schrödinger-Gleichung, die

die oben beschriebene Anfangsbedingung erfüllt. Klarerweise ist dieser Zustand dann kein Eigenzustand von $\hat{H}'$ und zeigt eine nichttriviale Zeitabhängigkeit – betrachten wir z. B. wieder den Ausdruck zur ersten Ordnung, so erhalten wir für die Zeitabhängigkeit der Übergangsrate

$$\left| c_{km}^{(1)}(T) \right|^2 \propto \sin\left(\frac{\omega_{km}}{2} T \right)^2 .$$

Auf dem gleichen Prinzip beruhen z. B. auch so faszinierende Phänomene wie **Neutrinooszillationen:** Hier werden Neutrinos zum Zeitpunkt $t = 0$ als Eigenfunktionen eines Hamilton-Operators generiert, der nicht der für die zeitliche Entwicklung relevante ist. Das entspricht genau der oben diskutierten Situation, da die propagierenden Zustände so keine stationären Zustände mit fester Energie sind, was Oszillationen zwischen Zuständen verschiedener Massen ermöglicht. Man mag sich wundern, wie dies wiederum zu Erhaltung von Energie und Impuls passt, und in der Tat ist die vollständige Analyse des Prozesses nicht ganz einfach (für eine sehr pädagogische, klare Darstellung der quantenmechanischen Behandlung von Neutrinooszillationen empfehlen wir [1]).

10.6 Zusammenfassung und Antworten

Die Störungstheorie ist eine zentrale Methode der theoretischen Physik, da nur wenige Probleme exakt lösbar sind. In diesem Kapitel haben wir sie in verschiedenen Anwendungen studiert. Unter anderem gibt das Kapitel die folgenden Antworten auf die einleitend gestellten Fragen:

- *Worauf ist bei der Identifikation eines Entwicklungsparameters für die störungstheoretische Betrachtung eines Systems zu achten?*
  Um zu sehen, ob ein störungstheoretischer Zugang erfolgversprechend ist, ist es ein sinnvoller erster Schritt, einen Entwicklungsparameter zu identifizieren, der es erlaubt, die durch die Störung induzierten Korrekturen Ordnung für Ordnung quantitativ abzuschätzen. Wichtig ist hierbei, dass dieser Parameter dimensionslos sein muss, um sinnvolle Ergebnisse liefern zu können.
- *Welcher Parameter kontrolliert den durch einen Störoperator induzierten Einfluss anderer Zustände auf den betrachteten?*
  Typischerweise kontrolliert das von einem Störoperator generierte Übergangsmatrixelement zwischen zwei Zuständen in Einheiten von dem zugehörigen Niveauabstand den Einfluss benachbarter Zustände auf den untersuchten.
- *Was ist im Falle eines entarteten Unterraumes zu tun?*
  Falls entartete Zustände durch einen Störoperator verknüpft werden, ist zunächst dieser Unterraum exakt zu diagonalisieren. Dann kann im Anschluss mit der Standardstörungstheorie der Einfluss der weiteren Zustände untersucht werden.

- *Wie kann man in der Störungstheorie Übergänge berücksichtigen?*
  Auch in der zeitunabhängigen Störungstheorie können Übergänge zwischen Zuständen berechnet werden, sobald man die Ankopplung des Systems an z. B. elektromagnetische Felder zulässt. Dadurch bekommen die Energien Imaginärteile und die Zustände endliche Lebensdauern.

- *Warum hat die Spinwellenfunktion auf das Spektrum von Atomen großen Einfluss, selbst wenn die spinabhängigen Wechselwirkungen vernachlässigt werden?*
  Mit Hilfe der Störungstheorie kann man mit recht einfachen Rechnungen bereits spannende Einblicke in quantenmechanische Systeme bekommen. So zeigt sich, dass die Symmetrie der Spinwellenfunktion der Elektronenhülle im Heliumatom einen großen Einfluss auf das Spektrum hat – einen sehr viel größeren als die spinabhängigen Wechselwirkungen. Grund hierfür ist, dass das Pauli-Prinzip eine total antisymmetrische Elektronenwellenfunktion fordert und somit die Symmetrie der Ortswellenfunktion an die der Spinwellenfunktion gekoppelt ist.

- *Was ist der Zeeman-Effekt und was der Paschen-Beck-Effekt?*
  Zeeman- und Paschen-Beck-Effekt beschreiben den Einfluss externer Magnetfelder auf ein Atom, wobei ersterer zu beobachten ist, wenn der Effekt des Magnetfeldes schwächer ist als die Feinstrukturaufspaltung, letzterer bei starken Feldern.

- *Unter welcher Voraussetzung kann es bei schwachen Feldern einen linearen Stark-Effekt geben?*
  Der Stark-Effekt beschreibt die Reaktion eines atomaren Systems auf externe elektrische Felder. Der führende Operator ist hier der Dipoloperator. Da dieser jedoch nur zwischen Zuständen unterschiedlicher Parität Beiträge liefert, tritt der lineare Stark-Effekt lediglich in Systemen auf, in denen Zustände unterschiedlicher Parität nahezu entartet sind – genauer gesagt, in denen die Aufspaltung zwischen den Energieniveaus kleiner ist als die Potentialänderung durch das externe elektrische Feld. Ist dies nicht gegeben ist der quadratische Stark-Effekt dominant.

- *Wann kann die Born-Oppenheimer-Näherung verwendet werden?*
  In Systemen mit sehr unterschiedlichen Massen kann die Born-Oppenheimer-Näherung herangezogen werden, da dann die schweren Komponenten in erster Näherung als statische Quellen für die leichten Felder betrachtet werden können. Dies ist z. B. in der Molekülphysik anwendbar.

- *Was versteht man unter induzierter Emission/Absorption?*
  Die zeitabhängige Störungstheorie erlaubt es, zeitabhängige Störungen zu berücksichtigen. Die wohl bekannteste Anwendung ist die Ankopplung eines atomaren Systems an ein externes Strahlungsfeld, was auf die induzierte Emission und Absorption führt, bei der durch das externe Feld Übergänge an den Atomen in Phase mit dem externen Feld ausgelöst werden.

- *Welchen Effekt hat eine instantan einsetzende Störung auf ein quantenmechanisches System?*
  Nach einer instantanen Störung bewegt sich ein quantenmechanisches System mit der Zeitentwicklung, die durch den gestörten Hamilton-Operator gegeben ist. Der Anfangszustand ist im Gegensatz dazu in der Regel Eigenzustand des ungestörten Hamilton-Operators, was auf eine nichttriviale Zeitabhängigkeit führen kann – das wohl bekannteste hieraus resultierende Phänomen ist die Neutrinooszillation.

10.7 Aufgaben

10.1 Zeigen Sie, dass man in Gl. (10.1) ohne Beschränkung der Allgemeinheit $\langle n^{(0)} | n^{(k)} \rangle = 0$ fordern kann.

10.2 Betrachten Sie ein System mit $\hat{H} = \hat{H}_0 + \hat{V}$ und $\hat{H}_0 | \phi_i \rangle = E_i^{(0)} | \phi_i \rangle$, wobei wir annehmen wollen, dass der Lösungsraum zweidimensional ist, also $i = 1, 2$ gelte. Nehmen Sie weiterhin an, dass der Lösungsraum durch Hinzunahme von V zweidimensional bleibt. Lösen Sie das Problem für $\hat{H}$ exakt, indem Sie die Lösungen des vollen Systems mit Hilfe der Matrixelemente $V_{ij} = \langle \phi_i | V | \phi_j \rangle$ durch die von $\hat{H}_0$ ausdrücken. Bestimmen Sie außerdem das Verhalten der Lösungen für kleine und große Störungen

10.3 Leiten Sie mit Hilfe der zeitunabhängigen Störungstheorie den Ausdruck für die Coulomb-Wechselwirkung zwischen zwei geladenen Punktteilchen in **Lorenz-Eichung** ($\partial^\mu \hat{A}_\mu = 0$) her.
Hinweis: In dieser Eichung gilt $p_\mu \epsilon_\lambda(\mathbf{p})^\mu$. Um dies zu zeigen genügt es die Eichbedingung auf das in Gl. (7.16) definierte Feld $\hat{A}^\mu$ anzuwenden. Anstatt Gl. (7.18), die in Coulomb-Eichung gilt, gilt nun:

$$\sum_\lambda \left(\epsilon_\lambda(\mathbf{p})^\mu \right)^* \epsilon_\lambda(\mathbf{p})^\nu = -g^{\mu\nu} + p^\mu p^\nu / p^2 \tag{10.55}$$

Das Coulomb-Potential ergibt sich aus dem $g\phi$-Term in Gl. (7.2), wobei für g die relevante Ladung einzusetzen ist.

10.4 Berechnen Sie die Werte der in Gl. (10.21) angegebenen Erwartungswerte.
Hinweis: Es ist nicht nötig, die relevanten Integrale direkt auszuwerten. Durch Anwendung geeigneter Manipulationen an der Schrödinger-Gleichung lassen sich die Matrixelemente algebraisch berechnen.
Für das erste Integral beweisen Sie dazu zunächst den **Virialsatz**

$$\left\langle \frac{\mathbf{p}^2}{M} \right\rangle_\psi = \langle \mathbf{x} \cdot \nabla V(\mathbf{x}) \rangle_\psi$$

und wenden Sie ihn auf das Coulomb-Potential an. Für das zweite und dritte ist es zielführend, die radiale Schrödinger-Gleichung (Gl. (4.30)) mit dem Potential aus Gl. (4.44) nach l (da dies gezielt den Term mit der $1/r^2$-Struktur in $\hat{H}$ manipuliert) bzw. nach r (da dies die höchste Potenz von r im Nenner auf 3 schiebt) abzuleiten und die sich ergebenden Gleichungen auf die betrachteten Eigenzustände zu projizieren.

10.5 Zeigen Sie durch explizite Berechnung, dass Gl. (10.28) gilt.

10.6 Berechnen Sie explizit die für Beispiel 10.9 benötigten Integrale.

Hinweis: Es ist sinnvoll, die Rechnung in elliptischen Koordinaten [15] durchzuführen. Gehen Sie dazu von Zylinderkoordinaten ρ, z, ϕ unter Beibehaltung der Variablen ϕ über zu den elliptischen Koordinaten mit

$$\rho = X/2[(\xi^2 - 1)(1 - \eta^2)]^{1/2} \quad \text{und} \quad z = (X/2)\xi\eta,$$

wobei $0 \leqslant \phi \leqslant 2\pi$, $1 \leqslant \xi \leqslant \infty$ und $-1 \leqslant \eta \leqslant 1$ ist.

10.7 Beweisen Sie Fermis Trick (Gl. (10.52)).

Anhang: Lösungen   11

11.1   Lösungen zu den Aufgaben aus Kap. 1

1.1 *Zeigen Sie, dass der Ortsoperator im Impulsraum folgende Form hat:* $\hat{x} = i\hbar\nabla_p$,
wobei in kartesischen Koordinaten $\nabla_p = (\partial/\partial p_x, \partial/\partial p_y, \partial/\partial p_z)$ *ist.*
Dazu sind lediglich die Rechenschritte, die auf den Impulsoperator im Orts-
raum führten, ausgehend von Gl. (1.10), nachzuvollziehen. Das im Vergleich
zum Impulsoperator im Ortsraum andere Vorzeichen findet seinen Ursprung im
Unterschied der Vorzeichen in den Argumenten der Exponentialfunktionen in
Gl. (1.6) und (1.7).

1.2 *Zeigen Sie, dass die Varianz eines Operators verschwindet, wenn sich das System
in einem Eigenzustand des Operators befindet.*
Gemäß Voraussetzung gilt $\hat{A}\Psi(\mathbf{x}, t) = a\Psi(\mathbf{x}, t)$ und damit

$$\langle \hat{A}^n \rangle_\psi = \int d^3x\, \Psi(\mathbf{x}, t)^* \left(\hat{A}^n \Psi(\mathbf{x}, t) \right) = a^n \int d^3x\, \Psi(\mathbf{x}, t)^* \Psi(\mathbf{x}, t) = a^n,$$

da die Wellenfunktionen normiert sind. Damit gilt $\langle \hat{A}^n \rangle_\psi = \langle \hat{A} \rangle_\psi^n$ und daher
$\Delta A = 0$.

1.3 *Leiten Sie aus der zeitabhängigen Schrödinger-Gleichung für zeitunabhängige
Potentiale die zeitunabhängige her und berechnen Sie die Zeitabhängigkeit der
resultierenden Wellenfunktion.*
Einsetzen des Ansatzes in die Schrödinger-Gleichung und Teilen durch $\Psi(\mathbf{x}, t)$
liefert

$$(i\hbar\partial\phi(t)/\partial t)/\phi(t) = (\hat{H}\psi(\mathbf{x}))/\psi(\mathbf{x}).$$

Da die linke Seite der Gleichung von t abhängt, die rechte aber nicht, müssen
beide Terme für sich genommen konstant sein. Diese Konstante ist mit der
Energie zu identifizieren, und wir erhalten als Bestimmungsgleichung für $\phi(t)$

$$i\hbar\frac{\partial\phi(t)}{\partial t} = E\phi(t) \implies \phi(t) = \exp(-iEt/\hbar).$$

© Springer-Verlag GmbH Deutschland, ein Teil von Springer Nature 2020
C. Hanhart, *kurz & knapp: Quantenmechanik*,
https://doi.org/10.1007/978-3-662-60702-2_11

Hierbei muss nicht auf die Normierung geachtet werden, da erst die Gesamtwellenfunktion normiert sein muss.

1.4 *Leiten Sie aus Gl. (1.24) die Schrödinger-Gleichung ab. Überzeugen Sie sich
dazu zunächst davon, dass für einen infinitesimalen Zeitschritt, $t - t' = \delta t$, K
geschrieben werden kann als* $K(\mathbf{x}, t+\delta t; \mathbf{y}, t) = \exp\left\{i\delta t\, L\left(\frac{\mathbf{x}+\mathbf{y}}{2}, \frac{\mathbf{x}-\mathbf{y}}{\delta t}, t\right)/\hbar\right\}/A$,
wobei A eine Konstante ist und damit

$$\psi(\mathbf{x}, t + \delta t) = \frac{1}{A} \int d^3\eta\; e^{iM\eta^2/(2\hbar\delta t)} e^{-(i\delta t/\hbar)V(\mathbf{x}+\eta/2,t)} \psi(\mathbf{x} + \boldsymbol{\eta}, t).$$

*Zeigen Sie anschließend durch eine Entwicklung der Elemente zur Ordnung
δt und explizite Auswertung der Integrale, dass aus dieser Gleichung die
Schrödinger-Gleichung für die Wellenfunktion folgt.*

Um zu sehen, dass Variante II des vierten Postulats auf die Schrödinger-
Gleichung führt, betrachten wir nun die Größe K aus Gl. (1.24) für eine infinitesimale Zeitverschiebung δt:

$$K(\mathbf{x}, t + \delta t; \mathbf{y}, t) = \frac{1}{A}\, \exp\left\{\frac{i}{\hbar}\delta t\, L\left(\frac{\mathbf{x} + \mathbf{y}}{2}, \frac{\mathbf{x} - \mathbf{y}}{\delta t}, t\right)\right\}$$

Dabei wurde implizit benutzt, dass für infinitesimale δt auch nur Werte von $\mathbf{y}$
signifikant beitragen können, die infinitesimal nahe bei $\mathbf{x}$ liegen, da ansonsten
die Phase schnell oszilliert und somit das Integral keinen Beitrag liefert. Daraus
folgt, dass einerseits das Integrationsmaß $\mathcal{D}\mathbf{x}(t)$ durch die Konstante $1/A$ ersetzt
werden kann und andererseits $\mathbf{v} = (\mathbf{x} - \mathbf{y})/\delta t$ bzw. $T = M(\mathbf{x} - \mathbf{y})^2/(2\delta t^2)$ ist.
Schreiben wir nun $\mathbf{y} = \mathbf{x} + \boldsymbol{\eta}$ und beschränken uns der Einfachheit halber auf
geschwindigkeitsunabhängige Potentiale, dann erhalten wir aus Gl. (1.23)

$$\psi(\mathbf{x}, t + \delta t) = \frac{1}{A} \int d^3\eta\; e^{iM\eta^2/(2\hbar\delta t)} e^{-(i\delta t/\hbar)V(\mathbf{x}+\eta/2,t)} \psi(\mathbf{x} + \boldsymbol{\eta}, t).$$

Nun wird obiger Ausdruck zur ersten Ordnung in δt entwickelt. Der erste Expo-
nent im Integranden trägt nur dann signifikant bei, wenn $|\boldsymbol{\eta}|$ in der Größen-
ordnung von $\sqrt{\hbar\delta t/M}$ oder kleiner ist (was bestätigt, dass $\mathbf{y}$ nahe bei $\mathbf{x}$ liegt),
so dass die Wellenfunktion im Integranden in eine Taylor-Reihe um $\mathbf{x}$ bis zur
zweiten Ordnung in $\boldsymbol{\eta}$ entwickelt werden muss, wohingegen V direkt am Punkt
$\mathbf{x}$ auszuwerten ist. Damit erhalten wir

$$\Psi(\mathbf{x}, t) + \delta t \frac{\partial \Psi}{\partial t} = \frac{1}{A} \int d^3\eta\; e^{iM\eta^2/(2\hbar\delta t)}\left[1 - \frac{i\delta t}{\hbar}V(\mathbf{x}, t)\right]$$
$$\times\left(\Psi(\mathbf{x}, t) + \boldsymbol{\eta} \cdot \boldsymbol{\nabla}\Psi(\mathbf{x}, t) + \frac{1}{2}(\boldsymbol{\eta} \cdot \boldsymbol{\nabla})^2\Psi(\mathbf{x}, t)\right). \quad (11.1)$$

Nun lassen sich die Integrale über $\boldsymbol{\eta}$ explizit auswerten, und wir erhalten bis zur
linearen Ordnung in δt

$$\Psi + \delta t \frac{\partial \Psi}{\partial t} = \Psi - \frac{i\delta t}{\hbar}V(\mathbf{x}, t)\Psi + \delta t \frac{i\hbar}{2M}\nabla^2\Psi, \quad (11.2)$$

was wiederum die Schrödinger-Gleichung (Gl. (1.21)) ergibt.

11.2 Lösungen zu den Aufgaben aus Kap. 2

2.1 *Zeigen Sie, dass für das in Gl. (2.19) definierte System* $P[A{=}B] + P[A{=}C] =$
$P[B{=}C] = 3/4$ ist, im Widerspruch zur Bell'schen Ungleichung (Gl. (2.15)).
Es gilt

$$P[A^1{=}1, B^2{=}1] = \left| \int dx_1 dx_2 \, a_1^1(x_1)^* b_1^2(x_2)^* \Phi(x_1, x_2) \right|^2$$

$$= \frac{1}{2} \left| \int dx_1 dx_2 \, \phi_1(x_1)^* \left(\frac{\sqrt{3}}{2} \psi_0(x_2) - \frac{1}{2} \psi_1(x_2) \right)^* \phi_1(x_1) \psi_1(x_2) \right|^2 = \frac{1}{8},$$

wobei im zweiten Schritt benutzt wurde, dass, wegen der Orthogonalität der
Wellenfunktoinen, nur der zweite Term von $\Phi(x_1, x_2)$ beiträgt (vgl. Gl. (2.16)).
Entsprechend trägt zu $P[A^1{=}0, B^2{=}0]$ nur die erste Komponente von $\Phi(x_1, x_2)$
bei, und wir erhalten

$$P[A^1{=}0, B^2{=}0] = \left| \int dx_1 dx_2 \, a_0^1(x_1)^* b_0^2(x_2)^* \Phi(x_1, x_2) \right|^2$$

$$= \frac{1}{2} \left| \int dx_1 dx_2 \, \phi_0(x_1)^* \left(\frac{1}{2} \psi_0(x_2) + \frac{\sqrt{3}}{2} \psi_1(x_2) \right)^* \phi_0(x_1) \psi_0(x_2) \right|^2 = \frac{1}{8}$$

und somit $P[A = B] = 1/4$ wie behauptet. Analog erhält man

$$P[A^1{=}1, C^2{=}1] = \left| \int dx_1 dx_2 \, a_1^1(x_1)^* c_1^2(x_2)^* \Phi(x_1, x_2) \right|^2$$

$$= \frac{1}{2} \left| \int dx_1 dx_2 \, \phi_1(x_1)^* \left(\frac{\sqrt{3}}{2} \psi_0(x_2) + \frac{1}{2} \psi_1(x_2) \right)^* \phi_1(x_1) \psi_1(x_2) \right|^2 = \frac{1}{8},$$

$$P[A^1{=}0, C^2{=}0] = \left| \int dx_1 dx_2 \, a_0^1(x_1)^* c_0^2(x_2)^* \Phi(x_1, x_2) \right|^2$$

$$= \frac{1}{2} \left| \int dx_1 dx_2 \, \phi_0(x_1)^* \left(\frac{1}{2} \psi_0(x_2) - \frac{\sqrt{3}}{2} \psi_1(x_2) \right)^* \phi_0(x_1) \psi_0(x_2) \right|^2 = \frac{1}{8},$$

$$P[B^1{=}1, C^2{=}1] = \left| \int dx_1 dx_2 \, b_1^1(x_1)^* c_1^2(x_2)^* \Phi(x_1, x_2) \right|^2$$

$$= \frac{1}{2} \left| \int dx_1 dx_2 \left(\frac{\sqrt{3}}{2} \phi_0(x_1) - \frac{1}{2} \phi_1(x_2) \right)^* \left(\frac{\sqrt{3}}{2} \psi_0(x_2) + \frac{1}{2} \psi_1(x_2) \right)^* \right.$$

$$\left. \times (\phi_0(x_1) \psi_0(x_2) + \phi_1(x_1) \psi_1(x_2)) \right|^2 = \frac{1}{2} \left| \frac{3}{4} - \frac{1}{4} \right|^2 = \frac{1}{8},$$

$$P[B^1{=}0, C^2{=}0] = \left| \int dx_1 dx_2 \, b_0^1(x_1)^* c_0^2(x_2)^* \Phi(x_1, x_2) \right|^2$$

$$= \frac{1}{2} \left| \int dx_1 dx_2 \left(\frac{1}{2}\phi_0(x_1) + \frac{\sqrt{3}}{2}\phi_1(x_2) \right)^* \left(\frac{1}{2}\psi_0(x_2) - \frac{\sqrt{3}}{2}\psi_1(x_2) \right)^* \right.$$

$$\left. \times \left(\phi_0(x_1)\psi_0(x_2) + \phi_1(x_1)\psi_1(x_2) \right) \right|^2 = \frac{1}{2} \left| \frac{1}{4} - \frac{3}{4} \right|^2 = \frac{1}{8}.$$

An dieser Rechnung sieht man sehr gut den Unterschied zwischen einem klassischen System und einem System, das durch einen verschränkten Zustand beschrieben wird: $\Phi(x_1, x_2)$ befindet sich gleichzeitig in dem Zustand $\phi_1(x_1)\psi_1(x_2)$ und $\phi_0(x_1)\psi_0(x_2)$ und eben nicht entweder in dem einen oder dem anderen.

2.2 *Benutzen Sie die Methode aus Abschnitt 2.9, um zu zeigen, dass auch der Term* $(Z\alpha\hbar/(2m_e^2 cr^3))\mathbf{S} \cdot \mathbf{L}$ *die Einheit einer Energie hat (er stellt eine weitere relativistische Korrektur zum Hamilton-Operator des Wasserstoffatoms dar; vgl. Gl. (10.18)).*

Da $Z\alpha$ dimensionslos ist, müssen wir lediglich die Dimension von $\hbar^3/(2m_e^2 cr^3)$ abschätzen, wobei bereits benutzt wurde, dass Drehimpulse wie $\hbar$ skalieren. Damit gilt dann

$$\left[\frac{\hbar^3}{2m_e^2 cr^3)} \right] = \frac{(\hbar c)^3}{\text{kg}^2 c^4 \text{m}^3} = \frac{\text{eV}^3 \text{m}^3}{\text{eV}^2 \text{m}^3} = \text{eV}.$$

11.3   Lösungen zu den Aufgaben aus Kap. 3

3.1 *Zeigen Sie zunächst, dass* $\lim_{V_0 \to \infty} V(x)\big|_{a=1/(2V_0)}$ *eine Darstellung von* $\delta(0)$ *ist. Lösen sie dann, in einem zweiten Schritt, die sich mit diesem Potential ergebende Schrödinger-Gleichung direkt.*

Es gilt $\int dx \, V(x) = -2aV_0$. Somit ist das Integral für $a = 1/(2V_0)$ konstant gleich 1. Betrachtet man nun eine beliebige Testfunktion $f(x)$, die im ganzen Raum endlich sein soll, dann gilt

$$\lim_{V_0 \to \infty} \int dx \, V(x) f(x) \bigg|_{a=1/(2V_0)} = f(0).$$

Dies zeigt die erste Behauptung. Die zu lösende Schrödinger-Gleichung lautet also

$$-\frac{\hbar^2}{2M} \frac{d^2}{dx^2} \psi(x) = \alpha\delta(x)\psi(x).$$

Um die Distribution aus der Differentialgleichung zu entfernen, integrieren wir nun beide Seiten der Gleichung von $-\epsilon$ bis $+\epsilon$ mit einem sehr kleinen, positiven ϵ. Damit erhalten wir

$$\psi'(\epsilon) - \psi'(-\epsilon) = -\frac{2M\alpha}{\hbar^2}\psi(0).$$

Gemäß Gl. (3.1) gilt nun $\lim_{\epsilon\to 0}\psi'(\pm\epsilon) = \mp(\gamma/\hbar)\psi(0) = \mp(\sqrt{2ME_b}/\hbar)\psi(0)$ und damit $E_b = 2M\alpha^2/(2\hbar^2)$.

3.2 *Zeigen Sie ausgehend von den in Abschnitt 3.2 gegebenen Wellenfunktionen, dass Gl. (3.7) gilt. Zeigen Sie außerdem, dass $R + T = 1$ ist.*

Aus der Forderung nach Stetigkeit der Wellenfunktion folgt an der Grenze zwischen Region I und II bzw. zwischen II und III

$$\alpha_+ e^{-\frac{i}{\hbar}pa} + \alpha_- e^{\frac{i}{\hbar}pa} = \beta_+ e^{-\frac{\kappa}{\hbar}a} + \beta_- e^{\frac{\kappa}{\hbar}a} \quad \text{und} \quad \beta_+ e^{\frac{\kappa}{\hbar}a} + \beta_- e^{-\frac{\kappa}{\hbar}a} = \gamma_+ e^{\frac{i}{\hbar}pa}.$$

Die Stetigkeit der Ableitungen wird sichergestellt, wenn

$$ip\left(\alpha_+ e^{-\frac{i}{\hbar}pa} - \alpha_- e^{\frac{i}{\hbar}pa}\right) = \kappa\left(\beta_+ e^{-\frac{\kappa}{\hbar}a} - \beta_- e^{\frac{\kappa}{\hbar}a}\right)$$

und

$$\kappa\left(\beta_+ e^{\frac{\kappa}{\hbar}a} - \beta_- e^{-\frac{\kappa}{\hbar}a}\right) = ip\gamma_+ e^{\frac{i}{\hbar}pa}$$

gilt. Die zweite und vierte der obigen Gleichungen liefern

$$\beta_\pm = \left(\frac{\kappa \pm ip}{2\kappa}\right)\gamma_+ e^{(ip\mp\kappa)a/\hbar},$$

wohingegen aus der ersten und dritten

$$\alpha_\pm = \frac{1}{2ip}\left((ip \pm \kappa)\beta_+ e^{-\kappa a/\hbar} + (ip \mp \kappa)\beta_- e^{\kappa a/\hbar}\right)e^{\pm ipa/\hbar}$$

folgt bzw.

$$\alpha_+ = \gamma_+ e^{2ipa/\hbar}\left(\cosh(y) - i\left(\frac{\kappa^2 - p^2}{2\kappa p}\right)\sinh(y)\right) \quad \text{und} \quad \alpha_- = \left(\frac{\kappa^2 + p^2}{2ip\kappa}\right)\sinh(y)$$

mit $y = 2a\kappa/\hbar$. Damit erhalten wir unter Verwendung von $\cosh(y)^2 - \sinh(y)^2 = 1$ und den Definitionen von R und T

$$T = \left(1 + \left(\frac{\kappa^2 + p^2}{4p\kappa}\right)\sinh^2(y)\right)^{-1} = 1 - R.$$

Die erste Behauptung folgt aus der Definition von κ und p.

3.3 *Berechnen Sie mit Hilfe der Rekursionsformel aus Gl. (3.16) die ersten vier (n=0, 1, 2, 3) Hermite-Polynome.*

Es gilt $\tilde{c}_0^n = 1$ und damit $H_0(y) = 1$. Dann liefert Gl. (3.16) für $n = 2$

$$\tilde{c}_2^{(2)}/\tilde{c}_0^{(2)} = -2 \quad \Longrightarrow \quad \tilde{c}_2^{(2)} = 4 \text{ und } c_0^{(2)} = -2,$$

wobei wir benutzt haben, dass gemäß Konvention $c_n^{(n)} = 2^n$ ist. Damit erhalten wir $H_2(y) = 4y^2 - 2$. Des Weiteren liefert Gl. (3.16) für $n = 3$, wieder mit der erwähnten Normierung,

$$\tilde{c}_3^{(3)}/\tilde{c}_1^{(3)} = -\frac{2}{3} \quad \Longrightarrow \quad \tilde{c}_3^{(3)} = 8 \text{ und } c_1^{(3)} = -12,$$

so dass $H_3(y) = 8x^3 - 12x$ ist.

3.4 *Zeigen Sie, dass der Zusammenhang aus Gl. (3.26) gilt.*

Mit Hilfe von $\kappa = \sqrt{M\omega/\hbar}$ und $y = \kappa x$ können wir

$$\hat{a}^\dagger = \frac{1}{\sqrt{2}} \left(y - \frac{d}{dy} \right) \quad \text{und} \quad \psi_0(y) = Ne^{-y^2/2}$$

schreiben. Die Hermite-Polynome $H_n(y)$ sind so normiert, dass der Term mit der höchsten Potenz $(2x)^n$ lautet. Es genügt also zu zeigen, dass der Operator $(\sqrt{2}\hat{a}^\dagger)$ diese Eigenschaft von n auf $n + 1$ überträgt. Beachte dazu, dass

$$\left(y - \frac{d}{dy} \right) y^n e^{-y^2/2} = (2y^{n+1} - ny^{n-1})e^{-y^2/2}$$

gilt. Also erhöht jede Anwendung von $(\sqrt{2}\hat{a}^\dagger)$ auf die Wellenfunktion $N H_n(y)e^{-y^2/2}$ den Koeffizienten der höchsten Potenz des Polynoms um einen Faktor 2, was genau der Behauptung entspricht. So ganz nebenbei haben wir nun bewiesen, dass gilt:

$$H_n(y) = e^{y^2/2} \left(y - \frac{d}{dy} \right)^n e^{-y^2/2}$$

3.5 *Leiten Sie Gl. (3.31) unter Verwendung der Erzeugenden der Hermite-Polynome aus Gl. (3.29) her.*

Im ersten Schritt muss der Exponent in Gl. (3.29) so umgeschrieben werden, dass man die Erzeugende der Hermite-Polynome verwenden kann. Durch Vergleich der Exponenten von Gl. (3.30) und (3.29) erhalten Sie $s = \kappa x_0/2$ und damit

$$-\frac{\kappa^2}{2} \left(-2xx_0 + x_0^2 \right) = -s^2 + 2sx - \frac{1}{4}\kappa^2 x_0^2.$$

Damit gilt

$$
\begin{aligned}
\psi(x, x_0, t = 0) &= \left(\frac{\kappa^2}{\pi}\right)^{1/4} e^{-\kappa^2 \frac{1}{2}(x - x_0)^2} \\
&= \left(\frac{\kappa^2}{\pi}\right)^{1/4} e^{-\kappa^2 x_0^2/4} \sum_{n=0}^{\infty} \frac{1}{n!} \left(\frac{\kappa x_0}{2}\right)^n H_n(\kappa x) e^{-\kappa^2 x^2/2} \\
&= e^{-\kappa^2 x_0^2/4} \sum_{n=0}^{\infty} \frac{1}{\sqrt{n!}} \left(\frac{\kappa x_0}{\sqrt{2}}\right)^n \psi_n(x),
\end{aligned}
$$

wobei im letzten Schritt Gl. (3.17) benutzt wurde.

11.4 Lösungen zu den Aufgaben aus Kap. 4

4.1 *Zeigen Sie, dass die Kommutatorrelationen aus Gl. (4.7) und (4.8) gelten.*
Gemäß Definition gilt $\hat{L}_i = \left(\hat{\mathbf{x}} \times \hat{\mathbf{p}}\right)_i = \sum_{k,l=1}^{3} \epsilon_{ikl} \hat{x}_k \hat{p}_l$ und damit

$$
\begin{aligned}
[\hat{L}_i, \hat{L}_j] &= \sum_{k,l,m,n} \epsilon_{ikl} \epsilon_{jmn} [\hat{x}_k \hat{p}_l, \hat{x}_m \hat{p}_n] \\
&= \sum_{k,l,m,n} \epsilon_{ikl} \epsilon_{jmn} \left(\hat{x}_k [\hat{p}_l, \hat{x}_m] \hat{p}_n + \hat{x}_m [\hat{x}_k, \hat{p}_n] \hat{p}_l\right) \\
&= -i\hbar \sum_{k,l,m,n} \epsilon_{ikl} \epsilon_{jmn} \left(\hat{x}_k \delta_{lm} \hat{p}_n - \hat{x}_m \delta_{kn} \hat{p}_l\right) \\
&= i\hbar \sum_{k,l,m,n} \left(\epsilon_{ikl} \epsilon_{jnl} \hat{x}_k \hat{p}_n - \epsilon_{iln} \epsilon_{jmn} \hat{x}_m \hat{p}_l\right) \\
&= i\hbar \sum_{k,l,m,n} \left(-\delta_{in} \delta_{jk} \hat{x}_k \hat{p}_n + \delta_{im} \delta_{jl} \hat{x}_m \hat{p}_l\right) \\
&= i\hbar \sum_{k,l,m,n} \left(-\hat{x}_j \hat{p}_i + \hat{x}_i \hat{p}_j\right) \\
&= i\hbar \sum_{k=1}^{3} \epsilon_{ijk} \hat{L}_k,
\end{aligned}
$$

wobei beim Übergang von der ersten in die zweiten Zeile

$$
[\hat{A}\hat{B}, \hat{C}] = \hat{A}[\hat{B}, \hat{C}] + [\hat{A}, \hat{C}]\hat{B} ,
$$

das man durch Ausschreiben der beiden Seiten der Identität leicht beweist, benutzt wurde und die Terme, die verschwinden, gar nicht aufgeschrieben wurden. Um von der vierten in die fünfte und von der sechsten in die siebte Zeile zu kommen, wurde $\epsilon_{ikl}\epsilon_{jml} = \delta_{ij}\delta_{km} - \delta_{im}\delta_{jk}$ benutzt. Des Weiteren gilt

$$[\hat{\mathbf{L}}^2, \hat{L}_i] = \sum_{k=1}^{3} \left(\hat{L}_k[\hat{L}_k, \hat{L}_i] + [\hat{L}_k, \hat{L}_i]\hat{L}_k \right) = i\hbar \sum_{k,l=1}^{3} \epsilon_{kil} \left(\hat{L}_k\hat{L}_l + \hat{L}_l\hat{L}_k \right) = 0,$$

da der komplett antisymmetrische ϵ-Tensor mit einem symmetrischen Tensor multipliziert wird.

4.2 *Zeigen Sie, dass*

$$(1/m_1)\Delta_1 + (1/m_2)\Delta_2 = (1/M_{\text{tot}})\Delta_X + (1/M)\Delta_x$$

*ist, wobei die Schwerpunkt- (**X**) und Relativkoordinaten **x** sowie die Gesamtmasse M_{tot} und die reduzierte Masse M in Abschnitt 4.3 definiert wurden.*
Aus den Definitionen folgt

$$\frac{\partial}{\partial \mathbf{x}_{1/2}} = \frac{\partial \mathbf{X}}{\partial x_{1/2}} \frac{\partial}{\partial \mathbf{X}} + \frac{\partial \mathbf{x}}{\partial x_{1/2}} \frac{\partial}{\partial \mathbf{x}} = \frac{m_{1/2}}{M_{\text{tot}}} \frac{\partial}{\partial \mathbf{X}} \pm \frac{\partial}{\partial \mathbf{x}},$$

so dass

$$\frac{1}{m_{1/2}} \frac{\partial^2}{\partial \mathbf{x}_{1/2}^2} = \frac{m_{1/2}}{M_{\text{tot}}^2} \frac{\partial^2}{\partial \mathbf{X}^2} + \frac{1}{m_{1/2}} \frac{\partial^2}{\partial \mathbf{x}^2} \pm \frac{2}{M_{\text{tot}}} \frac{\partial^2}{\partial \mathbf{x} \partial \mathbf{X}}$$

gilt. Die Summation liefert, da $1/m_1 + 1/m_2 = 1/M$ ist, das gewünschte Ergebnis.

4.3 *Leiten Sie aus Gl. (4.40) die Rekursionsformel Gl. (4.41) sowie hieraus Gl. (4.42) her.*
Es gilt $g'_l = \sum_{n=0}^{\infty}(n+1)c_{n+1}^{(l)}\rho^n$ und $g''_l = \sum_{n=0}^{\infty}(n+2)(n+1)c_{n+2}^{(l)}\rho^n$. Somit besitzt lediglich der zweite Term in Gl. (4.40) ein konstantes Glied, und zwar $2(l+1)c_1^{(l)} = 0$, was direkt auf $c_1^{(l)} = 0$ führt. Für die verbleibenden Terme können wir

$$\sum_{n=1}^{\infty} \rho^n \left\{ (n+1)nc_{n+1}^{(l)} + 2(l+1)(n+1)c_{n+1}^{(l)} - (\tilde{v}_0 + 1)c_{n-1}^{(l)} \right\} = 0$$

schreiben. Da diese Gleichung für alle Werte von ρ gelten muss, müssen die Terme in der geschweiften Klammer individuell verschwinden und Gl. (4.41) folgt. Um zu sehen, dass sich die durch die gefundene Reihe beschriebenen Funktionen wie Gl. (4.42) schreiben lassen, führen wir einen Beweis durch Induktion: Für $l = 0$ haben wir $c_{n+1}^{(l)} = (\tilde{v}_0 + 1)/((n+1)(n+2))c_{n-1}^{(l)}$ und damit

$$g_l(\rho) = \sum_{n=0}^{\infty}(-1)^n \frac{\sqrt{-\tilde{v}_0 - 1}^{2n}}{(2n+1)!}\rho^{2n} = \frac{\sin\left(\sqrt{-\tilde{v}_0 - 1}\,\rho\right)}{\sqrt{-\tilde{v}_0 - 1}\,\rho},$$

wobei wir berücksichtigt haben, dass $\tilde{v}_0 + 1 < 0$ ist (vgl. Gl. (4.38)). Nun müssen wir lediglich noch zeigen, dass aus der Gültigkeit der beiden Darstellungen für gegebenes l die für $l + 1$ folgt. Wir definieren $\xi = \sqrt{-\tilde{v}_0 - 1}\,\rho$. Dann gilt

$$g_i^{(l+1)} = \left(\frac{1}{\xi}\frac{d}{d\xi}\right)^{l+1}\frac{\sin(\xi)}{\xi} = \frac{1}{\xi}\frac{dg_i^{(l)}}{d\xi}g_i^{(l)}.$$

Der Operator $(1/\xi)d/d\xi$ reduziert in der Reihendarstellung die Potenz von ξ jedes Terms um 2 und erzeugt einen Faktor von der Ableitung. Also gilt obige Identität für die Reihe, wenn $c_{m+2}^{(l+1)} = (m+4)c_{m+4}^{(l)}$ und $c_m^{(l+1)} = (m+2)c_{m+2}^{(l+1)}$ und somit

$$c_{m+2}^{(l+1)} = (m+4)c_{m+4}^{(l)} = \frac{m+4}{(m+4)(m+5+2l)}c_{m+2}^{(l)} = \frac{1}{(m+2)(m+5+2l)}c_m^{(l+1)}$$

gilt, wobei im zweiten Schritt die für l als gültig angenommene Rekursionsformel benutzt wurde. Der so gefundene Zusammenhang zwischen $c_{m+2}^{(l+1)}$ und $c_m^{(l+1)}$ ist aber genau der aus Gl. (4.41). Damit ist der Beweis abgeschlossen.

4.4 *Verifizieren Sie, dass für Rydberg-Zustände die Gl. (4.55) gelten.*

Zu berechnen sind $\langle r\rangle_{\psi_{n,n-1,m}}$ und $\langle r^2\rangle_{\psi_{n,n-1,m}}$, wobei die Wellenfunktionen in Gl. (4.52) gegeben sind. Also sind folgende Integrale zu berechnen:

$$\begin{aligned}
\langle r^m\rangle_{\psi_{n,n-1,m}} &= \int_0^\infty dr\, r^m u_{n,n-1}(r,1)^2 \\
&= \frac{2^{2n}}{n^2 a_1(2n-1)!}\int_0^\infty dr\, r^m\left(\frac{r}{na_1}\right)^{2n}e^{-2r/(na_1)} \\
&= \frac{2^{2n}(na_1)^{m+1}}{n^2 a_1(2n-1)!}\int_0^\infty dy\, y^{2n+m}e^{-2y} \\
&= \frac{2^{2n}(na_1)^{m+1}}{n^2 a_1(2n-1)!}\frac{(2n+m)!}{2^{2n+m+1}} = \frac{n^{m-1}a_1^m}{2^{m+1}}\frac{(2n+m)!}{(2n-1)!}
\end{aligned}$$

Dabei wurde die dimensionslose Variable $y = r/(na_1)$ eingeführt und das so entstandene Integral mit Hilfe von Gl. (4.53) ausgewertet. Damit haben wir

$$\langle r\rangle_{\psi_{n,n-1,m}} = \frac{a_1}{2}n(2n+1) \quad \text{und} \quad \langle r^2\rangle_{\psi_{n,n-1,m}} = \frac{a_1^2}{2}n^2(n+1)(2n+1).$$

Den fehlenden Term erhält man mit (vgl. Gl. (1.15))

$$(\Delta r)_{\psi_{n,n-1,m}} = \sqrt{\langle r^2\rangle_{\psi_{n,n-1,m}} - \langle r\rangle_{\psi_{n,n-1,m}}^2}.$$

11.5   Lösungen zu den Aufgaben aus Kap. 5

5.1 *Zeigen Sie zunächst, dass aus der Definition aus Gl. (5.11) der Ausdruck aus*
Gl. (5.12) für $\psi_n(\mathbf{x})$ folgt. Berechnen Sie anschließend $\|\psi_n - \psi_m\|$.
Für jede Komponente k des dreidimensionalen Integrals aus Gl. (5.11) lässt sich

$$N_n \frac{\pi \hbar n}{a} \int_{-\frac{a}{n}+(p_0)_k}^{\frac{a}{n}+(p_0)_k} \frac{dp_k}{2\pi \hbar} e^{ip_k x_k/\hbar} = N_n j_0 \left(\frac{ax_k}{\hbar n}\right) e^{i(p_0)_k x_k/\hbar}$$

schreiben. Damit gilt, wiederum unter Ausnutzung der Tatsache, dass sich ψ_n
als Produkt der Anteile der verschiedenen Komponenten schreiben lässt, für das
Normierungsintegral

$$1 = \int d^3x \; |\psi_n(\mathbf{x})|^2 = N_n^2 \left(\int dx \; j_0 \left(\frac{ax}{\hbar n}\right)^2\right)^3 = N_n^2 \left(\frac{\hbar n}{a} \int dy j_0(y)^2\right)^3 = N_n^2 \left(\frac{\hbar n \pi}{a}\right)^3,$$

wodurch die Normierungskonstante N_n festgelegt ist.
Damit erhalten wir unter Verwendung von

$$\int dy j_0 (x/n) \, j_0 (x/m) = \frac{\pi nm}{2} \left(\left|\frac{1}{n} + \frac{1}{m}\right| - \left|\frac{1}{n} - \frac{1}{m}\right|\right)$$

für $m > n$ das gewünschte Ergebnis

$$\|\psi_n - \psi_m\| = 2 \left(1 - (n/m)^{3/2}\right).$$

5.2 *Zeigen Sie durch explizite Auswertung, dass die Ortsraumdarstellung einer Wel-*
lenfunktion $|\psi\rangle$, die sich aus Gl. (5.19) ergibt, der aus Gl. (5.14) äquivalent ist.
Gemäß Definition folgt mit $\langle \mathbf{x}|\psi\rangle = \psi(\mathbf{x})$ aus Gl. (5.19)

$$\langle \mathbf{x}|\psi\rangle = \sum_k \langle \mathbf{x}|k\rangle\langle k|\psi\rangle + \sum_\kappa \int \langle \mathbf{x}|\mathbf{p}, \kappa\rangle \tilde{u}(\mathbf{p})_\kappa \frac{d^3p}{(2\pi\hbar)^3} \tilde{u}(\mathbf{p})_\kappa^* \langle \mathbf{p}, \kappa|\psi\rangle.$$

Wir zerlegen nun die Quantenzahlen in k einerseits in k_x, also die für den Ortsanteil relevanten Quantenzahlen, wie die Hauptquantenzahl, den Bahndrehimpuls,
etc., und andererseits in κ, also die intrinsischen Quantenzahlen, wie den Spin,
aber auch den später eingeführten Isospin. Es gelten $\langle k|\mathbf{x}\rangle = u_k(\mathbf{x})^*$ sowie
Gl. (5.16) und $u_{\mathbf{p},\kappa}(\mathbf{x}) = e^{i\mathbf{x}\cdot\mathbf{p}/\hbar} \tilde{u}(\mathbf{p})_\kappa$. Außerdem gilt

$$\langle k|\psi\rangle = \int d^3x \; \langle k|\mathbf{x}\rangle\langle \mathbf{x}|\psi_\kappa\rangle = \int d^3x \; u_k(\mathbf{x})^* \psi_\kappa(\mathbf{x}) = (u_k|\psi) = c_k$$

und

$$\tilde{u}(\mathbf{p})_\kappa^* \langle \mathbf{p}, \kappa | \psi \rangle = \int d^3x \, u(\mathbf{p})_\kappa^* \langle \mathbf{p} | \mathbf{x} \rangle \langle \mathbf{x} | \psi_\kappa \rangle = \int d^3x \, u_{\mathbf{p},\kappa}(\mathbf{x})^* \psi_\kappa(\mathbf{x}) = (u_{\mathbf{k},\kappa} | \psi) = d_\kappa(\mathbf{k}),$$

so dass Gl. (5.19) in der Tat mit Gl. (5.14) übereinstimmt.

11.6   Lösungen zu den Aufgaben aus Kap. 6

6.1 *Berechnen Sie in der kanonischen Basis von Gl. (6.3) die explizite Darstellung von S_+ und S_- für $S = 1/2$.*
Es sei $S = 1/2$. Dann gilt für $m_S = 1/2$

$$\sqrt{S(S+1) - m_S(m_S \pm 1)} = \sqrt{(1 \mp 1)/2}$$

und für $m_S = -1/2$ gilt

$$\sqrt{S(S+1) - m_S(m_S \pm 1)} = \sqrt{(1 \pm 1)/2}.$$

Damit lautet die explizite Darstellung von $S_\pm$ in der kanonischen Basis

$$S_+ = \frac{\hbar}{2} \begin{pmatrix} 0 & 1 \\ 0 & 0 \end{pmatrix}, \quad S_- = \frac{\hbar}{2} \begin{pmatrix} 0 & 0 \\ 1 & 0 \end{pmatrix}.$$

6.2 *Zeigen Sie, dass Gl. (6.6) gilt, und leiten Sie hieraus Gl. (6.7) ab.*
Natürlich kann man Gl. (6.6) auch einfach anhand der expliziten Darstellung aus Gl. (6.4) nachrechnen. Eleganter ist folgende Rechnung: Aus der Eigenwertgleichung der Spinoren folgt direkt, dass $S_z^2 = \mathbb{1}$ und damit $\sigma_z^2 = \mathbb{1}$ sind. Da die z-Richtung nicht vor anderen ausgezeichnet ist und Rotationen die Einheitsmatrix invariant lassen, folgt, dass auch $\sigma_x^2 = \sigma_y^2 = \mathbb{1}$ sind. Für $S = 1/2$ gilt $S_+^2 = 0$ und damit

$$0 = \sigma_+^2 = (\sigma_x + i\sigma_y)^2 = \sigma_x^2 - \sigma_y^2 + i(\sigma_x \sigma_y + \sigma_y \sigma_x),$$

womit Gl. (6.6) bewiesen ist. Für die Pauli-Matrizen folgt gemäß Definition aus Gl. (6.1)

$$[\sigma_j, \sigma_k] = 2i \sum_{l=1}^{3} \epsilon_{jkl} \sigma_l.$$

Wenn Sie dies zu Gl. (6.6) addieren, erhalten Sie Gl. (6.7).

6.3 *Zeigen Sie, dass in der kanonischen Basis von Gl. (6.3) für einen Gesamtspin von 1 die Spinmatrizen wie in Gl. (6.8) gezeigt geschrieben werden können. Berechnen Sie außerdem die Eigenwerte von S_x.*
Die Berechnung der $S_\pm$ für beliebige Spins verläuft völlig analog zu der aus Aufgabe 6.1. Insbesondere erhalten wir für $S = 1$

$$
S_+ = \hbar\sqrt{2}\begin{pmatrix} 0\,1\,0 \\ 0\,0\,1 \\ 0\,0\,0 \end{pmatrix}; \quad S_- = \hbar\sqrt{2}\begin{pmatrix} 0\,0\,0 \\ 1\,0\,0 \\ 0\,1\,0 \end{pmatrix}. \tag{11.3}
$$

Die Darstellung der S_x, S_y und S_z, die in Gl. (6.8) angegeben ist, folgt dann direkt mit $S_z \chi_S(m_S) = \hbar m_S\, \chi_S(m_S)$, $S_x = (1/2)(S_+ + S_-)$ und $S_y = -(i/2)(S_+ - S_-)$.
Da die Identifikation der z-Achse mit der Quantisierungsachse völlig willkürlich war, müssen die Eigenwert von S_x und S_y denen von S_z entsprechen. Man braucht also gar nicht zu rechnen. Der Vollständigkeit halber seien aber die Eigenvektoren von S_x, ausgedrückt in der kanonischen Basis mit z-Achse als Quantisierungsachse, hier noch angegeben:

$$
\chi_1^x(+1) = \begin{pmatrix} 1 \\ \sqrt{2} \\ 1 \end{pmatrix}, \ \chi_1^x(0) = \begin{pmatrix} -1 \\ 0 \\ 1 \end{pmatrix}, \ \chi_1^x(-1) = \begin{pmatrix} 1 \\ -\sqrt{2} \\ 1 \end{pmatrix}
$$

11.7 Lösungen zu den Aufgaben aus Kap. 7

7.1 *Zeigen Sie, dass der Wahrscheinlichkeitsstrom im Beisein elektromagnetischer Wechselwirkung in der Form von Gl. (7.9) geschrieben werden kann.*
Es gilt

$$
\begin{aligned}
\frac{\partial}{\partial t}\,|\Psi(\mathbf{x}, t)|^2 &= \frac{1}{i\hbar}\left(\Psi^*\left(\hat{H}\Psi\right) - \left(\hat{H}\Psi^*\right)\Psi\right) \\
&= \frac{1}{2Mi\hbar}\left(\Psi^*\left((-i\hbar\nabla - q\mathbf{A})^2\Psi\right) - \left((i\hbar\nabla - q\mathbf{A})^2\Psi^*\right)\Psi\right) \\
&= \frac{1}{2Mi\hbar}\left(-\hbar^2\Psi^*\nabla^2\Psi + \hbar^2\left(\nabla^2\Psi^*\right)\Psi\right. \\
&\quad \left. + 2i\hbar q\mathbf{A}\Psi^*\left(\nabla\Psi\right) + 2i\hbar q\mathbf{A}\left(\nabla\Psi^*\right)\Psi + 2i\hbar q(\nabla\mathbf{A})\Psi^*\Psi\right) \\
&= \frac{1}{2Mi}\nabla\left(-\hbar\Psi^*\nabla\Psi + \hbar\left(\nabla\Psi^*\right)\Psi + 2iq\mathbf{A}\Psi^*\Psi\right) \\
&= \frac{\hbar}{2Mi}\nabla\left(\Psi^*\left(-\nabla + \frac{iq}{\hbar}\mathbf{A}\right)\Psi - \left(\left(-\nabla + \frac{iq}{\hbar}\mathbf{A}\right)^*\Psi^*\right)\Psi\right) \\
&= -\nabla\mathbf{j}(\mathbf{x}, t),
\end{aligned}
$$

wobei im Übergang von der ersten zur zweiten und der zweiten zur dritten Zeile benutzt wurde, dass die Terme, die nur die Potentiale und keine Ableitungen enthalten, nicht beitragen. Damit ist der in Gl. (7.9) gegebene Ausdruck hergeleitet.

7.2 *Berechnen Sie die Normierung von Gl. (7.13), indem Sie die Normierungskonstante aus der Forderung bestimmen, dass die elektromagnetische Feldenergie durch den in der klassischen Elektrodynamik bekannten Ausdruck gegeben ist.*
Zunächst werten wir den Kommutator aus und erhalten

$$[D^\mu, D^\nu] = [\partial^\mu, \partial^\nu] + \frac{ig}{\hbar}\left([\partial^\mu, A^\nu] + [A^\mu, \partial^\nu]\right) - \frac{g^2}{\hbar^2}[A^\mu, A^\nu]$$
$$= \frac{ig}{\hbar}\left((\partial^\mu A^\nu) - (\partial^\nu A^\mu)\right),$$

wobei benutzt wurde, dass partielle Ableitungen sowie die A^μ-Felder vertauschen. Die Klammern um die einzelnen Terme in der letzten Zeile drücken aus, dass die Ableitung nur auf das Feld dahinter wirkt, auch wenn weitere Terme rechts des Kommutators auftreten. Damit erhalten wir also

$$g_{\mu\rho}g_{\nu\sigma}[D^\mu, D^\nu]^\dagger[D^\rho, D^\sigma] = g_{\mu\rho}g_{\nu\sigma}\frac{2g^2}{\hbar^2}\left((\partial^\mu A^\nu)(\partial^\rho A^\nu\sigma) - (\partial^\mu A^\nu)(\partial^\sigma A^\rho)\right)$$
$$= -\frac{2g^2}{(\hbar c)^2}\left(\dot{\mathbf{A}}^2 + 2\dot{\mathbf{A}}(\nabla\phi) + (\nabla\phi)^2 + c^2\sum_{ij}\left((\nabla_i A_j)(\nabla_i A_j) - (\nabla_i A_j)(\nabla_j A_i)\right)\right).$$
$$(11.4)$$

Hier wurden beim Übergang von der ersten in die zweite Zeile Gl. (7.10) und (7.11) (man beachte das Vorzeichen vor den räumlichen Ableitungen) und die Notation $\dot{\mathbf{A}}^2 = \partial\mathbf{A}/\partial t$ benutzt. Verwenden Sie nun Gl. (7.6) mit

$$\mathbf{B}^2 = (\nabla \times \mathbf{A})^2 = \sum_{ij}\left((\nabla_i A_j)(\nabla_i A_j) - (\nabla_i A_j)(\nabla_j A_i)\right),$$

so erhalten Sie

$$\hat{H}_A = -(2g^2/(\hbar c)^2)\, N \int d^3x \left(\mathbf{E}^2 + c^2\mathbf{B}^2\right). \qquad (11.5)$$

Andererseits ist aus der klassischen Elektrodynamik bekannt, dass die elektromagnetische Feldenergie mit Hilfe von

$$E_{\text{klass.}} = \frac{\epsilon_0}{2}\int d^3x(\mathbf{E}^2 + c^2\mathbf{B}^2) \qquad (11.6)$$

zu berechnen ist. Nach dem Ehrenfest'schen Theorem (Abschnitt 2.3) entsprechen quantenmechanische Erwartungswerte den klassischen Größen. Aus dem Vergleich der Koeffizienten von Gl. (11.5) und (11.6) ergibt sich damit

$$N = -\frac{\epsilon_0(\hbar c)^2}{4g^2}.$$

7.3 *Zeigen Sie, dass der magnetische Fluss eine eichinvariante Größe ist.*
Der magnetische Fluss ist definiert über (vgl. Gl. (7.15))

$$\Phi_{\mathrm{mag}} = \left(\int_{C_1} d\mathbf{y} \cdot \mathbf{A}(\mathbf{y}) - \int_{C_2} d\mathbf{y} \cdot \mathbf{A}(\mathbf{y})\right) = \oint_C d\mathbf{y} \cdot \mathbf{A}(\mathbf{y}),$$

wobei sich der geschlossene Weg C aus C_1 vorwärts und C_2 rückwärts zusammensetzt (Abb. 7.1). Zu zeigen ist, dass für $\mathbf{A}' = \mathbf{A} + \nabla\Lambda$

$$\oint_C d\mathbf{y} \cdot \mathbf{A}'(\mathbf{y}) = \oint_C d\mathbf{y} \cdot \mathbf{A}(\mathbf{y})$$

ist. Diese Identität gilt, da

$$\oint_C d\mathbf{y} \cdot \nabla\Lambda = \int_F d\mathbf{f} \cdot (\nabla \times \nabla\Lambda) = 0$$

ist, wobei F die durch C eingeschlossene Fläche mit dem gerichteten Flächenelement $d\mathbf{f}$ bezeichnet und für die erste Identität der Satz von Stokes benutzt wurde. Die zweite Identität folgt daraus, dass die Komponenten von ∇ vertauschen, so dass $\epsilon_{ijk}\nabla_i\nabla_j = 0$ ist.

7.4 *Zeigen Sie, dass die Normierung des Vektorpotentials $\hat{\mathbf{A}}$ so gewählt werden kann, dass Gl. (7.13) und (7.21) konsistent sind, und bestimmen Sie die Normierungskonstante.*
Um die Normierung des Operators $\hat{\mathbf{A}}$ zu fixieren, benutzen wir die Energie des elektromagnetischen Feldes in Abwesenheit von Quellen, so dass wir $\phi = 0$ wählen können. Damit können wir mit Hilfe von Gl. (11.4) für den Hamilton-Operator aus Gl. (7.21)

$$\hat{H}_A = \frac{\epsilon_0}{2}\int d^3x \left(\dot{\mathbf{A}}^2 + c^2\sum_{ij}\left((\nabla_i A_j)(\nabla_i A_j) - (\nabla_i A_j)(\nabla_j A_i)\right)\right)$$

schreiben. In den beiden hinteren Termen führen wir nun eine partielle Integration durch und erhalten unter Verwendung der Eichbedingung $\nabla \cdot \mathbf{A} = 0$ und Vernachlässigung der Oberflächenterme

$$\hat{H}_A = \frac{\epsilon_0}{2}\int d^3x \left(\dot{\mathbf{A}}^2 - c^2\mathbf{A}\nabla^2\mathbf{A}\right). \tag{11.7}$$

In diesen Ausdruck setzen wir nun die Definition von $\hat{\mathbf{A}}$ ein und bekommen

$$
\int d^3x\,\dot{\mathbf{A}}^2 = \int d^3x \int \frac{d^3p}{(2\pi\hbar)^3} N_p \sum_\lambda \int \frac{d^3p'}{(2\pi\hbar)^3} N_{p'} \sum_{\lambda'} (i\omega(p))(i\omega(p'))
$$

$$
\times \left\{ -\boldsymbol{\epsilon}_\lambda(\mathbf{p})\hat{a}_\lambda(\mathbf{p})e^{i(\mathbf{p}\cdot\mathbf{x}/\hbar - \omega(p)t)} + (\boldsymbol{\epsilon}_\lambda(\mathbf{p}))^* \hat{a}_\lambda^\dagger(\mathbf{p})e^{-i(\mathbf{p}\cdot\mathbf{x}/\hbar - \omega(p)t)} \right\}
$$

$$
\times \left\{ -\boldsymbol{\epsilon}_{\lambda'}(\mathbf{p}')\hat{a}_{\lambda'}(\mathbf{p}')e^{i(\mathbf{p}'\cdot\mathbf{x}/\hbar - \omega(p')t)} + \left(\boldsymbol{\epsilon}_{\lambda'}(\mathbf{p}')\right)^* \hat{a}_{\lambda'}^\dagger(\mathbf{p}')e^{-i(\mathbf{p}'\cdot\mathbf{x}/\hbar - \omega(p')t)} \right\}.
$$

Unter Verwendung von Gl. (1.8) und der Orthonormalität der Polarisationsvektoren erhalten wir

$$
\int d^3x\,\dot{\mathbf{A}}^2 = \int \frac{d^3p}{(2\pi\hbar)^3} N_p^2 \sum_{\lambda\lambda'} (-\omega(p)^2)
$$

$$
\times \left\{ \boldsymbol{\epsilon}_\lambda(\mathbf{p})\hat{a}_\lambda(\mathbf{p})\boldsymbol{\epsilon}_{\lambda'}(-\mathbf{p})\hat{a}_{\lambda'}(-\mathbf{p})e^{-2i\omega(p)} + \boldsymbol{\epsilon}_\lambda(\mathbf{p})^*\hat{a}_\lambda(\mathbf{p})^\dagger\boldsymbol{\epsilon}_{\lambda'}(-\mathbf{p})^*\hat{a}_{\lambda'}(-\mathbf{p})^\dagger e^{2i\omega(p)} \right.
$$

$$
\left. - \delta_{\lambda\lambda'}\hat{a}_\lambda(\mathbf{p})\hat{a}_\lambda(\mathbf{p})^\dagger - \delta_{\lambda\lambda'}\hat{a}_\lambda(\mathbf{p})^\dagger\hat{a}_\lambda(\mathbf{p}) \right\},
$$

wobei wir $N_p = N_{(-p)}$ und $\omega(p) = \omega(-p)$ benutzt haben. Analog finden wir

$$
\int d^3x\,\mathbf{A}\nabla^2\mathbf{A} = \int \frac{d^3p}{(2\pi\hbar)^3} N_p^2 \sum_{\lambda\lambda'} (-\mathbf{p}^2/\hbar^2)
$$

$$
\times \left\{ \boldsymbol{\epsilon}_\lambda(\mathbf{p})\hat{a}_\lambda(\mathbf{p})\boldsymbol{\epsilon}_{\lambda'}(-\mathbf{p})\hat{a}_{\lambda'}(-\mathbf{p})e^{-2i\omega(p)} + \boldsymbol{\epsilon}_\lambda(\mathbf{p})^*\hat{a}_\lambda(\mathbf{p})^\dagger\boldsymbol{\epsilon}_{\lambda'}(-\mathbf{p})^*\hat{a}_{\lambda'}(-\mathbf{p})^\dagger e^{2i\omega(p)} \right.
$$

$$
\left. + \delta_{\lambda\lambda'}\hat{a}_\lambda(\mathbf{p})\hat{a}_\lambda(\mathbf{p})^\dagger + \delta_{\lambda\lambda'}\hat{a}_\lambda(\mathbf{p})^\dagger\hat{a}_\lambda(\mathbf{p}) \right\}.
$$

Damit heben sich die zeitabhängigen Terme beim Einsetzen in Gl. (11.7) weg, und wir erhalten mit Hilfe der Dispersionsrelation für die masselosen Photonen $c^2\mathbf{p}^2 = \hbar^2\omega(p)^2$

$$
\hat{H}_A = \epsilon_0 \int \frac{d^3p}{(2\pi\hbar)^3} N_p^2 \omega(p)^2 \sum_\lambda \left\{ a_\lambda(\mathbf{p})\hat{a}_\lambda(\mathbf{p})^\dagger + \hat{a}_\lambda^\dagger(\mathbf{p})\hat{a}_\lambda(\mathbf{p}) \right\}.
$$

Der erste Ausdruck in der Klammer ist so nicht wohldefiniert: Wir benötigen eine zusätzliche Auswertungsvorschrift. Die Regel lautet, dass Operatoren immer in „normalgeordneter Form", definiert durch

$$
:a_\lambda(\mathbf{p})a_\lambda^\dagger(\mathbf{p}): = a_\lambda^\dagger(\mathbf{p})a_\lambda(\mathbf{p}) \quad \text{und} \quad :a_\lambda(\mathbf{p})^\dagger a_\lambda(\mathbf{p}): = a_\lambda^\dagger(\mathbf{p})a_\lambda(\mathbf{p}),
$$

auszuwerten sind. Damit bekommen wir

$$
:\hat{H}_A := 2\epsilon_0 \int \frac{d^3p}{(2\pi\hbar)^3} N_p^2 \omega(p)^2 \sum_\lambda \hat{a}_\lambda^\dagger(\mathbf{p})\hat{a}_\lambda(\mathbf{p})
$$

und erhalten aus dem Vergleich mit Gl. (7.21)

$$N_p = \sqrt{\hbar/(2\epsilon_0\omega(p))}.$$

Abschließend sei noch darauf hingewiesen, dass die Regel der Normalordnung auch für den Operator $\hat{A}^\mu$ dafür sorgt, dass der Kommutator $[\hat{A}^\mu, \hat{A}^\nu]$ verschwindet.

11.8   Lösungen zu den Aufgaben aus Kap. 8

8.1 *Zeigen Sie, dass Zustände, die durch eine Symmetrietransformation ineinander überführt werden können, entartet sind.*
Gemäß Voraussetzung gilt $|B\rangle = \hat{U}|A\rangle$ und $\hat{U}^\dagger = \hat{U}^{-1}$ sowie

$$[\hat{U}, \hat{H}] = \hat{U}\hat{H} - \hat{H}\hat{U} = 0 \quad \text{bzw.} \quad \hat{U}\hat{H}\hat{U}^\dagger = \hat{H}.$$

Damit bekommen wir aus $\hat{H}|A\rangle = E_A|A\rangle$ durch Multiplikation von links mit $\hat{U}$

$$\hat{U}\hat{H}|A\rangle = \hat{U}\hat{H}\hat{U}^\dagger\hat{U}|A\rangle = \hat{H}|B\rangle$$
$$= \hat{U}E_A|A\rangle = E_A|B\rangle.$$

Da $\hat{H}|B\rangle = E_B|B\rangle$ ist, finden wir, dass $E_A = E_B$ gilt.

8.2 *Zeigen Sie, dass Gl. (8.5) gilt.*
Da die Exponentialfunktion über seine Taylor-Reihe definiert ist, gilt

$$\hat{U}_{\mathbf{n},\alpha}^{1/2} = e^{-i\frac{\alpha}{2}(\boldsymbol{\sigma}\cdot\mathbf{n})} = \sum_{k=0}^{\infty} \frac{1}{k!}\left(\frac{-i\alpha(\boldsymbol{\sigma}\cdot\mathbf{n})}{2}\right)^k. \tag{11.8}$$

Nach Gl. (6.7) gilt $(\boldsymbol{\sigma}\cdot\mathbf{n})^2 = \mathbf{n}^2\mathbb{1} = \mathbb{1}$ bzw. $(\boldsymbol{\sigma}\cdot\mathbf{n})^{2k} = \mathbb{1}$ und $(\boldsymbol{\sigma}\cdot\mathbf{n})^{2k+1} = (\boldsymbol{\sigma}\cdot\mathbf{n})$, so dass

$$\hat{U}_{\mathbf{n},\alpha}^{1/2} = \sum_{k=0}^{\infty}(-1)^k\frac{1}{(2k)!}\left(\frac{\alpha}{2}\right)^{2k} - i(\boldsymbol{\sigma}\cdot\mathbf{n})\sum_{k=0}^{\infty}(-1)^k\frac{1}{(2k+1)!}\left(\frac{\alpha}{2}\right)^{2k+1}$$
$$= \cos\left(\frac{\alpha}{2}\right) - i(\boldsymbol{\sigma}\cdot\mathbf{n})\sin\left(\frac{\alpha}{2}\right).$$

8.3 *Konstruieren Sie explizit die Eigenvektoren zu S_y, $\chi_{\frac{1}{2}}^{y}(\pm)$.*
Die Eigenwerte von S_y für Spin $1/2$ sind natürlich $\pm 1/2$. Um die Eigenvektoren zu bekommen, gibt es zwei Möglichkeiten: Zum einen kann man die Vektoren suchen, die die Eigenwertgleichung

$$S_y \chi^y_{\frac{1}{2}}(\pm) = \pm \frac{\hbar}{2} \chi^y_{\frac{\hbar}{2}}(\pm) \quad \text{bzw.} \quad \begin{pmatrix} 0 & -i \\ i & 0 \end{pmatrix} \chi^y_{\frac{1}{2}}(\pm) = \pm \chi^y_{\frac{1}{2}}(\pm)$$

erfüllen. In diesem einfachen Fall lassen sich die Eigenvektoren direkt als

$$\chi^y_{\frac{1}{2}}(\pm) = \frac{1}{\sqrt{2}} e^{i\phi_{\pm}} \begin{pmatrix} 1 \\ \pm i \end{pmatrix}$$

ablesen. Natürlich sind die Eigenvektoren so nur bis auf eine Phase festgelegt. Alternativ kann man die Konstruktion aus dem Haupttext wiederholen: Um die z-Achse auf die y-Achse zu drehen, bedarf es einer Drehung um die x-Achse um den Winkel $\alpha = -\pi/2$. Damit erhalten wir aus Gl. (8.5)

$$\hat{\mathcal{U}}^{1/2}_{\mathbf{e}_x,(-\pi/2)} = \begin{pmatrix} \cos(-\pi/4) & -i\sin(-\pi/4) \\ -i\sin(-\pi/4) & \cos(-\pi/4) \end{pmatrix} = \frac{1}{\sqrt{2}} \begin{pmatrix} 1 & i \\ i & 1 \end{pmatrix}$$

und damit

$$\hat{\mathcal{U}}^{1/2}_{\mathbf{e}_x,(-\pi/2)} \begin{pmatrix} 1 \\ 0 \end{pmatrix} = \frac{1}{\sqrt{2}} \begin{pmatrix} 1 \\ i \end{pmatrix} \quad \text{und} \quad \hat{\mathcal{U}}^{1/2}_{\mathbf{e}_x,(-\pi/2)} \begin{pmatrix} 0 \\ 1 \end{pmatrix} = \frac{1}{\sqrt{2}} \begin{pmatrix} i \\ 1 \end{pmatrix} = \frac{i}{\sqrt{2}} \begin{pmatrix} 1 \\ -i \end{pmatrix},$$

was den zuvor gefundenen Eigenvektoren entspricht. Wie $\chi^x_{\frac{1}{2}}(\pm)$ enthalten also auch die $\chi^y_{\frac{1}{2}}(\pm)$ zu gleichen Anteilen $\chi_{\frac{1}{2}}(+)$ und $\chi_{\frac{1}{2}}(-)$.

8.4 *Berechnen Sie* $\left[\hat{L}_i, \hat{\mathbf{L}} \cdot \mathbf{B} \right]$ *und* $\left[\hat{L}_i, \hat{\mathbf{L}} \cdot \mathbf{V} \right]$ *unter der Annahme, dass* **B** *ein externer Vektor,* **V** *hingegen ein interner Vektor ist, für den* $[\hat{L}_i, V_j] = i\hbar \sum_{lm} \epsilon_{lmk} V_k$ *gilt.*

Für externe Vektoren gilt $[\hat{L}_i, B_j] = 0$, für interne, die nicht proportional zum Spin sind, hingegen (vgl. Gl. (8.7)) $[\hat{L}_i, V_j] = i\hbar \sum_{lm} \epsilon_{lmk} V_k$ und damit

$$\left[\hat{L}_i, \hat{\mathbf{L}} \cdot \mathbf{B} \right] = \sum_m \left[\hat{L}_i, \hat{L}_m \right] B_m = i\hbar \sum_{mk} \epsilon_{imk} \hat{L}_k B_m$$

sowie

$$\left[\hat{L}_i, \hat{\mathbf{L}} \cdot \mathbf{V} \right] = \sum_m \left(\left[\hat{L}_i, \hat{L}_m \right] V_m + \hat{L}_m \left[\hat{L}_i, \hat{V}_m \right] \right)$$

$$= i\hbar \sum_{mk} \epsilon_{imk} \left(\hat{L}_k V_m + \hat{L}_m V_k \right) = 0.$$

Also gilt Gl. (8.8) zwar, wenn nur interne Vektoren auftreten, nicht aber, wenn s externe Impulse enthält.

8.5 *Zerlegen Sie $x_i p_j$ in seine Anteile zu* $J = 2$, $J = 1$ *und* $J = 0$.
Es gilt

$$x_i p_j = \frac{1}{2}(x_i p_j - x_j p_i) + \frac{1}{2}(x_i p_j + x_j p_i)$$

$$= \frac{1}{2}\sum_{klm}\epsilon_{ijk}\epsilon_{klm}x_l p_m + \frac{1}{2}\left(x_i p_j + x_j p_i - \frac{2}{3}\delta_{ij}(\mathbf{x}\cdot\mathbf{p})\right) + \frac{1}{3}\delta_{ij}(\mathbf{x}\cdot\mathbf{p})$$

$$= \delta_{ij}S + \sum_k \epsilon_{ijk}V_k + T_{ij}$$

mit $S = (\mathbf{x}\cdot\mathbf{p})/3$ und $\mathbf{V} = (\mathbf{x}\times\mathbf{p})/2$. Die Operation, die aus zwei Vektoren einen Skalar ($J = 0$) macht, ist das Skalarprodukt, das Kreuz- oder Vektorprodukt überführt zwei Vektoren in einen Vektor ($J = 1$) und ein Tensor zweiter Stufe ($J = 2$) ist eine symmetrische, spurfreie Kombination aus den Vektorkomponenten. Damit ist die Interpretation der Terme in obiger Zerlegung klar.

8.6 *Zeigen Sie, dass Gl. (8.16) gilt.*
Nach dem Wigner-Eckert-Theorem (Abschnitt 8.3) genügt es, das Matrixelement für eine bestimmte Kombination von Spinprojektionen zu berechnen, solange diese zu einem nicht verschwindendem Ergebnis führt. Es bietet sich in dem gegebenem Fall an, $\lambda = \lambda' = 1/2$ zu wählen, und wir erhalten

$$M_{\frac{1}{2}\;\frac{1}{2}} = (1\;0)\,(\boldsymbol{\sigma}\cdot\hat{\mathbf{p}})\begin{pmatrix}1\\0\end{pmatrix} = \hat{p}_3 =: \hat{p}_0\left\langle\frac{1}{2}\,\frac{1}{2},1\,0\,\middle|\,\frac{1}{2}\,\frac{1}{2}\right\rangle\left\langle\frac{1}{2}\frac{1}{2}\middle\|\boldsymbol{\sigma}\cdot\hat{\mathbf{p}}\middle\|\frac{1}{2}\frac{1}{2}\right\rangle,$$

da für diese Wahl der Spinausrichtungen nur σ_3 (vgl. Gl. (6.4)) beiträgt. In der letzten Identität wurde das reduzierte Matrixelement definiert und $\hat{p}_3 = \hat{p}_0$ benutzt. Mit $\langle 1/2\;1/2,1\,0|1/2\;1/2\rangle = \sqrt{1/3}$ folgt, dass das reduzierte Matrixelement $\sqrt{3}$ ist.

Um zu sehen, wie das Wigner-Eckert-Theorem funktioniert, ist es instruktiv, auch andere Matrixelemente zu berechnen. Betrachten wir als Beispiel $\lambda' = 1/2$ und $\lambda = -1/2$. Damit erhalten wir

$$M_{\frac{1}{2}\;-\frac{1}{2}} = (1\;0)\,(\boldsymbol{\sigma}\cdot\hat{\mathbf{p}})\begin{pmatrix}0\\1\end{pmatrix} = (\sigma_x)_{12}\hat{p}_x + (\sigma_y)_{12}\hat{p}_y = \hat{p}_x - i\hat{p}_y = \sqrt{2}\,\hat{p}_-,$$

wobei wir Gl. (6.4) und (8.10) verwendet haben. Andererseits erhalten wir aus dem Wigner-Eckert-Theorem

$$M_{1/2\;-1/2} = \sqrt{3}\,\hat{p}_-\left\langle\frac{1}{2}\,\frac{1}{2},1\,-1\,\middle|\,\frac{1}{2}\,\frac{1}{2}\right\rangle.$$

Aus dem Vergleich der letzten beiden Gleichungen lässt sich der Clebsch-Gordan-Koeffizient ablesen: $\langle 1/2\;1/2,1\,-1|1/2\,-1/2\rangle = \sqrt{2/3}$.

8.7 *Zeigen Sie, dass* $\hat{\mathbf{R}}$ *für das Wasserstoffatom mit* $\hat{H}$*, nicht aber mit* $\hat{\mathbf{L}}^2$ *kommutiert.* Ausgangspunkt sind

$$\hat{\mathbf{R}} = \frac{1}{2m_e}\left(\hat{\mathbf{p}}\times\hat{\mathbf{L}} - \hat{\mathbf{L}}\times\hat{\mathbf{p}}\right) - \alpha(\hbar c)\frac{\mathbf{x}}{r} \quad \text{und} \quad \hat{H} = \frac{\mathbf{p}^2}{2m_e} - \alpha(\hbar c)\frac{1}{r}.$$

Es gilt $[\hat{p}_i, \hat{p}_j] = [x_i, x_j] = 0$ und $[x_i, \hat{p}_j] = i\hbar\delta_{ij}$. Damit folgt $[\hat{p}^2, \hat{p}_j] = 0$. Außerdem folgt aus Gl. (8.7) $\left[\hat{L}_k, \hat{p}_l\right] = i\hbar\sum_{k=1}^{3}\epsilon_{klm}\hat{p}_m$. Damit ist

$$\left[\hat{L}_k, \hat{\mathbf{p}}^2\right] = \sum_m\left(\hat{p}_m\left[\hat{L}_k, \hat{p}_m\right] + \left[\hat{L}_k, \hat{p}_m\right]\hat{p}_m\right) = i\hbar\sum_{k,m}\epsilon_{kml}\hat{p}_l\hat{p}_m = 0,$$

was man auch direkt aus Gl. (8.8) hätte ablesen können. Ebenso gilt $\left[\hat{L}_k, r\right] = \sum_{lm}\epsilon_{lmk}[x_l\hat{p}_m, r] = -i\hbar\sum_{lm}\epsilon_{lmk}x_lx_m/r = 0$. Damit können wir

$$[\hat{\mathbf{R}}_k, \hat{H}] = -\frac{\alpha(\hbar c)}{2m_e}\left(\sum_{lm}\epsilon_{lmk}\left(\left[\hat{p}_l, \frac{1}{r}\right]\hat{L}_m - \hat{L}_l\left[\hat{p}_m, \frac{1}{r}\right]\right) + \left[\frac{x_k}{r}, \hat{\mathbf{p}}^2\right]\right) \quad (11.9)$$

schreiben. Mit $\left[\hat{p}_l, 1/r\right] = i\hbar x_l/r^3$ und

$$\epsilon_{lmk}\hat{L}_m = \epsilon_{lmk}\epsilon_{mij}x_i\hat{p}_j = \left(\delta_{lj}\delta_{ki} - \delta_{li}\delta_{kj}\right)x_i\hat{p}_j = x_k\hat{p}_l - x_l\hat{p}_k$$

und

$$\left[x_k/r, \hat{\mathbf{p}}^2\right] = \sum_m\left(\hat{p}_m\left[x_k/r, \hat{p}_m\right] + \left[x_k/r, \hat{p}_m\right]p_m\right)$$

$$= \hat{p}_k/r + \sum_l\left(-\hat{p}_l(x_kx_l/r^3) + 1/r\,\hat{p}_k - x_kx_l/r^3\,\hat{p}_l\right)$$

erhalten wir

$$[\hat{\mathbf{R}}_k, \hat{H}] = -\frac{\alpha(\hbar c)}{2m_e}\left(x_k\hat{p}_l(x_l/r^3) - x_l\hat{p}_k(x_l/r^3) + \hat{p}_k/r - \hat{p}_l(x_kx_l/r^3)\right).$$

Mit $\hat{p}_l(x_kx_l/r^3) = -i\hbar x_k/r^3 + x_k\hat{p}_l(x_l/r^3)$ und $\hat{p}_k/r = i\hbar x_k/r^3 + 1/r\,\hat{p}_k$ folgt

$$[\hat{\mathbf{R}}_k, \hat{H}] = -\frac{\alpha(\hbar c)}{2m_e}\left(2i\hbar x_k/r^3 - x_l\hat{p}_k(x_l/r^3) + 1/r\,\hat{p}_k\right)$$

$$= -\frac{\alpha(\hbar c)}{2m_e}\left(3i\hbar x_k/r^3 - r^2\hat{p}_k/r^3 + 1/r\,\hat{p}_k\right) = 0.$$

Nun wollten wir $[\hat{\mathbf{L}}^2, \hat{R}_i]$ berechnen. Dazu gilt es zu beachten, dass, da $\mathbf{R}$ ein Vektor ist, nach Gl. (8.7)

$$\left[\hat{L}_k, \hat{R}_l\right] = i\hbar \sum_{k=1}^{3} \epsilon_{klm} \hat{R}_m$$

gilt. Daraus folgt

$$[\hat{\mathbf{L}}^2, \hat{R}_i] = \sum_m \left(\hat{L}_m[\hat{L}_m, \hat{R}_i] + [\hat{L}_m, \hat{R}_i]\hat{L}_m\right) = i\hbar \sum_{mk} \epsilon_{mik} \left(\hat{L}_m\hat{R}_k + \hat{R}_k\hat{L}_m\right) \neq 0,$$

da, wie gerade gesehen, $\hat{R}_k$ und $\hat{L}_m$ nicht kommutieren.

8.8 *Zeigen Sie, dass Gl (8.18) gilt.*

Gemäß Gl. (3.18) gilt

$$\hat{a}_i = \frac{1}{\sqrt{2M\hbar\omega}} \left((M\omega)\hat{x}_i + i\,\hat{p}_i\right) \quad \text{und} \quad \hat{a}_i^\dagger = \frac{1}{\sqrt{2M\hbar\omega}} \left((M\omega)\hat{x}_i - i\,\hat{p}_i\right).$$

Damit erhalten wir unter Verwendung von $x_k\hat{p}_m - \hat{p}_k x_m = \epsilon_{kmr}\hat{L}_r + i\hbar\delta_{km}$

$$\hat{a}_k^\dagger \hat{a}_m = \frac{1}{2M\hbar} \left((M\omega)^2 x_k x_m + \hat{p}_k\hat{p}_m + iM\omega(x_k\hat{p}_m - \hat{p}_k x_m)\right)$$

$$= \frac{1}{2\hbar} \left((M\omega)x_k x_m + \frac{1}{M\omega}\hat{p}_k\hat{p}_m - \hbar\delta_{km} + i\epsilon_{kmr}\hat{L}_r\right)$$

und damit auch

$$\sum_i \hat{a}_i^\dagger \hat{a}_i = \frac{1}{2\hbar} \left((M\omega)\mathbf{x}^2 + \frac{1}{M\omega}\hat{\mathbf{p}}^2 - 3\hbar\right),$$

was auf das gesuchte Ergebnis führt.

11.9   Lösungen zu den Aufgaben aus Kap. 9

9.1 *Zeigen Sie am Beispiel eines Zweiteilchensystems, dass sich das Spin-Statistik-Theorem auch auf zusammengesetzte Objekte überträgt.*

Ein zusammengesetztes Fermion (Boson) besteht aus einer ungeraden (geraden) Anzahl an Fermionen sowie einer beliebigen Anzahl an Bosonen. Um zwei identische zusammengesetzte Objekte zu vertauschen, müssen alle Komponenten vertauscht werden. Eine Vertauschung der bosonischen Komponenten hat keinen Einfluss auf die Phase. Die Vertauschung einer ungeraden (geraden) Anzahl von Fermionfeldern erzeugt einen Faktor -1 ($+1$), so dass die Vertauschung aller Komponenten für die zusammengesetzten Objekte wiederum die für den gegebenen Spin passende Vertauschungssymmetrie generiert.

9.2 *Zeigen Sie, dass der Zustand* $|\psi(\mathbf{P}_{2N}; S\ M_s, T T_3)\rangle$, *der in direkter Verallgemeinerung von Gl. (9.12) einen Zweinukleonbindungszustand beschreibt, für normierte Wellenfunktionen* $\psi(\mathbf{p})$ *normiert ist.*

Gemäß Gl. (9.3) schreibt sich ein normierter Zustand zweier nicht wechselwirkender Teilchen als

$$|\mathbf{p}_1\kappa_1, \mathbf{p}_2\kappa_2\rangle = \frac{1}{\sqrt{2}}\, a_{\kappa_1}^\dagger(\mathbf{p}_1)a_{\kappa_2}^\dagger(\mathbf{p}_2)|0\rangle.$$

Nun wollen wir jedoch einen Bindungszustand betrachten, in dem Spins und Isospins zu einem Gesamtvektor gekoppelt und die Impulse der beiden Komponenten durch eine Wellenfunktion korreliert sind. Die Kopplungen geschehen mit Hilfe von Clebsch-Gordan-Koeffizienten (Abschnitt 6.2). Um die Korrelation der Impulse zu bekommen, muss über die Impulse der Komponenten integriert werden mit der Wellenfunktion als Gewicht. Wir erhalten also für einen gebundenen Zweinukleonzustand

$$|\psi(\mathbf{P}_{2N}; S\ M_s, T\ T_3)\rangle = \frac{1}{\sqrt{2}}\sum_{\kappa_1,\kappa_2}\int\frac{d^3p_1}{(2\pi\hbar)^3}\int\frac{d^3p_2}{(2\pi\hbar)^3}a_{\kappa 1}^\dagger(\mathbf{p}_1)a_{\kappa 2}^\dagger(\mathbf{p}_2)|0\rangle\,\psi((\mathbf{p}_1-\mathbf{p}_2)/2)$$
$$\times\,(2\pi\hbar)^3\delta^{(3)}(\mathbf{p}_1+\mathbf{p}_2-\mathbf{P}_{2N})\left\langle\frac{1}{2}t_1,\frac{1}{2}t_2\,\middle|\,T T_3\right\rangle\left\langle\frac{1}{2}s_1,\frac{1}{2}s_2\,\middle|\,S M_S\right\rangle,$$

wobei nun $\kappa_i = (s_i, t_i)$ ist. Für das Deuteron gilt $T = 0$ und $S = 1$, hier wollen wir aber beliebige Werte von T und S zulassen. Die Aufgabe besteht nun darin zu zeigen, dass dieser Zustand korrekt normiert ist. Es gilt

$$\langle\psi(\mathbf{P}_{2N}'; S\ M_s', T\ T_3')|\psi(\mathbf{P}_{2N}; S\ M_s, T\ T_3)\rangle$$
$$= \frac{1}{2}\sum_{\kappa_1,\kappa_2}\int\frac{d^3p_1}{(2\pi\hbar)^3}\int\frac{d^3p_2}{(2\pi\hbar)^3}\sum_{\kappa_1',\kappa_2'}\int\frac{d^3p_1'}{(2\pi\hbar)^3}\int\frac{d^3p_2'}{(2\pi\hbar)^3}$$
$$\times\langle 0|a_{\kappa 2'}(\mathbf{p}_2')a_{\kappa 1'}(\mathbf{p}_1')a_{\kappa 2}^\dagger(\mathbf{p}_2)a_{\kappa 1}^\dagger(\mathbf{p}_1)|0\rangle\,\psi((\mathbf{p}_1-\mathbf{p}_2)/2)\psi^*((\mathbf{p}_1'-\mathbf{p}_2')/2)$$
$$\times(2\pi\hbar)^3\delta^{(3)}(\mathbf{p}_1+\mathbf{p}_2-\mathbf{P}_{2N})(2\pi\hbar)^3\delta^{(3)}(\mathbf{p}_1'+\mathbf{p}_2'-\mathbf{P}_{2N}')$$
$$\times\left\langle\frac{1}{2}t_1',\frac{1}{2}t_2'\,\middle|\,T T_3\right\rangle\left\langle\frac{1}{2}s_1',\frac{1}{2}s_2'\,\middle|\,S M_S'\right\rangle\left\langle\frac{1}{2}t_1,\frac{1}{2}t_2\,\middle|\,T T_3\right\rangle\left\langle\frac{1}{2}s_1,\frac{1}{2}s_2\,\middle|\,S M_S\right\rangle.$$

Nun gilt

$$\langle 0|a_{\kappa_2'}(\mathbf{p}_2')a_{\kappa_1'}(\mathbf{p}_1')a_{\kappa_1}^\dagger(\mathbf{p}_1)a_{\kappa_2}^\dagger(\mathbf{p}_2)|0\rangle = (2\pi\hbar)^6$$
$$\times\left\{\delta_{\kappa_2'\kappa_2}\delta^{(3)}(\mathbf{p}_2'-\mathbf{p}_2)\delta_{\kappa_1'\kappa_1}\delta^{(3)}(\mathbf{p}_1'-\mathbf{p}_1) - \delta_{\kappa_2'\kappa_1}\delta^{(3)}(\mathbf{p}_2'-\mathbf{p}_1)\delta_{\kappa_1'\kappa_2}\delta^{(3)}(\mathbf{p}_1'-\mathbf{p}_2)\right\},$$

so dass die gestrichenen Variablen durch die geeigneten ungestrichenen ersetzt werden können. Damit erhalten wir, dass sich die Norm als

$$\langle \psi(\mathbf{P}'_{2N}; S\, M'_s, T\, T'_3) | \psi(\mathbf{P}_{2N}; S\, M_s, T\, T_3)\rangle$$

$$= \frac{1}{2} \sum_{\kappa_1, \kappa_2} \int \frac{d^3 p_1}{(2\pi\hbar)^3} \int \frac{d^3 p_2}{(2\pi\hbar)^3}$$

$$\times \Bigg\{ \psi((\mathbf{p}_1 - \mathbf{p}_2)/2)\psi^*((\mathbf{p}_1 - \mathbf{p}_2)/2)$$

$$\times \left\langle \frac{1}{2}t_1, \frac{1}{2}t_2 \middle| T\,T_3 \right\rangle \left\langle \frac{1}{2}s_1, \frac{1}{2}s_2 \middle| S M'_S \right\rangle \left\langle \frac{1}{2}t_1, \frac{1}{2}t_2 \middle| T\,T'_3 \right\rangle \left\langle \frac{1}{2}s_1, \frac{1}{2}s_2 \middle| S M_S \right\rangle$$

$$- \psi((\mathbf{p}_1 - \mathbf{p}_2)/2)\psi^*((\mathbf{p}_2 - \mathbf{p}_1)/2)$$

$$\times \left\langle \frac{1}{2}t_2, \frac{1}{2}t_1 \middle| T\,T_3 \right\rangle \left\langle \frac{1}{2}s_2, \frac{1}{2}s_1 \middle| S M'_S \right\rangle \left\langle \frac{1}{2}t_1, \frac{1}{2}t_2 \middle| T\,T'_3 \right\rangle \left\langle \frac{1}{2}s_1, \frac{1}{2}s_2 \middle| S M_S \right\rangle \Bigg\}$$

$$\times (2\pi\hbar)^3 \delta^{(3)}(\mathbf{p}_1 + \mathbf{p}_2 - \mathbf{P}_{2N})(2\pi\hbar)^3 \delta^{(3)}(\mathbf{p}_1 + \mathbf{p}_2 - \mathbf{P}'_{2N})$$

schreiben lässt. Also gilt $M'_s = M_s$ und $T'_3 = T_3$. Wir führen nun Schwerpunkt und Relativkoordinaten mit

$$\mathbf{q} = \frac{1}{2}(\mathbf{p}_1 - \mathbf{p}_2) \quad \text{und} \quad P = \mathbf{p}_1 + \mathbf{p}_2$$

ein, führen die P-Integration mit Hilfe einer der verbliebenen δ-Distributionen aus, benutzen die Symmetrie der Clebsch-Gordan-Koeffizienten (Gl. (6.15)) und

$$\psi(-\mathbf{q}) = (-1)^L \psi(\mathbf{q}),$$

was mit L für den Bahndrehimpuls des Zweiteilchensystems aus den Überlegungen von Abschnitt 4.5 folgt, und erhalten

$$\langle \psi(\mathbf{P}_{2N}; S\, M'_s, T\, T'_3) | \psi(\mathbf{P}_{2N}; S\, M_s, T\, T_3)\rangle = \delta_{M_s M'_s}\delta_{T_3 T'_3} \frac{1}{2}\left(1 - (-1)^{L+S+T}\right)$$

$$\times \int \frac{d^3 q}{(2\pi\hbar)^3} |\psi(\mathbf{q})|^2 \sum_{\kappa_1, \kappa_2} \left\langle \frac{1}{2}t_1, \frac{1}{2}t_2 \middle| T\,T_3 \right\rangle^2 \left\langle \frac{1}{2}s_1, \frac{1}{2}s_2 \middle| S M_S \right\rangle^2$$

$$\times (2\pi\hbar)^3 \delta^{(3)}(\mathbf{P}'_{2N} - \mathbf{P}_{2N}).$$

Die Behauptung folgt unter Verwendung der Vollständigkeitsrelation der Clebsch-Gordan-Koeffizienten (Gl. (6.11)) und der Normierungsbedingung der Wellenfunktion

$$\int \frac{d^3 q}{(2\pi\hbar)^3} |\psi(\mathbf{q})|^2 = 1.$$

Mit Hilfe des letzten Faktors in der ersten Zeile stellt der Formalismus sicher, dass nur vollständig antisymmetrische Zweifermionzustände beitragen, wie es das Pauli-Prinzip fordert.

11.10 Lösungen zu den Aufgaben aus Kap. 10

10.1 *Zeigen Sie, dass man in Gl. (10.1) ohne Beschränkung der Allgemeinheit*
$\langle n^{(0)} | n^{(k)} \rangle = 0$ *fordern kann.*
Nehmen wir also zunächst einmal an, wir haben eine Entwicklung des Typs

$$|n\rangle = \tilde{N}|n^{(0)}\rangle + \tilde{N}\sum_{k=1}^{\infty}\lambda^k|\tilde{n}^{(k)}\rangle \quad \text{mit} \quad \langle n^{(0)}|\tilde{n}^{(k)}\rangle \neq 0$$

gefunden. Dann können wir die Zustände

$$|n^{(k)}\rangle = \tilde{\tilde{N}}\left(|\tilde{n}^{(k)}\rangle - \langle n^{(0)}|\tilde{n}^{(k)}\rangle|n^{(0)}\rangle\right) \quad \text{mit} \quad \langle n^{(0)}|n^{(k)}\rangle = 0$$

mit geeigneten Normierungskonstanten $\tilde{\tilde{N}}$ definieren und erhalten

$$|n\rangle = \tilde{N}|n^{(0)}\rangle + \tilde{N}\sum_{k=1}^{\infty}\lambda^k|\tilde{n}^{(k)}\rangle$$

$$= \tilde{N}|n^{(0)}\rangle\left(1 + \tilde{N}\sum_{k=1}^{\infty}\lambda^k\langle n^{(0)}|\tilde{n}^{(k)}\rangle\right) + \frac{\tilde{N}}{\tilde{\tilde{N}}}\sum_{k=1}^{\infty}\lambda^k|n^{(k)}\rangle$$

$$= N\sum_{k=0}^{\infty}\lambda^k|n^{(k)}\rangle$$

mit $N = \tilde{N}\left(1 + \sum_{k=1}^{\infty}\lambda^k\langle n^{(0)}|\tilde{n}^{(k)}\rangle\right) = \tilde{N}/\tilde{\tilde{N}}$ und $\langle n^{(0)}|n^{(k)}\rangle = 0$.

10.2 *Betrachten Sie ein System mit $\hat{H} = \hat{H}_0 + \hat{V}$ und $\hat{H}_0|\phi_i\rangle = E_i^{(0)}|\phi_i\rangle$, wobei wir annehmen wollen, dass der Lösungsraum zweidimensional ist, also $i = 1, 2$ gelte. Nehmen Sie weiterhin an, dass der Lösungsraum durch Hinzunahme von V zweidimensional bleibt. Lösen Sie das Problem für $\hat{H}$ exakt, indem Sie die Lösungen des vollen Systems mit Hilfe der Matrixelemente $V_{ij} = \langle \phi_i|V|\phi_j\rangle$ durch die von $\hat{H}_0$ ausdrücken. Bestimmen Sie außerdem das Verhalten der Lösungen für kleine und große Störungen.*
Wir betrachten nun ein System mit

$$\hat{H} = \hat{H}_0 + \hat{V}. \tag{11.10}$$

Das Potential spiele die Rolle einer Störung, d. h., wir nehmen an, dass das System von $\hat{H}_0$ vollständig verstanden ist, und wollen nun die Wirkung von $\hat{V}$ auf dieses studieren. Die normierten Eigenfunktionen des Ausgangssystems seien ϕ_i. Es gilt also $\hat{H}_0|\phi_i\rangle = E_i^{(0)}|\phi_i\rangle$. Die Wellenfunktionen des vollen Systems seien Ψ_i mit

$$\hat{H}|\Psi_i\rangle = E_i|\Psi_i\rangle. \tag{11.11}$$

Des Weiteren wollen wir in dieser Aufgabe annehmen, dass das System (hinreichend genau) durch lediglich zwei Zustände beschrieben wird. Außerdem soll die Zahl der Zustände durch die Hinzunahme von $\hat{V}$ nicht geändert werden. Dann sind die ursprüngliche und die neue Basis durch eine Rotation verknüpft:

$$\begin{pmatrix} \Psi_1 \\ \Psi_2 \end{pmatrix} = \begin{pmatrix} \cos(\alpha) & \sin(\alpha) \\ -\sin(\alpha) & \cos(\alpha) \end{pmatrix} \begin{pmatrix} \phi_1 \\ \phi_2 \end{pmatrix} \tag{11.12}$$

Offensichtlich entspricht $\alpha = 0$ dem ungestörten Problem. Drückt man nun Ψ_1 in Gl. (11.11) gemäß Gl. (11.12) durch die ϕ_i aus und projiziert das Ergebnis auf die beiden ungestörten Lösungen, so erhält man aus Gl. (11.11) das Gleichungssystem

$$\begin{pmatrix} (H_{11}-E_1) & H_{12} \\ H_{12} & (H_{22}-E_1) \end{pmatrix} \begin{pmatrix} \cos(\alpha) \\ \sin(\alpha) \end{pmatrix} =: M \begin{pmatrix} \cos(\alpha) \\ \sin(\alpha) \end{pmatrix} = 0, \tag{11.13}$$

wobei

$$H_{ij} = \langle \phi_i | \hat{H} | \phi_j \rangle = \langle \phi_i | \hat{V} | \phi_j \rangle + \delta_{ij} E_i^{(0)}$$

gilt. Hierbei wurde benutzt, dass $H_{12} = H_{21}$ ist, da $\hat{H}$ hermitesch ist. Die Matrix M aus Gl. (11.13) ist bis auf die Ersetzung $E_1 \to E_2$ identisch der, die sich ergeben hätte, wenn wir von Ψ_2 gestartet wären. In diesem Falle wäre der Vektor jedoch durch $(-\sin(\alpha)\ \cos(\alpha))^T$ zu ersetzen. Gl. (11.13) zeigt, dass die Lösung des Problems der Bestimmung der Eigenwerte und Eigenvektoren der Matrix H_{ij} entspricht. Demnach hat Gl. (11.13) nur dann eine nichttriviale Lösung, wenn $\det(M) = 0$ ist. Es gilt

$$\det(M) = (H_{11}-E_1)(H_{22}-E_1)-H_{12}^2 = E_1^2 - E_1(H_{11}+H_{22})+H_{11}H_{22}-H_{12}^2 = 0.$$

Damit erhalten wir

$$E_{1/2} = \frac{H_{11}+H_{22}}{2} \pm \sqrt{\left(\frac{H_{11}+H_{22}}{2}\right)^2 - H_{11}H_{22}+H_{12}^2}$$

$$= \frac{H_{11}+H_{22}}{2} \pm \sqrt{\left(\frac{H_{11}-H_{22}}{2}\right)^2 + H_{12}^2} = \bar{H} \pm \frac{1}{2}\Delta\sqrt{1+4x^2}$$

mit $\bar{H} = (H_{11}+H_{22})/2$, $\Delta = H_{11}-H_{22}$ und $x = H_{12}/\Delta$. Die Vorzeichen sind so gewählt, dass für $V = 0$ gilt: $E_i = E_i^{(0)}$. Die Bestimmungsgleichung für den Mischungswinkel lautet nach Gl. (11.13) damit, da $H_{11} = \bar{H} + \Delta/2$ ist,

$$\frac{1}{2}\Delta - \frac{1}{2}\Delta\sqrt{1+4x^2}\cos(\alpha) + x\Delta\sin(\alpha) = 0 \Rightarrow \tan(\alpha) = \frac{\sqrt{1+4x^2}-1}{2x}.$$

Der Fall, dass beide Zustände entartet sind ($E_1^{(0)} = E_2^{(0)}$) und die Entartung durch die Diagonalwerte der Störungsmatrix nicht aufgehoben wird

($V_{11} = V_{22}$), ist als Grenzwert $x \to \infty$ in den Lösungen enthalten. Dies ist z. B. der Fall, wenn zwei Zustände unterschiedlicher Parität entartet sind (wie beim Wasserstoffspektrum), das Störpotential jedoch ungerade Parität hat, so dass alle diagonalen Matrixelemente verschwinden. Dieser Fall ist in Beispiel 10.5 dargestellt.

Man kann dann von einer kleinen Störung sprechen, wenn $E_i \simeq E_i^{(0)}$ ist, was $V_{ii}/E_i^{(0)} \ll 1$ und $x \ll 1$ mit

$$x = \frac{V_{12}}{E_1^{(0)} + V_{11} - E_2^{(0)} - V_{22}} \approx \frac{V_{12}}{E_1^{(0)} - E_2^{(0)}} - \frac{V_{12}(V_{11} - V_{22})}{(E_1^{(0)} - E_2^{(0)})^2} =: x_0 - x_0 y_0$$

entspricht. Damit erhalten wir für schwache Störungen

$$E_{1/2} = E_{1/2}^{(0)} + V_{11/22} + \frac{V_{12}^2}{E_1^{(0)} - E_2^{(0)}} + \mathcal{O}(x_0^2 y_0 \Delta, x_0^4 \Delta), \quad (11.14)$$

$$\tan(\alpha) = x_0 - x_0 y_0 + \mathcal{O}(x_0^3). \quad (11.15)$$

Andererseits erhalten wir für eine große Störung ($x \gg 1$)

$$E_{1/2} = \bar{H} \pm V_{12} + \mathcal{O}(\Delta/x) \quad \text{und} \quad \tan(\alpha) = 1 + \mathcal{O}(1/x).$$

Für $x_0 = 0$ verschieben sich die Energien, aber die Wellenfunktionen mischen nicht, da der komplette Hamilton-Operator auch in der ϕ_i-Basis diagonal ist. Ist jedoch V_{ij} nicht diagonal, dann wird der Einfluss des zweiten Zustands durch den dimensionslosen Parameter x quantifiziert: Ist die Störung V_{12} sehr viel kleiner als die Aufspaltung der Energieniveaus $x_0 \ll 1$, dann bleibt der Einfluss des zweiten Zustands klein. Wenn hingegen V_{12} sehr viel größer wird als die Aufspaltung der Niveaus ($x_0 \gg 1$), dann mischen die Zustände und die Energien maximal. Dies ist in Abb. 11.1 illustriert.

Dieses Zweizustandsproblem war exakt lösbar, da der Hilbertraum als zweidimensional und damit insbesondere als endlich angenommen wurde - wie gesehen ist das im Allgemeinen nicht zutreffend. Die Störungstheorie erlaubt es, kleine Störungen auch bei unendlich dimensionalen Problemen systematisch zu berücksichtigen.

10.3 *Leiten Sie mit Hilfe der zeitunabhängigen Störungstheorie den Ausdruck für die Coulomb-Wechselwirkung zwischen zwei geladenen Punktteilchen in Lorenz-Eichung ($\partial^\mu \hat{A}_\mu = 0$) her.*
Nun soll das in Beispiel 4.2 benutzte Coulomb-Potential aus dem in Abschnitt 10.1 vorgestellten Formalismus hergeleitet werden. In dieser Rechnung wird der Atomkern als punktförmig angenommen. Der Effekt einer endlichen Kernausdehnung auf das Spektrum wird in Beispiel 10.1 mit Hilfe des Deuteronformfakors aus Beispiel 9.2 diskutiert. Das relevante Matrixelement ist für den Übergang eines Kerns mit Impuls **p** und Spinprojektion κ in den gleichen Kern

Abb. 11.1 Entwicklung der
Energieniveaus (in Einheiten
von Δ) und
Wellenfunktionen des
Zweizustandssystems als
Funktion von $x = V_{12}/\Delta$ für
den Fall, dass Δ und $\bar{H}$, mit
$\bar{H} = 0$, konstant bleiben

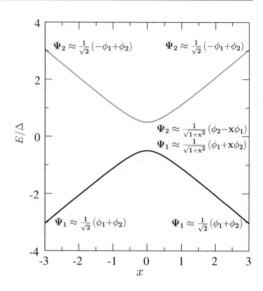

mit Impuls $\mathbf{p}'$ und Spinprojektion κ' zusammen mit einem Coulomb-Photon
mit Impuls $\mathbf{q}$ nach Gl. (7.2)

$$\left\langle \hat{V}^0(\mathbf{q}) \right\rangle_{\text{Kern}} = \langle \mathbf{p}'\kappa', \mathbf{q} | \hat{Q}\hat{\phi} | \mathbf{p}\kappa \rangle_{\text{Kern}}.$$

Hierbei ist $\hat{Q}$ der Ladungsoperator mit $\langle \hat{Q} \rangle = Z|e|$ und $\hat{\phi}$ ist die Nullkompo-
nente von $\hat{A}^\mu$ (Gl. (7.16)) geteilt durch c. Das Matrixelement zur Abstrahlung
eines Photons von einem Elektron ist dem obigen identisch, nur dass die Ladung
$Z|e|$ durch $-|e|$ zu ersetzen ist. Die externen Teilchen sind Eigenzustände des
Impulsoperators, und damit erhalten wir unter Verwendung von Gl. (5.16) und
(1.8)

$$\left\langle \hat{V}^0(\mathbf{q}) \right\rangle_{\text{Kern}} = Z|e|c\,\delta_{\kappa'\kappa}\sqrt{\frac{\hbar}{2\epsilon_0\omega_q}} \int d^3x \,\langle \mathbf{p}'|\mathbf{x}\rangle e^{-i\mathbf{q}\cdot\mathbf{x}/\hbar}\langle \mathbf{x}|\mathbf{p}\rangle$$

$$= Z|e|c\,\delta_{\kappa'\kappa}\sqrt{\frac{\hbar}{2\epsilon_0\omega_q}}\,(2\pi\hbar)^3\delta^{(3)}\left(\mathbf{p}'+\mathbf{q}-\mathbf{p}\right). \qquad (11.16)$$

Das $\delta_{\kappa'\kappa}$ resultiert aus der Spinunabhängigkeit des Übergangsoperators. Im
Folgenden werden die Spinindizes unterdrückt. Die Matrixelemente für die
Absorption eines Photons an einem Kern oder einem Elektron sind den oben
diskutierten für die Emission identisch (formal müssen alle Impulse umgedreht
werden, was jedoch das Matrixelement nicht ändert). Damit erhalten wir nach
Gl. (10.9) für den Übergang e^--Kern $\rightarrow$ e^--Kern über den Austausch eines
Photons im Ruhesystem:

$$(2\pi\hbar)^6 \delta^{(3)} \left(\mathbf{p}'+\mathbf{q}-\mathbf{p}\right) \delta^{(3)} \left(-\mathbf{p}'-\mathbf{q}+\mathbf{p}\right) V_C(\mathbf{q})$$

$$= -\frac{\left(\left\langle \hat{V}^0(-\mathbf{q})\right\rangle_e \left\langle V^0(\mathbf{q})\right\rangle_{\text{Kern}} + \left\langle V^0(-\mathbf{q})\right\rangle_{\text{Kern}} \left\langle \hat{V}^0(\mathbf{q})\right\rangle_e\right)}{E - E_e - E_{\text{Kern}} - E(q)}$$

$$(11.17)$$

Der Term V_{nn} aus Gl. (10.9) tritt hier nicht auf, da der betrachtete Übergangs-operator die Teilchenzahl ändert. Der Nenner von Gl. (11.17) ist durch die Differenz aus der Eingangsenergie, die mit der Gesamtenergie des Systems E identisch ist, und der Energie des Zwischenzustands, die sich aus der Energie des Elektrons (E_e), des Kerns (E_{Kern}) und des Photons ($E(q) = \hbar\omega_q = c|\mathbf{q}|$) zusammensetzt, gegeben. Da $E - E_e - E_{\text{Kern}} \sim p^2/(2m_e)$ und $p \sim q \sim \alpha m_e c$ sind, ist der Nenner in Gl. (11.17) bis auf Korrekturen von Ordnung α durch $-E(q)$ gegeben. Die impulserhaltenden δ-Distributionen sind universell und werden nicht als Teil des Potentials betrachtet. Der erste (zweite) Term im Zähler der zweiten Zeile gehört zu dem Prozess, in dem ein Photon von dem Kern (Elektron) emittiert und von dem Elektron (Kern) absorbiert wird. Das Minuszeichen auf der rechten Seite ist eine Konsequenz der Lorentz-Metrik: Da die Raumkomponenten des $\hat{A}^\mu$-Feldes eine positive Norm haben müssen, erhält die zugehörige zeitartige Komponente, die hier relevant ist, ein negatives Vorzeichen (Gl. (10.55)); das Minuszeichen vor dem Gesamtausdruck von Gl. (7.13) hat die gleiche Ursache. Des Weitern führt eine Vernachlässigung der kinetischen Energien von Kern und Elektron dazu, dass die Nullkomponente des Photonimpulses verschwindet. Damit erhalten wir für die Ankopplung eines Elektrons an einen Kern mit Kernladung Z

$$V_C(\mathbf{q}^2) = -Z \left(ec\sqrt{\frac{\hbar}{2\epsilon_0\omega_q}}\right)^2 \frac{2}{c|\mathbf{q}|} = -\hbar^2 \left(\frac{Ze^2}{\epsilon_0}\right)\frac{1}{\mathbf{q}^2}, \qquad (11.18)$$

was genau der Fourier-Transformation von Gl. (4.44) entspricht, denn es ist

$$\int \frac{d^3q}{(2\pi\hbar)^3}\left(\frac{1}{\mathbf{q}^2}\right)e^{i(\mathbf{q}\cdot\mathbf{x})/\hbar} = \frac{1}{2\pi^2\hbar^2}\int dq\,\frac{\sin(qr)}{qr} = \frac{1}{4\pi\hbar^2 r}, \quad (11.19)$$

wobei im letzten Schritt $\int_0^\infty dx\,(\sin(x)/x) = \pi/2$ benutzt wurde.

10.4 *Berechnen Sie die Werte der in Gl. (10.21) angegebenen Erwartungswerte.*
Für eine Eigenfunktion ψ des Hamilton-Operators mit $\hat{H}\psi = E_n^H(Z)\psi$ gilt

$$\left\langle [\hat{H}, \hat{A}] \right\rangle_\psi = 0,$$

da $\hat{H}$ hermitesch ist. Mit $\hat{A} = \mathbf{x}\cdot\hat{\mathbf{p}}$ erhalten wir hieraus für impulsunabhängige Potentiale, mit der Identität

$$[\hat{H}, \mathbf{x}\cdot\hat{\mathbf{p}}] = \left[\frac{\hat{\mathbf{p}}^2}{2M}, \mathbf{x}\cdot\hat{\mathbf{p}}\right] + \left[V(\mathbf{x}), \mathbf{x}\cdot\hat{\mathbf{p}}\right] = -i\hbar\left(\frac{\hat{\mathbf{p}}^2}{M} - \mathbf{x}\cdot\nabla V(\mathbf{x})\right),$$

den Virialsatz

$$\left\langle \frac{\hat{\mathbf{p}}^2}{M} \right\rangle_\psi - \langle \mathbf{x} \cdot \boldsymbol{\nabla} V(\mathbf{x}) \rangle_\psi = 0.$$

Wendet man diesen auf wasserstoffähnliche Atome mit $M = m_e$ und $V(r) = -Z\alpha(\hbar c)/r$ an, so erhalten wir, da in diesem Falle $\mathbf{x} \cdot \boldsymbol{\nabla} V(r) = -V(r)$ ist:

$$0 = \left\langle \frac{\hat{\mathbf{p}}^2}{m_e} \right\rangle_\psi + \langle V(r) \rangle_\psi = 2\left\langle \hat{H} \right\rangle_\psi - \langle V(r) \rangle_\psi = 2E_n^H(Z) + Z\alpha(\hbar c)\left\langle \frac{1}{r} \right\rangle_\psi$$

Da $E_n^H(Z) = -Z^2\alpha^2 m_e c^2/(2n^2)$ ist, erhalten wir

$$\left\langle \frac{1}{r} \right\rangle_\psi = \frac{Z\alpha m_e c^2}{(\hbar c)n^2} = \frac{1}{a_Z n^2},$$

wobei im letzten Schritt die Definition des Bohr'schen Radius für beliebige Z (Gl. (4.50)) verwendet wurde.

Für die anderen beiden Erwartungswerte starten wir von Gl. (4.30),

$$\hat{H}\, u_{nl}(r) = \left\{ \frac{\hbar^2}{2m_e} \left(-\frac{\partial^2}{\partial r^2} + \frac{l(l+1)}{r^2} \right) + V(r) \right\} u_{nl}(r) = E_n^H(Z) u_{nl}(r)\,,$$

wobei im Folgenden wichtig wird, dass $n = N + l + 1$ ist. Leiten wir nun diese Gleichung nach l ab und bilden das Skalarprodukt mit $u_{nl}(r)$, so erhalten wir unter Verwendung der Notation aus Abschnitt 5.1

$$\left(u_{nl}, \frac{\partial \hat{H}}{\partial l} u_{nl} \right) + \left(u_{nl}, \hat{H}\, \frac{\partial \hat{u}_{nl}}{\partial l} \right) = \frac{\partial E_n^H(Z)}{\partial l} + E_n^H(Z) \left(u_{nl}, \frac{\partial \hat{u}_{nl}}{\partial l} \right).$$

Da sich, wiederum weil $\hat{H}$ hermitesch ist, der zweite Term auf der linken Seite mit dem zweiten auf der rechten weghebt, erhalten wir mit

$$\frac{\partial \hat{H}}{\partial l} = \frac{\hbar^2}{2m_e} \frac{2l+1}{r^2} \quad \text{und} \quad \frac{\partial E_n^H(Z)}{\partial l} = \frac{(Z\alpha)^2 m_e c^2}{n^3}$$

das gesuchte Ergebnis:

$$\left\langle \frac{1}{r^2} \right\rangle_\psi = \frac{2(Z\alpha)^2 m_e^2 c^2}{\hbar^2(2l+1)n^3} = \frac{1}{a_Z^2 n^3 (l+1/2)}$$

Leiten wir die obige radiale Schrödinger-Gleichung hingegen nach r ab und bilden das Skalarprodukt mit u_{nl}, so erhalten wir

$$\left(u_{nl}, \frac{\partial \hat{H}}{\partial r} u_{nl} \right) + \left(u_{nl}, \hat{H}\, \frac{\partial \hat{u}_{nl}}{\partial r} \right) = E_n^H(Z) \left(u_{nl}, \frac{\partial \hat{u}_{nl}}{\partial r} \right).$$

Der zweite Term auf der linken Seite hebt den auf der rechten auf und wir erhalten mit

$$\left\langle \frac{\partial \hat{H}}{\partial r} \right\rangle_{\Psi} = \left\langle -\frac{\hbar^2}{2m_e} \frac{2\,l(l+1)}{r^3} + \frac{Z\alpha(\hbar c)}{r^2} \right\rangle_{\Psi} = 0,$$

unter Verwendung des gerade gefundenen Erwartungswertes, das gesuchte Ergebnis

$$\left\langle \frac{1}{r^3} \right\rangle_{\Psi} = \frac{Z\alpha m_e c}{\hbar a_Z^2 \, l(l+1)(l+1/2)n^3} = \frac{1}{a_1^3 n^3 \, l(l+1)(l+1/2)}.$$

10.5 *Zeigen Sie durch explizite Berechnung, dass Gl. (10.28) gilt.*
Es gilt

$$\begin{aligned}
H'_{10}(M) &= \left\langle \frac{1}{2} M \left(1 \frac{1}{2} \right) \middle| \hat{H}' \middle| \frac{1}{2} M \left(0 \frac{1}{2} \right) \right\rangle \\
&= \left\langle \frac{1}{2} M \middle| 1\,0, \frac{1}{2} M \right\rangle \int d^3 x \langle n{=}2, l{=}1, m_l{=}0 | \mathbf{x} \rangle \hat{H}' \langle \mathbf{x} | n{=}2, l{=}0, m_l{=}0 \rangle \\
&= -2M\, e\mathcal{E} \sqrt{\frac{1}{3}} \int_0^\infty dr\, u_{21}(r)\, r\, u_{20}(r) \sqrt{\frac{4\pi}{3}} \int d\Omega Y_{10}(\Omega)^* Y_{10}(\Omega) Y_{00}(\Omega) \\
&= -2M \frac{e\mathcal{E}}{3} \int_0^\infty dr\, u_{21}(r)\, r\, u_{20}(r),
\end{aligned} \tag{11.20}$$

wobei die Zustände in der ersten Zeile mit J, M, l und s gekennzeichnet sind. Um in die zweite Zeile zu kommen, wurde mit Gl. (5.15) auf den Ortsraum projiziert, und mit Hilfe von Gl. (6.9) wurden Bahndrehimpuls und Spin enkoppelt; außerdem wurde benutzt, dass die Spinwellenfunktionen normiert sind. Im nächsten Schritt wurden Gl. (5.17) und

$$\left\langle \frac{1}{2} \pm \frac{1}{2} \middle| 1\,0, \frac{1}{2} \pm \frac{1}{2} \right\rangle = \mp \sqrt{\frac{1}{3}} \quad \text{bzw.} \quad \left\langle \frac{1}{2} M \middle| 1\,0, \frac{1}{2} M \right\rangle = -2M \sqrt{\frac{1}{3}}$$

verwendet und im letzten schließlich die Orthonormalität der Kugelflächenfunktionen und $Y_{00} = 1/\sqrt{4\pi}$. Aus der Herleitung folgt, dass $H'_{10}(M) = H'_{01}(M)$ ist. Die benötigten Radialwellenfunktionen sind explizit in Gl. (4.51) gegeben. Mit Hilfe von Gl. (4.53) ist die Auswertung des Integrals einfach, denn es gilt

$$\begin{aligned}
\int_0^\infty dr\, u_{21}(r)\, r\, u_{20}(r) &= \frac{1}{8\sqrt{3}a_Z^3} \int_0^\infty dr\, r^3 \left(\frac{r}{a_Z} \right) \left(2 - \frac{r}{a_Z} \right) e^{-r/a_Z} \\
&= \frac{a_Z}{8\sqrt{3}} \int_0^\infty dR\, R^4\, (2 - R)\, e^{-R} \\
&= \frac{a_Z}{8\sqrt{3}} (2(4!) - 5!) = -3\sqrt{3}a_Z,
\end{aligned}$$

wobei $R = r/a_Z$ benutzt wurde. Damit erhalten wir mit

$$H'_{10}(M) = H'_{01}(M) = 2Me\mathcal{E}\sqrt{3}\,a_Z$$

das gesuchte Ergebnis.

10.6 *Berechnen Sie explizit die für Beispiel 10.9 benötigten Integrale.*
Zunächst sollen einigen Eigenschaften der elliptischen Koordinaten besprochen werden. Sie hängen mit den bekannten Zylinderkoordinaten $(\rho, z\phi)$ folgendermaßen zusammen:

$$\rho = X/2[(\xi^2 - 1)(1 - \eta^2)]^{1/2}, \quad z = (X/2)\xi\eta, \quad \phi = \phi$$

Die Wertebereiche der Variablen sind $0 \leqslant \phi \leqslant 2\pi$, $1 \leqslant \xi \leqslant \infty$ und $-1 \leqslant \eta \leqslant 1$. Für diese Variablen gilt

$$\frac{\partial}{\partial\xi}\rho = \frac{X^2}{4\rho}\xi(1 - \eta^2), \quad \frac{\partial}{\partial\eta}\rho = -\frac{X^2}{4\rho}\eta(\xi^2 - 1), \quad \frac{\partial}{\partial\xi}z = \frac{X}{2}\eta\,, \quad \frac{\partial}{\partial\eta}z = \frac{X}{2}\xi\,,$$

so dass, unter Verwendung von $d\xi \wedge d\eta = -d\eta \wedge d\xi$,

$$\rho d\rho\,dz\,d\phi = \frac{X^3}{8}\left(\xi(1 - \eta^2)d\xi - \eta(\xi^2 - 1)d\eta\right) \wedge (\eta d\xi + \xi d\eta) \wedge d\phi$$

$$= \frac{X^3}{8}\left(\xi^2 - \eta^2\right)d\xi\,d\eta\,d\phi$$

gilt. Das so eingeführte Koordinatensystem ist ideal zur Untersuchung des H_2^+-Moleküls geeignet. Es beschreibt in einfachen Ausdrücken die Situation, in der die beiden Kerne bei $\pm X/2$ sitzen, wobei X entlang der z-Achse zu wählen ist, denn dann findet man

$$r_{A/B} = |x \pm X/2| = \sqrt{(z \pm X/2)^2 + \rho^2} = (X/2)(\xi \pm \eta).$$

Nach längerer Rechnung ergibt sich, ausgehend von

$$\Delta = \frac{1}{\rho}\frac{\partial}{\partial\rho}\rho\frac{\partial}{\partial\rho} + \frac{1}{\rho^2}\frac{\partial^2}{\partial\phi^2} + \frac{\partial^2}{\partial z^2},$$

für den Laplace-Operator in elliptischen Koordinaten

$$\Delta = \frac{4}{X^2(\xi^2 - \eta^2)}\left(\frac{\partial}{\partial\xi}(\xi^2 - 1)\frac{\partial}{\partial\xi} + \frac{\partial}{\partial\eta}(1 - \eta^2)\frac{\partial}{\partial\eta}\right) + \frac{4}{X^2(\xi^2 - 1)(1 - \eta^2)}\frac{\partial^2}{\partial\phi^2}.$$

Mit den neuen Variablen lassen sich die Wellenfunktionen aus dem Haupttext schreiben als

$$\psi_\pm(x) = N_\pm\{\psi(r_A) \pm \psi(r_B)\} = \frac{N_\pm}{\sqrt{\pi a_1^3}}e^{-R\xi/2}\left(e^{-R\eta/2} \pm e^{R\eta/2}\right),$$

wobei $R = X/a_1$ ist. Damit bekommen wir

$$
\begin{aligned}
\|\psi_\pm\|^2 &= N_\pm \frac{R^3}{8\pi} \int_0^{2\pi} d\phi \int_1^\infty d\xi \, e^{-R\xi} \int_{-1}^1 d\eta \, (\xi^2 - \eta^2) \left(e^{-R\eta/2} \pm e^{R\eta/2} \right)^2 \\
&= N_+ \frac{1}{4} \int_1^\infty d\xi \, e^{-R\xi} \left(\xi^2 \left(\pm 4R^3 + 2R^2 \sinh(2R) \right) \right. \\
&\qquad\qquad \left. \mp \frac{4}{3} R^3 - (2R^2 - 1)\sinh(2R) + 2R\cosh(2R) \right) \\
&= N_\pm 2 \left(1 \pm \left(1 + R + \frac{1}{3}R^2 \right) e^{-R} \right) = 2N_\pm (1 \pm S(R)).
\end{aligned}
$$

Die Wellenfunktionen sind also mit $N_\pm = 1/(2(1 \pm S(R)))$ normiert. Des Weiteren berechnet man analog, unter Verwendung von $e^2/(4\pi\epsilon_0 a_1) = 2 \left| E_1^H \right|$ und $-\hbar^2/(2m_e a_1^2) = \left| E_1^H \right|$, wobei $\left| E_1^H \right|$ die Grundzustandsenergie des Wasserstoffs bezeichne (vgl. Gl. (4.48)):

$$
\begin{aligned}
I_1^D &= -\frac{\hbar^2}{2m_e} \int d^3x \, \psi(r_A) \Delta \psi(r_A) = \left| E_1^H \right| \\
I_1^A &= -\frac{\hbar^2}{2m_e} \int d^3x \, \psi(r_B) \Delta \psi(r_A) = \left| E_1^H \right| \left(1 + R - \frac{R^2}{3} \right) e^{-R} \\
I_2^D &= \frac{e^2}{4\pi\epsilon_0} \int d^3x \, \psi(r_A) \frac{1}{X} \psi(r_A) = \left| E_1^H \right| \left(\frac{2}{R} \right) \\
I_2^A &= \frac{e^2}{4\pi\epsilon_0} \int d^3x \, \psi(r_B) \frac{1}{X} \psi(r_A) = \left| E_1^H \right| \left(\frac{2}{R} \right) S(R) \\
I_3^D &= \frac{e^2}{4\pi\epsilon_0} \int d^3x \, \psi(r_A) \frac{1}{r_A} \psi(r_A) = \left| E_1^H \right| 2 \\
I_4^D &= \frac{e^2}{4\pi\epsilon_0} \int d^3x \, \psi(r_A) \frac{1}{r_B} \psi(r_A) = \left| E_1^H \right| \left(\frac{2}{R} - 2 \left(1 + \frac{1}{R} \right) e^{-2R} \right) \\
I_3^A &= \frac{e^2}{4\pi\epsilon_0} \int d^3x \, \psi(r_B) \frac{1}{r_A} \psi(r_A) = \left| E_1^H \right| (2 + 2R) e^{-R}
\end{aligned}
$$

Damit erhalten wir

$$
I^D(R) = I_1^D + I_2^D - I_3^D - I_4^D = \left| E_1^H \right| \left(-1 + 2 \left(1 + \frac{1}{R} \right) e^{-2R} \right)
$$

und

$$
I^A(R) = I_1^A + I_2^A - 2I_3^A = \left| E_1^H \right| \left(\left(-1 + \frac{2}{R} \right) S(R) - 2(1 + R) e^{-R} \right).
$$

10.7 *Beweisen Sie Fermis Trick (Gl. (10.52)).*
Um den Beweis zu führen, müssen wir zunächst zumindest für eine der beiden
δ-Distributionen noch mit endlichen Werten von T (vgl. Gl. (10.50)) arbeiten.
Dann erhalten wir

$$(2\pi \delta(\omega - \omega_0))^2 \to (2\pi)\delta(\omega - \omega_0) \int_0^T dt \, e^{i(\omega-\omega_0)t}.$$

Da die δ-Distribution nur Beiträge zulässt, für die $\omega = \omega_0$ ist, können wir dies
explizit in dem Integral einsetzen, das damit den Wert T annimmt. Damit ist
Fermis Trick bewiesen.

In diesem „Beweis" wurde etwas sorglos mit dem Grenzwert für große Zeiten
umgegangen. Schliesslich wurde in der Herleitung des obigen Ausrucks

$$\int_0^T dt \, e^{i \Delta t} \approx (2\pi)\delta(\Delta)$$

benutzt. Sauberer wäre es gewesen, alle Rechnungen bei endlichen T durchzuführen und erst nach dem Übergang zur Rate den Grenzwert $T \to \infty$ zu
nehmen. Das Ergebnis wäre jedoch dasselbe gewesen.

Literatur

1. Akhmedov, E. (2018). Quantum mechanics aspects and subtleties of neutrino oscillations, arXiv:1901.05232 [hep-ph].
2. Bell, J. S. (1964). On the Einstein-Podolsky-Rosen paradox. *Physics Physique Fizika, 1,* 195.
3. Bjorken, J. D., & Drell, S. D. (1990). *Relativistische Quantenmechanik.* New York: Mc Graw-Hill Book.
4. Born, M. (1983). Quantenmechanik der Stoßvorgänge. *Zeitschrift für Physik, 37,* 863.
5. Cohen-Tannoudji, C., Bernard, D., & Laloë, F. (1977). *Quantum mechanics.* New York: Wiley.
6. Einstein, A., Podolsky, B., & Rosen, N. (1935). Can quantum mechanical description of physical reality be considered complete? *Physical Review, 47,* 777.
7. Edmonds, A. R. (1957). *Angular momentum in quantum mechanics.* Princeton: Princeton University Press.
8. Feynman, R. P., & Hibbs, A. R. (1965). *Quantum mechanics and path integrals.* New York: McGraw-Hill.
9. Gallagher, T. F. (1994). *Rydberg atoms, Cambridge monographs on atomic, molecular, and chemical physics.* Cambridge: Cambridge University Press.
10. Georgi, H. (1999). *Lie algebras in particle physics: From isospin to unified theories.* Boca Raton: CRC Press.
11. Giustina, M., et al. (2013). Bell violation using entangled photons without the fair-sampling assumption. *Nature, 497,* 227.
12. Haroche, S. (2012). Controlling photons in a box and exploring the quantum to classical boundary, *Noble Lecture.* Dezember 2012. https://www.nobelprize.org/uploads/2018/06/haroche-lecture.pdf.
13. Heisenberg, W. (1958). *Physikalische Prinzipien der Quantentheorie.* Stuttgart: Hirzel.
14. Kneubühl, F. K., & Sigrist, M. W. (1989). *Laser.* Stuttgart: Teubner.
15. Landau, L. D., & Lifschitz, J. M. (1992). *Quantenmechanik* (9. Aufl.). Frankfurt a. M.: Harri Deutsch.
16. Maccone, L. (2013). A simple proof of Bell's inequalities. *American Journal of Physics, 81*(11), 854.
17. Mermin, N. D. (1981). Bringing home the atomic world: Quantum mysteries for anybody. *American Journal of Physics, 49,* 940.
18. Merzbacher, E. (1962). Single valuedness of wave functions. *American Journal of Physics, 30,* 237. https://doi.org/10.1119/1.1941984.
19. Messiah, A. (1964). *Quantum mechancis.* Amsterdam: North Holland Publishing Company.
20. Münster, G. (2010). *Quantentheorie.* Berlin: De Gruyter.
21. Schwabl, F. (1992). *Quantenmechanik.* Berlin: Springer.
22. Weinberg, S. (2012). *Lectures on quantum mechanics.* New York: Cambridge University Press.

© Springer-Verlag GmbH Deutschland, ein Teil von Springer Nature 2020
C. Hanhart, *kurz & knapp: Quantenmechanik,*
https://doi.org/10.1007/978-3-662-60702-2

23. Nolting, W. (2009). *Grundkurs Theoretische Physik 5/1; Quantenmechanik – Grundlagen* (7. Aufl.). Berlin: Springer.
24. Nolting, W. (2015). *Grundkurs Theoretische Physik 5/2; Quantenmechanik – Grundlagen* (8. Aufl.). Berlin: Springer.
25. Schrödinger, E. (1926). Der stetige Übergang von der Mikro- zur Makromechanik. *Naturwissenschaften, 14,* 664. https://doi.org/10.1007/BF01507634.

Stichwortverzeichnis

© Springer-Verlag GmbH Deutschland, ein Teil von Springer Nature 2020
C. Hanhart, *kurz & knapp: Quantenmechanik*,
https://doi.org/10.1007/978-3-662-60702-2

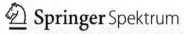

Printed in the United States
By Bookmasters